JN271725

# 雰囲気熱処理の基礎と応用

神田輝一【著】

日刊工業新聞社

## はじめに

　熱処理とは、一言でいうと加熱し冷却する熱加工プロセスのことである。この意味からすると、鋼の熱処理も無論のこと接合技術であるロウ付や最近話題の炭素繊維製造も熱処理の仲間である。

　この熱処理の三大要素は温度、時間そして雰囲気である。この三要素がないと熱処理は成り立たない。そして温度は温度計で数字として表わし記録することができる。また時間も時計で具体的な数字として表わし記録することができる。すなわち、この両者は計器や記録計で視覚的に見ることができる。

　一方、熱処理雰囲気においては抽象的であり、炉中の雰囲気の状態を直接視覚化できない。そして、温度と時間とは被熱処理品の内部の組織を改質することができるが、雰囲気は被処理品の表面のみを改質するか保護することになる。そのようなわけで熱処理雰囲気技術は難しく経験を要するといわれる由縁ではないかと思う。ところが、熱処理雰囲気のみを解説した書籍がほとんど見当たらないのが現状である。

　熱処理雰囲気技術がないと鋼の表面を硬くしたり柔らかくしたり、耐腐食性を増したり、そして光輝な表面を得ることができない。また最近話題によくでる炭素繊維も作ることができない。等々熱処理雰囲気技術は工業界で重要な技術の一つである。

　しかし最近、雰囲気処理に関する不具合や問題が多く発生し、雰囲気熱処理に携わる技術者を悩ませている。現に熱処理セミナーなどで講師をすると雰囲気に関する質問を多く受ける。

　私が知る限り日本で雰囲気熱処理についてまとめられていた書籍は今から五十三年前の1961年に日刊工業新聞社から発行された『ガス熱処理』ではないかと思う。この本の著者は、私の恩師の一人でもある故・内田荘祐博士である。そして、内田荘祐博士のまたその上の先生である故・河上益夫博士のお二人の大御所に学生時代熱処理の基礎を教わり、その後私の仲人をしていただいた熱処理一筋に打ち込んでこられた故・大和久重雄博士とも邂逅し熱処理の原

理原則そして実務についてとことん教えを受けた。このお三方が私の熱処理の恩師である。

そこで、私が熱処理の専業技術者として、また雰囲気熱処理炉の設備技術者として、おおよそ四十五年間雰囲気熱処理に携わり、多くの経験とノウハウの知見を得た。それを礎にやさしい雰囲気熱処理の入門書を執筆したいと考えていた。この思いのもとコツコツと執筆を始め実はこの書籍を完成するまでに二年間を費やした。執筆中に、私がたどり着いた一つの結果がある。それは"雰囲気熱処理技術は酸素を制することである"という結論である。このことは本書を読めば理解していただけると思う。

本書は、熱処理の三大要素の一つである雰囲気を取り上げ、熱処理雰囲気の「基礎のきそ」からわかりやすく解説した雰囲気熱処理初心者向けの入門書である。内容としては、熱処理の原理原則と雰囲気の基礎知識から始めて、雰囲気の製造方法とその特徴を解説し、エリンガム図を中心に金属の酸化・還元の雰囲気に関して詳細に述べ、その後、鋼の脱炭・無脱炭雰囲気を中心に鋼の光輝熱処理について、続いてエリンガム図を用いた雰囲気の可視化と雰囲気管理について理論面と実務面よりわかりやすく述べた。

読者層としては、熱処理の現場や設計そして品質管理に携わる人々、雰囲気熱処理炉の設計技術者、またこれから雰囲気熱処理を学ぶ人たちを対象としたものである。

本書を執筆するにあたり多くの企業および人たちの助言や協力によりまとめることができたことに心より感謝いたします。また本書の出版にあたり数多くの文献を参考にした。感謝申し上げると共に多大なご尽力をいただいた日刊工業新聞社出版局書籍編集部の野﨑伸一氏をはじめとし関係各位に感謝申し上げる。

内容的に私の勘違いから誤った表現や箇所などがあればご指摘ご助言いただければ幸いである。

最後に関東冶金工業㈱の故・高橋進会長の教え、そして現社長の高橋愼一氏の寛大なるご配慮に心より感謝の意を表します。

2014年5月　神田　輝一

# 目　次

はじめに ——————————————————————————— i

## 第 1 章　熱処理の基礎　　1

### 1-1　雰囲気熱処理の分類 ——————————————————— 3
### 1-2　鋼の熱処理概要 ————————————————————— 4
 1-2-1　変態とは　4
 1-2-2　変態を知り熱処理の原理を理解する　6
 1-2-3　鋼の状態図に現れる変態　7
 1-2-4　亜共析鋼の組織変化模式図　8
 1-2-5　過共析鋼の組織変化模式図　10
 1-2-6　共析鋼の組織変化模式図　10
 1-2-7　加熱温度と熱処理の種類　11
 1-2-8　冷却速度と変態点　12
 1-2-9　冷却方法と変態点　13
### 1-3　鋼の組織 ——————————————————————— 15
 1-3-1　フェライト　15
 1-3-2　オーステナイト（大洲田）　15
 1-3-3　セメンタイト（脆面体）　15
 1-3-4　パーライト（波来土）　15
 1-3-5　マルテンサイト（麻溜田）　15
 1-3-6　トルースタイト（吐粒洲）　16
 1-3-7　ソルバイト（粗粒陂）　16
 1-3-8　ベイナイト　16
### 1-4　共析炭素鋼の熱処理による組織変化 ——————————— 16
 1-4-1　共析鋼の焼入れ・焼戻し熱処理による組織変化　17
### 1-5　熱処理を難しくしている要因 ——————————————— 18
 1-5-1　マス・エフェクト　19

1-5-2 コーナ・エフェクト　19
1-5-3 シェープ・エフェクト　20

# 第2章　雰囲気の基礎知識　21

2-1　雰囲気ガスの種類 ──────────────────── 22
2-2　雰囲気熱処理で用いられる重要な物理量 ─────────── 26
　2-2-1　圧力　29
　2-2-2　体積　30
　2-2-3　温度　31
　2-2-4　物質量　32
2-3　示量性と示強性 ──────────────────── 34
2-4　ボイルの法則 ───────────────────── 34
2-5　シャルルの法則（ガスは加熱すると膨張する）─────── 35
2-6　ボイル・シャルルの法則と気体の状態方程式 ──────── 37
2-7　ガス定数 ─────────────────────── 37
2-8　理想ガスと実在ガス ────────────────── 40
2-9　混合ガス ─────────────────────── 41
2-10　ドルトンの分圧の法則 ───────────────── 41
2-11　雰囲気の化学熱力学 ────────────────── 41
　2-11-1　反応熱　42
　2-11-2　燃焼反応と発熱量　45
　2-11-3　エンタルピ　46
　2-11-4　ヘスの法則　47
　2-11-5　エネルギ　49
　2-11-6　エネルギ保存の法則（熱力学第一法則）　50
　2-11-7　熱力学第二法則　50
　2-11-8　自由エネルギと反応の方向性　52

2-12 化学平衡と平衡定数 ———————————————————— 54
　　2-12-1 可逆反応と不可逆反応　54
　　2-12-2 平衡定数　57
2-13 ファント・ホッフの等温式 ———————————————————— 57
2-14 標準生成エンタルピおよび標準生成自由エネルギ ———————————————————— 58

## 第3章　熱処理用雰囲気の種類と製造方法　59

3-1 熱処理用雰囲気の種類 ———————————————————— 60
　　3-1-1 酸化性雰囲気　61
　　3-1-2 還元性雰囲気　66
　　3-1-3 中性雰囲気（不活性雰囲気）　68
3-2 単体ガスの製造方法 ———————————————————— 69
　　3-2-1 空気から分離されるガス　69
　　3-2-2 空気以外の原料から製造されるガス　70
3-3 単純ガスの供給方法 ———————————————————— 71
　　3-3-1 パイピング　71
　　3-3-2 液化貯蔵　72
　　3-3-3 シリンダー　72
3-4 ガス流量計 ———————————————————— 73
　　3-4-1 ガス計測用面積流量計における単位表記について　74
　　3-4-2 流量目盛の読み方　75
　　3-4-3 代表的な配管系統図　75
3-5 変成ガス雰囲気の製造方法とその性質 ———————————————————— 75
　　3-5-1 炭化水素系ガスの変成　76
　　3-5-2 燃料と発熱量　77
　　3-5-3 炭化水素系ガスの燃焼機構　79
　　3-5-4 完全燃焼　80
　　3-5-5 不完全燃焼　82

3-6　発熱形変成ガス ───────────────────── 83
　　3-6-1　プロパンガスを原料ガスとした発熱形ガスの理論成分算出方法　85
　　3-6-2　発熱形変成ガス製造の実際　92

3-7　吸熱形変成ガス ───────────────────── 95
　　3-7-1　吸熱形変成ガスの実際　98

3-8　窒素形変成ガスと実際 ─────────────────── 102

3-9　アンモニア分解形ガスの発生装置 ─────────────── 103

3-10　アルコール分解形ガスの発生装置 ────────────── 105

# 第4章　金属の酸化・還元　109

4-1　酸化・還元の熱力学 ────────────────────── 111
　　4-1-1　平衡酸素分圧　113
　　4-1-2　$\Delta G_X^\circ$ の求め方　116

4-2　エリンガム図 ──────────────────────── 128
　　4-2-1　副尺　131

4-3　金属材料の無酸化熱処理 ──────────────────── 138
　　4-3-1　オキシノン炉の雰囲気理論　142
　　4-3-2　連続オキシノン炉の構造　147

# 第5章　鋼の光輝熱処理　149

5-1　光輝熱処理 ────────────────────────── 150

5-2　光輝焼ならし（normalizing） ──────────────── 151
　　5-2-1　普通焼ならし　158
　　5-2-2　二段焼ならし　158
　　5-2-3　等温焼ならし　158

目次

5-3 光輝焼ならしに用いられる雰囲気 —————————————— 159
5-4 光輝焼なまし ————————————————————————— 160
 5-4-1 完全焼なまし　160
 5-4-2 等温焼なまし　162
 5-4-3 球状化焼なまし　162
 5-4-4 応力除去焼なましおよび中間焼なまし　166
 5-4-5 磁気焼なまし　168
5-5 焼入れ・焼戻し ————————————————————————— 171
 5-5-1 焼入れ　171
 5-5-2 焼戻し　172
5-6 鋼の光輝熱処理に用いられる雰囲気ガスの種類 ——————— 174
5-7 鋼の光輝熱処理の原理 ————————————————————— 176
 5-7-1 鉄の酸化　176
 5-7-2 鉄の酸化反応　177
 5-7-3 鋼の脱炭反応　180
 5-7-4 脱炭現象の実際　184
 5-7-5 鋼の浸炭　184
 5-7-6 鋼の窒化　195

# 第6章　雰囲気の見える化と雰囲気管理　205

6-1 雰囲気熱処理炉の雰囲制御と可視化の原理 ————————— 206
6-2 雰囲気可視化炉の実際（その1）————————————————— 209
 6-2-1 発熱形変成ガス雰囲気炉の可視化と実際　210
 6-2-2 発熱形低水分、低二酸化炭素変性ガス雰囲気炉の可視化と実際　215
 6-2-3 吸熱形変成ガス雰囲気炉の可視化と実際　216
 6-2-4 メタノール分解ガス雰囲気炉の可視化と実際　218
 6-2-5 水素雰囲気炉の可視化と実際　219
 6-2-6 窒素ベース雰囲気炉の可視化と実際　220
 6-2-7 雰囲気炉可視化のためのデータベースと制御部　222
 6-2-8 実験例　235

- 6-3 雰囲気可視化炉の実際（その2） ———————————— 236
  - 6-3-1 オキシノン炉可視化のための熱処理システムと制御部　238
  - 6-3-2 オキシノン炉可視化のための演算処理装置の構成と動作　241
  - 6-3-3 オキシノン炉の雰囲気管理　244
  - 6-3-4 オキシノン炉可視化のためのデータベース　250
  - 6-3-5 オキシノン炉可視化のための制御部　250

別表 ———————————————————————————— 253
参考文献 ————————————————————————— 259

# 第1章
# 熱処理の基礎

熱処理とは、一言で表現すると図 1-1 で表すようにものを加熱し、その後冷却する熱操作のことである。この定義からすると、狭義の鋼の熱処理にとどまらず、焼結やロウ付の分野、そして昨今新聞紙上をにぎわしている炭素繊維製造のための処理である 400 ℃前後の不融化処理、その後の 800 ℃前後の予備炭化および 1 400 ℃以上での炭化処理、2 400 ℃以上での黒鉛化処理も熱処理といえる。その他、加熱—冷却のプロセスを必要とするモノづくり産業は数知れない。

　ここで肝心なことは、熱処理の種類によって加熱温度を何度にし、どの程度保持するかの原則があり、冷却の方法にも熱処理の種類により冷却方法の原則があるということである。ところがその組み合わせは千差万別あり、これをすべて覚えておくことは不可能である。このため熱処理の加熱・冷却方法の原理原則を理解しておくことは重要である。本書では鋼の熱処理に主眼を置き、その雰囲気熱処理について解説している。

　さて、熱処理作業を行うための三大要素は図 1-2 に示したように、温度、時間そして雰囲気である。著者はこれを"ふじお君"と名付けた。すなわち雰

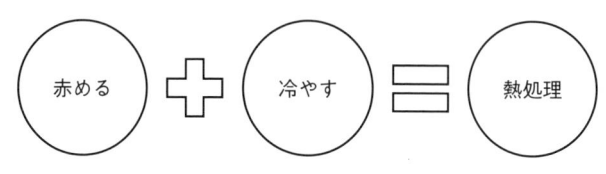

図 1-1　熱処理を一言で表現すると

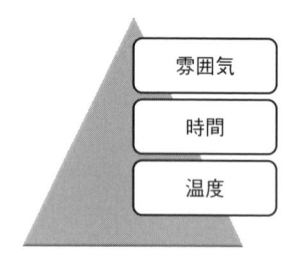

図 1-2　熱処理の三大要素

囲気の"ふ"、時間の"じ"、そして温度の"お"である。熱処理を勉強する人たち、そして熱処理設備を作る炉メーカの人たちはこの三大要素を習得することにより熱処理の本質を知ることとなる。

著者が知っているアメリカの熱処理装置メーカにTAT社というインド人が社長をしている小さな会社がある。この社長にTATとはどのような意味かと最初に会ったときに質問したことがある。そのとき彼は得意げにT（Time）-A（Atmosphere）-T（Temperature）の頭文字をとり社名としたと答えた。この時間—雰囲気—温度が熱処理設備メーカにとって最も重要な要素であり著者が以前から思っていたことを社名にしたということで、意気投合し今でもお付き合いをしている。

工業炉を扱う日本の炉メーカが熱処理設備を納入するとき、ユーザーにこの三要素を保証し試運転で実践し検収となるのが一般的である。

ここで温度は温度計で、時間は時計で具体的に測ることができるが、雰囲気については目で見ることができず抽象的であり、現在の炉内の雰囲気の状態を具体的な数値で表すことが難しい。このため雰囲気を扱うにあたって多くの経験と知識を必要としており、様々な問題が起きる要素でもある。

一般に鋼の雰囲気熱処理とは、その炉内雰囲気ガスを目的によって調整し、所定の温度で、被処理物（鋼）と雰囲気ガス（気体）との相互作用の化学反応により熱処理製品を目的の表面状態にするための熱処理である。

本書は一般雰囲気熱処理について記述したもので、本書を学ぶための基礎知識として鋼の熱処理概要を原理原則から説明する。その後、雰囲気の原理原則であるガスの性質についてその基礎を述べる。すなわち第1章および第2章が基礎編となる。

## 1-1　雰囲気熱処理の分類

鋼の雰囲気熱処理を大別すると、図1-3のように一般熱処理と表面改質熱処理の二種類に分類できる。一般熱処理の種類には焼なまし、焼ならし、およ

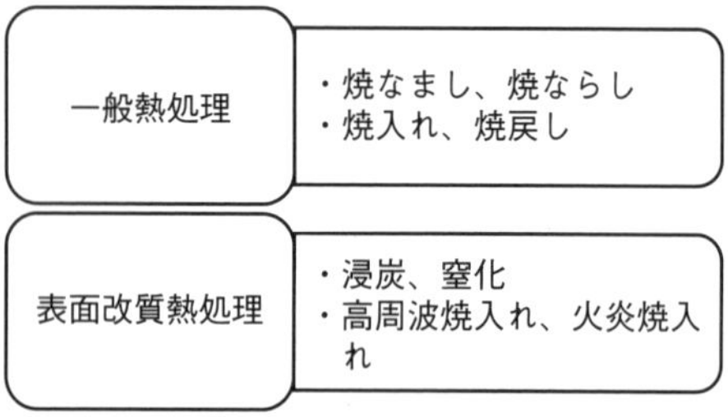

```
┌─────────────┐   ・焼なまし、焼ならし
│  一般熱処理  │   ・焼入れ、焼戻し
└─────────────┘

┌─────────────┐   ・浸炭、窒化
│表面改質熱処理│   ・高周波焼入れ、火炎焼入
└─────────────┘    れ
```

図 1-3　鋼の雰囲気熱処理の分類

び焼入れ、焼戻しなどがあり、バルク（全体）熱処理と呼ばれる。一方、表面改質熱処理の種類には浸炭、浸炭窒化、そして窒化処理があり、サーフェース（表面）熱処理と呼ばれることもある。

　また、国家試験である金属熱処理技能士では次の三種類に分かれている。すなわち、①一般熱処理作業、②浸炭熱処理作業、浸炭窒化熱処理作業、窒化熱処理作業、③高周波熱処理作業、炎熱処理作業の各分野に分かれ、要素試験およびペーパー試験が行われている。この中で②および③が表面改質熱処理である。雰囲気熱処理の観点からすると③の高周波および炎熱処理はその分野から外れる。

　本書では主に一般（バルク）熱処理に関する雰囲気熱処理について述べ、浸炭、浸炭・窒化および窒化表面改質に関する雰囲気熱処理については次の機会に譲ることとした。

## 1-2　鋼の熱処理概要

　雰囲気熱処理を実践する場合の最低限に必要な知識そして原理原則を次に述べる。

### 1-2-1　変態とは

　鉄は奇跡の金属と呼ばれている。その理由の一つとして挙げられることは、

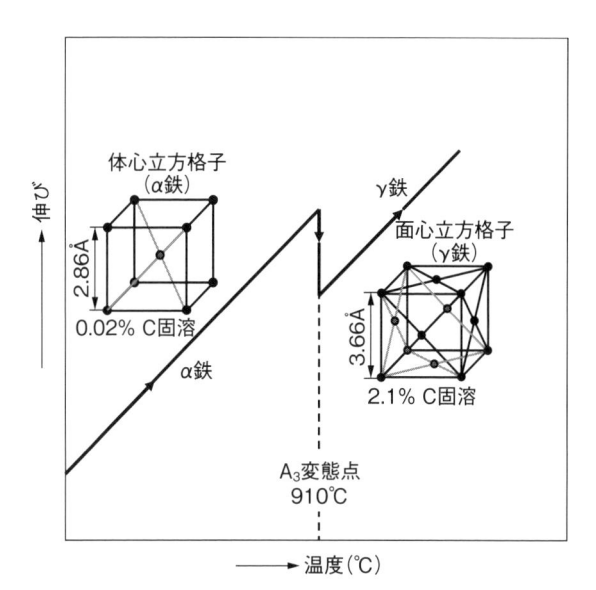

**図 1-4　鉄の加熱と膨張との関係模式図**

　他の金属にはない風変わりな変態をすることである。変態とは、結晶構造がある温度でガラリと変わることをいう。

　**図 1-4** は、鉄を室温から加熱したときの伸びと温度の関係を示した模式図である。金属はすべて加熱すると膨張し伸びていく。鉄も同様に伸びていくが、910℃に達すると同時に今度は加熱しているにもかかわらず収縮に転じる。そしてしばらくすると何事もなかったように再び伸び始める。室温から910℃までは加熱とともに徐々に膨張し伸びていくので変化という。ところが910℃を起点に急激に収縮するのでこれは変化といわず変態という。この変態を起こす温度を変態点と呼ぶ。鉄の場合、室温から910℃までの結晶構造は**図 1-5**に示すような体心立方格子（body-centerd cubic, bcc）であり、この結晶構造では炭素は最大でも0.02％しか固溶できない。そして910℃以上の温度での結晶構造は**図 1-6**に示すような面心立方格子（face-centered cubic, fcc）になり、この構造は炭素を2.1％も固溶することができる。これが奇跡の金属の由縁であり、この現象があるから鉄に炭素を添加した鋼は、加熱と冷却のルール

図 1-5　体心立方格子（bcc）　　　　図 1-6　面心立方格子（fcc）

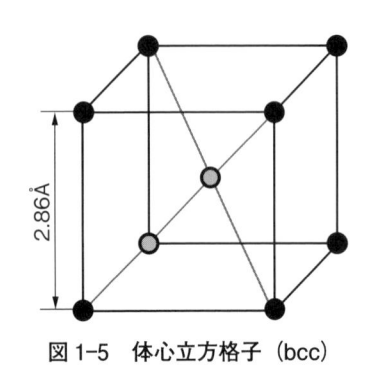

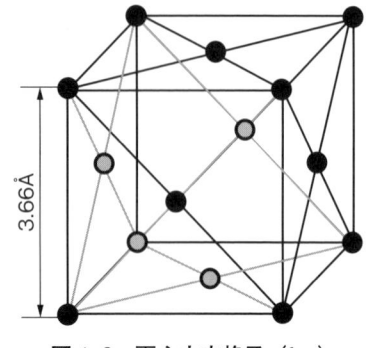

を守ることにより自由に硬さを変えることができ、機械的性質も縦横無尽に変化させることができるのである。すなわち熱処理効果が顕著である金属なのである。その他多くの金属にも変態は存在するが、低温側ではfccであり高温になるとbccに変態するのが一般的な金属の変態であり、鋼とは全く逆の変態をするため炭素の固溶限が逆であり焼入れなどの熱処理効果がほとんどない。

### 1-2-2　変態を知り熱処理の原理を理解する

鋼に現れる変態点には図 1-7 のように5種類の変態点が存在する。

　$A_0$（210℃）：セメンタイト（$Fe_3C$）の磁気変態であり、炭素量には依存せず約210℃である。この温度以下では、セメンタイトは強磁性体であるが、それ以上の温度では常磁性体となる。

　$A_1$（723℃）：鋼の共析変態を $A_1$ といい、その温度は炭素量に関係なく723℃である。

この変態での組織変化は下記のとおりである。

$$\text{フェライト＋セメンタイト} \underset{\text{冷却}}{\overset{\text{加熱}}{\rightleftarrows}} \text{オーステナイト}$$
$$\text{（パーライト）} \qquad\qquad \text{（固溶体）}$$

　$A_2$（770℃）：鉄（Fe）の磁気的変態をいう。鉄は $A_2$ 変態点以下で強磁性体であり、それ以上では常磁性体となる。

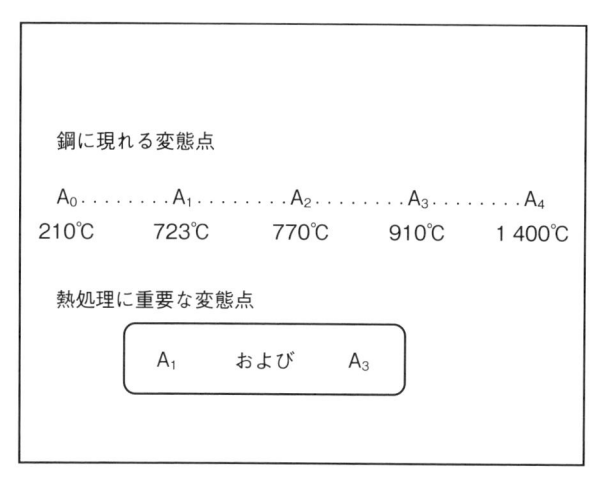

```
鋼に現れる変態点

A₀ ······· A₁ ······· A₂ ······· A₃ ······· A₄
210℃      723℃      770℃      910℃     1 400℃

熱処理に重要な変態点
        ┌─────────────────────┐
        │  A₁   および   A₃   │
        └─────────────────────┘
```

図1-7　鋼に現れる変態点

**$A_3$（910℃）**：鉄が奇跡の金属といわれる由縁は、まさにこの変態があるからである。すなわち $A_3$ 点以下では体心立方格子（bcc）であり $\alpha$ 鉄といい、それ以上1 400℃までは面心立方格子（fcc）であり $\gamma$ 鉄となる。

**$A_4$（1 400℃）**：鋼の熱処理にはほとんど利用されない変態で、下記のような同素変態であるデルタ鉄は、体心立方格子（bcc）である。

$$\gamma 鉄 \underset{冷却}{\overset{加熱}{\rightleftarrows}} \delta 鉄$$

以上のように鋼には5種類の変態があるが、鋼の熱処理に重要な変態点は $A_1$ と $A_3$ の二つである。なお、加熱時の変態を Ac、冷却時の変態を Ar と表す。

著者は、学生のとき Ac の c は CANETU（カネツ）、r は REIKYAKU（レイキャク）とおぼえよ！　と教わったことを記憶している。

## 1-2-3　鋼の状態図に現れる変態

図1-8は鉄と炭素の状態図である。ここで鋼の熱処理において重要な区域は薄墨を塗ったところで、これを拡大したものが**図1-9**である。

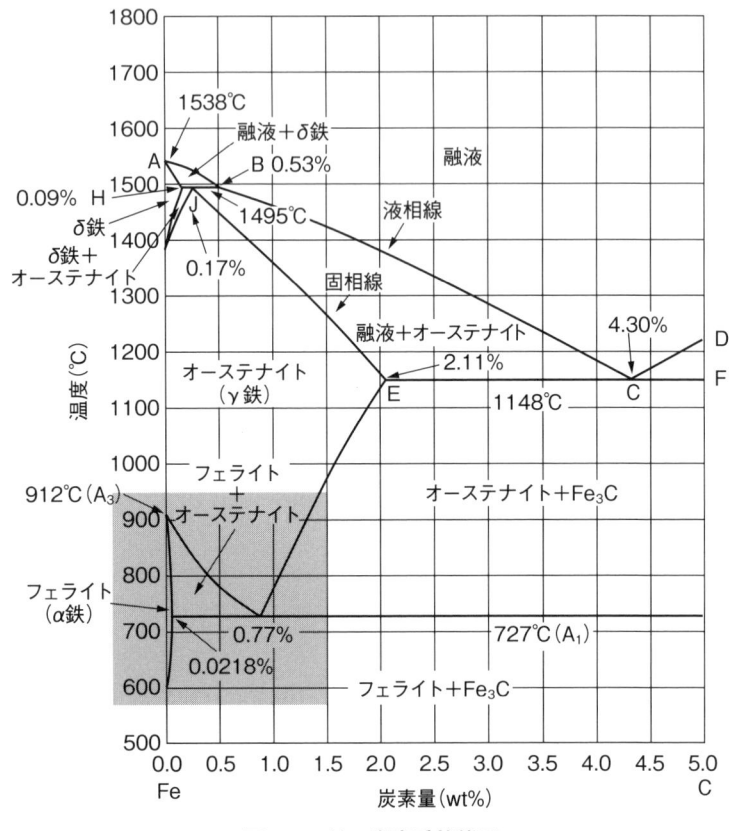

図 1-8　鉄─炭素系状態図

### 1-2-4　亜共析鋼の組織変化模式図

"亜"には足りないという意味があり、"亜共析鋼"とは、共析鋼の炭素含有量約 0.8％よりも低い炭素を含有する鋼をいい、主に機械構造用鋼に使用される。これにニッケルやクロムなど合金元素を添加したものが、機械構造用合金鋼である。

**図 1-10** に亜共析鋼の組織変化模式図を示した。

ここでは、S40C（JIS）を $A_3$ 変態点以上に加熱しオーステナイト一相としたものを徐々に冷却すると、$A_3$ 点以下の温度で徐々に炭素を含まない $\alpha$ 鉄の

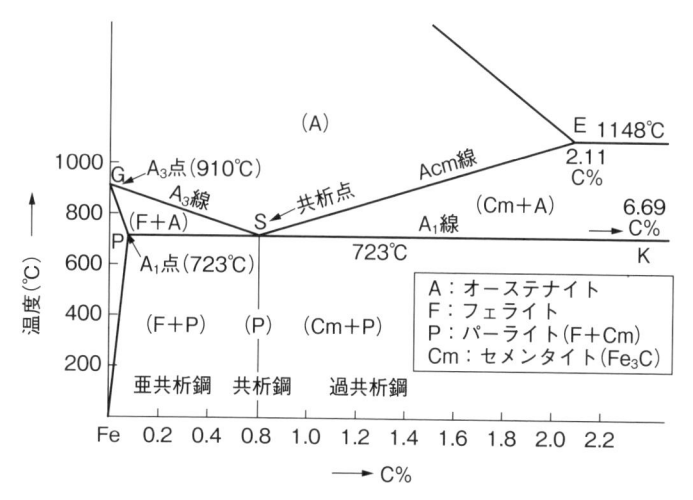

図 1-9　鉄―炭素状態図における鋼の熱処理で重要な領域

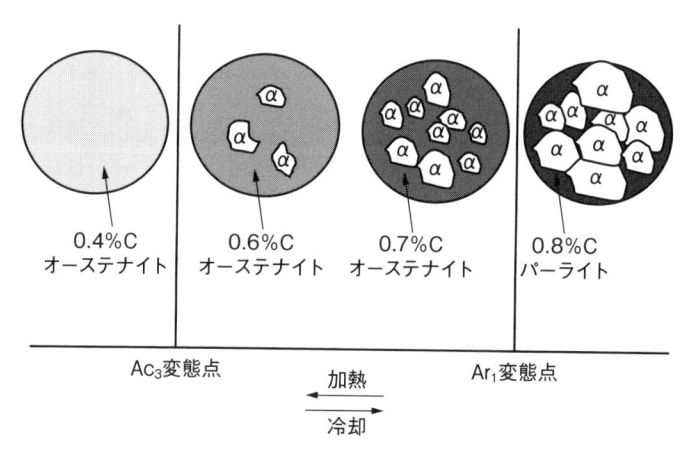

図 1-10　亜共析鋼の組織変化模式図

フェライトを析出し、そのためマトリックス（地）のオーステナイト中の炭素濃度が高くなり、$A_1$ 変態点で炭素濃度が共析の 0.8 ％に達し一挙にパーライトになり最終的には、フェライトとパーライトになることを示している。

## 1-2-5　過共析鋼の組織変化模式図

"過"には多いという意味があり、"過共析鋼"とは、共析鋼の炭素含有量0.8％よりも高い炭素を含有する鋼をいい、主に工具鋼に使用される。これにニッケル、クロム、モリブデン、タングステンなどの合金元素を添加したものが、合金工具鋼である。

**図1-11**に過共析鋼の組織変化模式図を示した。ここではSK120（旧JISではSK2）を$A_3$変態点以上に加熱しオーステナイト一相としたものを徐々に冷却すると、点以下の温度で炭素を6.7％含むセメンタイトを析出し、そのためマトリックス（地）のオーステナイト中の炭素濃度が徐々に低くなり、$A_1$変態点で炭素濃度が共析の0.8％に達し一挙にパーライトになり、最終的にはセメンタイトとパーライトの二相になることを示している。

## 1-2-6　共析鋼の組織変化模式図

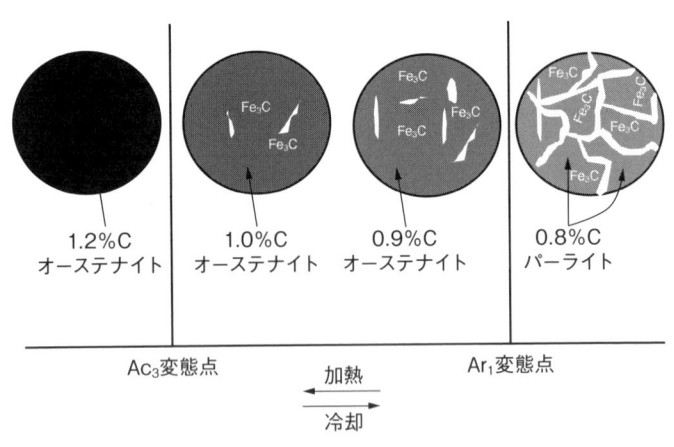

共析鋼とは炭素を約0.8％含む鋼をいう。この炭素量の鋼の$A_3$変態点は図1-9の状態図からもわかるが、$A_3$変態点は723℃まで下がり$A_1$変態点と交差し$A_3$と$A_1$変態点が同じ温度になる。すなわち**図1-12**に示すように、この鋼を

**図1-11　過共析鋼の組織変化模式図**

$A_3$ 変態点（$A_1$ 変態点）以上に加熱しオーステナイト一相とした後、徐々に冷却すると 723 ℃で 100 ％パーライトになることを表している。

## 1-2-7　加熱温度と熱処理の種類

鋼の熱処理には加熱するという原則があり、**図 1-13** のように $A_3$ の変態点以上に加熱する熱処理は、完全焼なまし、焼ならし、焼入れなどがある。これに対して $A_3$ の変態点以下で加熱する熱処理の代表は、応力除去焼なましおよび焼戻しである。

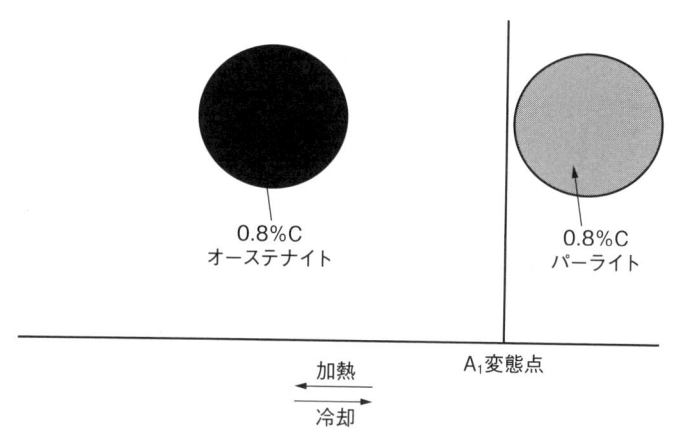

図 1-12　共析鋼の組織変化模式図

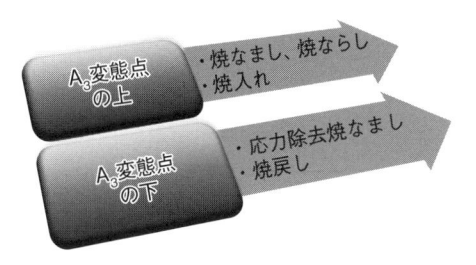

図 1-13　加熱温度と熱処理の種類

## 1-2-8 冷却速度と変態点

図 1-12 は、共析鋼を加熱し、ゆっくり冷却したときの伸びと温度との関係を示したものである。ところが実際の熱処理作業では、一般の抵抗加熱や燃焼加熱において加熱速度を極端に早くすることはできないが、その後の冷却速度は炉冷、空冷、焼入れなどにより千差万別自由に変化させることができる。

実はその冷却速度により変態点（Ar）の温度が変化し、それにつれて組織も変化することになる。これが熱処理における冷却の極意である。

以上のことから完璧な熱処理作業を 100 % とすると、そのうちの加熱処理技術が 30 %、冷却処理技術が 70 % ではないかと考える。

図 1-14 に、共析鋼の冷却の違いによる温度と伸びの関係の模式図を示した。共析鋼を選んだ理由は、$A_3$ 変態点と $A_1$ 変態点とが同じ温度であり説明が簡

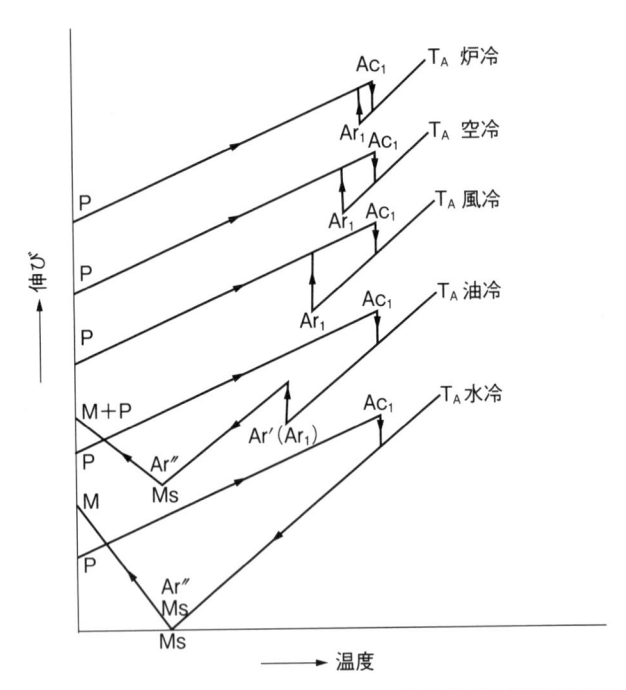

図 1-14 共析鋼の冷却の違いによる温度と伸びの関係模式図

素化できるからである。

　この模式図でわかることは、共析鋼を $A_{c1}$ 変態点以上に加熱しオーステナイト一相とした後、冷却速度を炉冷、空冷、風冷、油冷と変化させると $A_{r1}$ 変態点が徐々に低温側にシフトし、油冷においては、$A_{r1}$ がなくなり、$Ar'$ と $Ar''$ の二つに分かれる。

　$Ar'$ と $Ar''$ が現れる最小の冷却速度を下部臨界冷却速度といい、これ以上遅いと $Ar'$ のみ出現する。ここで現れる $Ar'$ は、$A_{r1}$ と同じパーライト変態であり、$Ar''$ は焼入れ組織であるマルテンサイトが出現するマルテンサイト変態である。

　水冷においては $Ar''$ のみの変態となる。ここで重要なことは $Ar''$ 変態は低温側で大きな膨張を起こすということであり、焼割れの原因ともなる。$Ar''$ 変態のみを起こさせるに必要な冷却速度を上部臨界冷却速度という。

　以上述べたように、鋼の熱処理における組織変化は、変態点を徐冷するか急冷するかで様々に変化するので、鋼の熱処理で最も重要なことは加熱よりも冷却であるといっても過言ではない。

### 1-2-9　冷却方法と変態点

　最初に述べたが、熱処理とは加熱し、冷却することである。すなわち熱処理においては原理原則に基づく加熱温度設定の決まりごと（ルール）があり、そして冷却方法にも当然原理原則からの決まりごと（ルール）がある。ここでは鋼の熱処理における冷却の要点を述べる。

　図1-15は鋼をオーステナイト域に加熱した後、冷却する方法を、一般熱処理である焼入れ、焼ならしおよび焼なましについて解説した図である。ここで冷却時に現れる変態点は、$Ar'$ および $Ar''$ 点であり、冷却においてはこの三変態が重要になる。

　オーステナイト域から $Ar'$ 点までを臨界区域といい、この間を早く冷やすか、ゆっくり冷やすかで、熱処理組織が決定する。すなわち $Ar'$ 点以降の冷却速度では基本的な熱処理組織は変化しないということを示している。

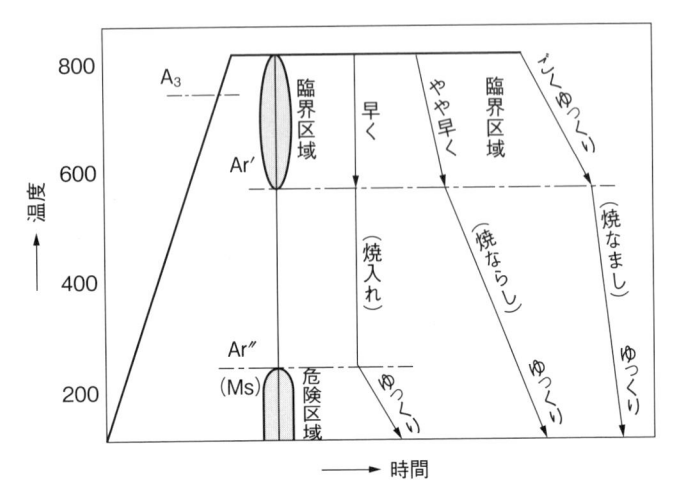

図 1-15　一般熱処理の冷却方法

表 1-1　代表的熱処理における冷却方法

| 処理 | 重要な冷却温度範囲 | 必要冷却速度 |
|---|---|---|
| 焼なまし | 550℃まで（Ar'）<br>それ以下の温度 | ごくゆっくり<br>ゆっくり |
| 焼ならし | 550℃まで（Ar'）<br>それ以下の温度 | 放冷（空冷） |
| 焼入れ | 550℃まで（Ar'）<br>250℃以下（Ar″、Ms） | 早く<br>ゆっくり |
| 焼戻し | 焼戻し温度から（焼戻し軟化）<br>焼戻し温度から（焼戻し硬化） | 急冷 |

　臨界区域を早く冷やすのが焼入れ、やや早く冷やすのが焼ならし、そしてごくゆっくり冷却する熱処理を焼なましという。

　表 1-1 に代表的な熱処理の種類の冷却方法をまとめた。ここで注意が必要なのは Ar' 点を早く冷却する焼入れにおいては、Ar″変態点の低温側で大きな膨張を起こすので、Ar″変態点以下の危険区域をゆっくり冷却させることである。これが"焼入れ作業の勘どころ"である。

　この章は、筆者の仲人であり熱処理の恩師でもある故・大和久重雄先生に実

践も含め教えを受けた内容である。そこで大和久先生の著書の一部を参考文献として載せさせていただいた[1-1]〜[1-7]。

## 1-3 鋼の組織

### 1-3-1 フェライト

ほとんど純鉄と同じで、最大でも炭素を 0.02 %しか固溶できない。柔らかく展伸性に富み $\alpha$ 鉄と呼ばれる。

### 1-3-2 オーステナイト（大洲田）

鋼を $Ac_3$ 変態点以上に加熱したときに得られる組織である。鋼を焼入れするときは、この組織にすることが必要十分条件であり、炭素を最大 2.1 %まで固溶できる。$\gamma$ 鉄ともいう。

### 1-3-3 セメンタイト（脆面体）

非常に硬い鉄の炭化物 $Fe_3C$ で層状、球状、網状などの形態をとる。パーライト中のセメンタイトは層状で、工具鋼中のセメンタイトは球状である。硝酸アルコールのナイタール腐食液ではフェライトと区別しにくい。

### 1-3-4 パーライト（波来土）

オーステナイト状態から鋼をゆっくり冷却したときの組織で、フェライトとセメンタイトが層状になった組織である。パーライト中の炭素量は 0.8 %で一定である。

### 1-3-5 マルテンサイト（麻溜田）

焼入れ組織の代表であり炭素を固溶している $\alpha$ 鉄である。鋼の熱処理中で最も硬く脆い組織で、必ず焼戻しをして使用する。

### 1-3-6 トルースタイト（吐粒洲）

マルテンサイトを約 400 ℃で焼戻ししたときにマルテンサイト地からセメンタイトの極微粒が析出し α 鉄と混ざった状態で出現する組織で、高級刃物の組織の代表である。最近では微細パーライトともいう。

### 1-3-7 ソルバイト（粗粒陂）

焼入れ組織のマルテンサイトを約 500～600 ℃で焼戻したときの組織であり、トルースタイトよりセメンタイト粒が粗粒の α 鉄＋セメンタイトの混在した組織であり、衝撃に強く機械部品組織の代表例である。

### 1-3-8 ベイナイト

炭素鋼および合金鋼をオーステナイト状に加熱し、Ar′と Ar″変態点との中間温度すなわち 150～550 ℃の熱浴中で等温保持をしたときに出現する組織で、通常の油や水焼入れには見られない組織である。低温側で等温保持し針状のマルテンサイト的ベイナイトを下部ベイナイトといい、比較的高温側で等温保持し羽毛状のパーライト的組織を上部ベイナイトという。

以上述べた組織を含め組織写真集が市販されており[1-8]、自分で顕微鏡観察を希望する方は顕微鏡標準試験片も市販されている[1-9]。顕微鏡組織を自分のものにするには王道はなく自分で苦労して鏡面研磨を行い、腐食を経て自分の目で顕微鏡観察することが一番だと筆者は考えている。

## 1-4　共析炭素鋼の熱処理による組織変化

話を簡単にするために、パーライト 100 ％の共析鋼をオーステナイト状態に加熱して、それぞれを異なる冷却速度で冷却したときに得られる組織を図 1-16 に示す。ここでいう Ar′とは過冷されたオーステナイトからのパーライト変態であり、Ar″とは過冷されたオーステナイトからのマルテンサイトへの変態を示している。この図は冷却速度がもっとも早い水冷のときはマルテンサイ

図 1-16 共析鋼の熱処理による組織変化

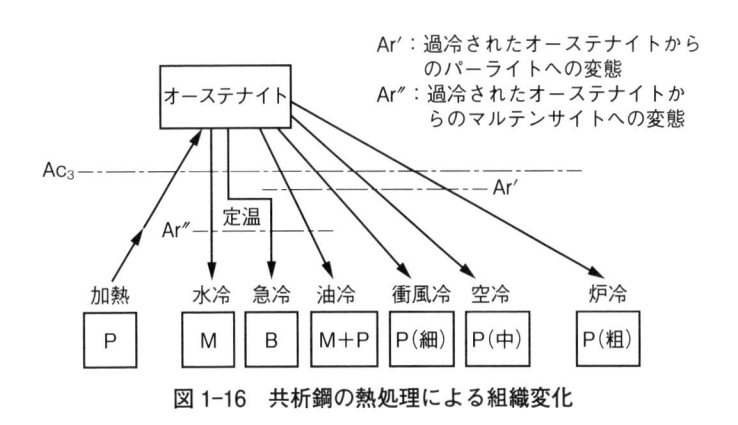

ト（M）組織が、次に早い油冷時にはマルテンサイト＋パーライト（M+P）組織に、空冷および炉冷時にはパーライト（P）組織になり、その冷却速度の違いにより細かなパーライトから粗いパーライトになり、そして Ar′ と Ar″ 変態点との中間温度に恒温保持をするとベイナイト組織になることを示している。ここでの冷却速度は水冷を1とすると、油冷はおおよそ0.3に、空冷は0.02になる。

## 1-4-1　共析鋼の焼入れ・焼戻し熱処理による組織変化

次に、共析鋼の焼入れ・焼戻しの組織変化を**図 1-17** により解説する。オーステナイトに加熱した共析鋼を焼入れするとマルテンサイトになり、これを400℃程度に焼戻しをするとトルースタイト（微細パーライト）に、600℃程度に焼戻しをするとソルバイト（細パーライト）組織になることを示している。ここでの焼入れは理想的な焼入れであり、ほぼ100％のマルテンサイトになったと仮定したときのものである。実際の作業では製品の形状、寸法によりそう簡単には100％マルテンサイトになってくれない。理論的にはマス・エフェクト、シェープ・エフェクト、そしてコーナ・エフェクトとの問題であり、これについては以下の項で述べる。

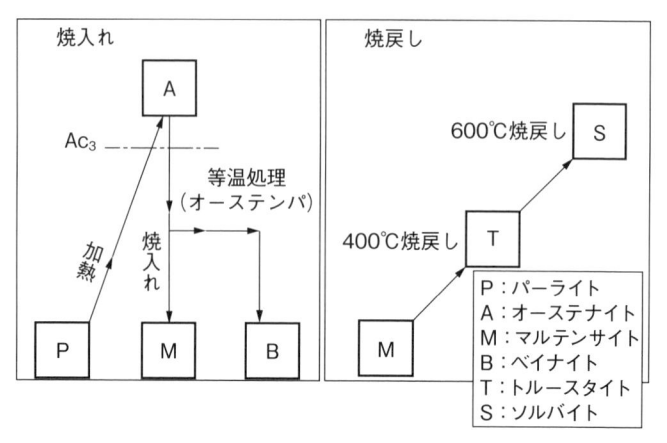

図1-17　共析鋼の焼入れ・焼戻しの組織変化

## 1-5　熱処理を難しくしている要因

　以前、鉄鋼の熱処理に関する参考書などに具体的な熱処理条件と機械的性質が事細かに出ていた。私もこれを見てこのとおりに熱処理すればだれでもいとも簡単に鉄鋼の熱処理ができると勘違いしていた。

　ところが鉄鋼の熱処理に従事し、この考えは全く間違っていることに気がついた。なぜなら参考書などに記載されている機械的特性は、構造用鋼であれば径が $25\phi$ の丸棒、そして工具鋼に至っては $10\phi$ の丸棒をその条件で熱処理したときのデータが海外の規格を含め出ていたのに気づいたからである。実際の作業においては、いろいろな形状の製品があり、均一な昇温速度や冷却速度は得にくく、場合によっては油焼入れをしても、実は焼ならしの組織であったりして決して教科書どおりにはいかないことが少なくない。

　このように熱処理を難しくしているのがこれから述べる、マス・エフェクト、コーナ・エフェクトそしてシェープ・エフェクトの存在である。これらをいつも頭において熱処理設計をすることが熱処理技術者として肝要であり、そのために長い経験を必要とする。

## 1-5-1　マス・エフェクト

　日本語に訳すと質量効果のこと。どのような大きい寸法の鋼もすべて内部まで焼入れ組織のマルテンサイト組織になるわけでなく、鋼材の大きさによって焼きの入り方が相違する効果である。

　このことを**図 1-18** に示す。すなわち質量効果の小さな鋼とは、鋼材の大きさによって焼入れ深度の差が小さい鋼をいい、この鋼は大物でも焼きが入りやすいことを示している。逆に質量効果の大きな鋼とは、鋼材の大きさによって焼入れ深度の差が大きい鋼であり、大物ほど焼きが入りにくいこと表している。質量効果に影響を及ぼす要因として、鋼に含有する合金元素の影響が大である。

## 1-5-2　コーナ・エフェクト

　隅角効果ともいい、製品の平面や二面角などの形状によって冷え方が異なる効果である。この関係を**図 1-19** に示す。図に示す形状の製品を焼入れすると三面角3に対し凹面角が1/3と遅く各部位で冷却速度が異なるため、焼きの入る時間タイミングが異なるようになることから、焼割れや変形の原因となる。

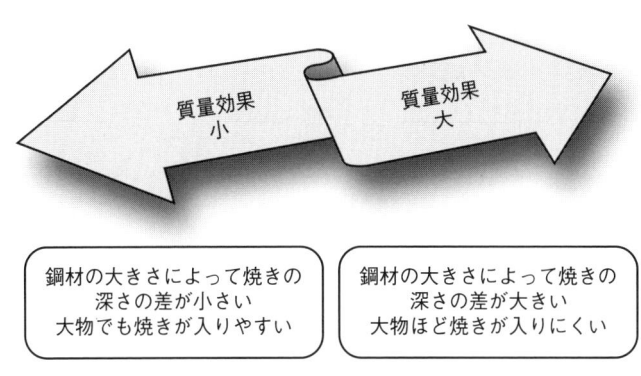

図 1-18　質量効果

図 1-19　隅角効果

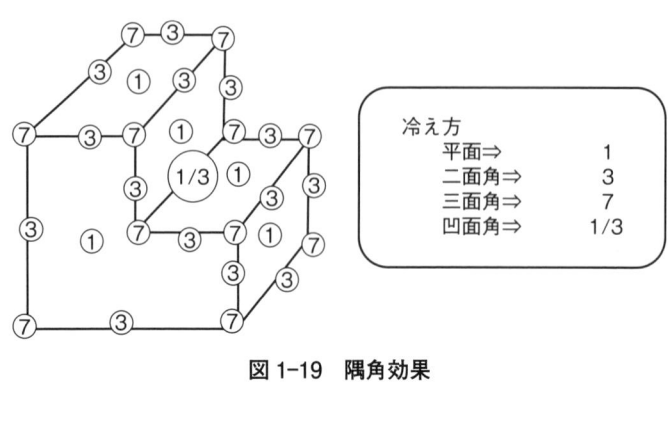

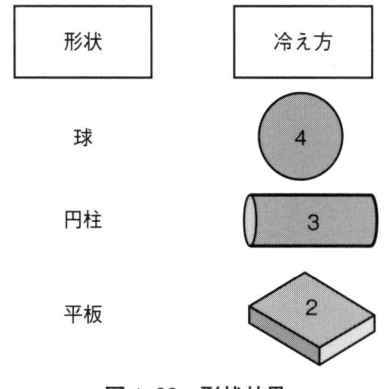

図 1-20　形状効果

## 1-5-3　シェープ・エフェクト

　日本語では形状効果ともいい、**図 1-20** に示すとおり球状、丸棒などの形状により冷え方が異なる効果を表す。

　機械構造用鋼の JIS には、径 25φ×長さ 100mm の標準試験片を熱処理したときの機械的性質データが載っているが、これを板材に換算すると、板材＝直径×2/3 で考えなくてはならないことを示している。

# 第2章
# 雰囲気の基礎知識

## 2-1　雰囲気ガスの種類

　雰囲気熱処理には各種ガスを使用する。これら原料となるガスを大別すると二種類に分けられる。一つは単純ガス（単独ガスともいう）と呼ばれているもので、**写真 2-1** のように工業用ガスとしてガス供給会社から容器の中に入れられ販売されている。これらを単独または数種類混合して直接炉の雰囲気として使用している。

　たとえば保護ガス雰囲気として用いられる窒素ガスのみの単純ガス、または窒素ガス（$N_2$）中に水素ガス（$H_2$）を添加して還元性雰囲気として利用される窒素＋水素などの単純ガスを混合した複合ガスなどがその代表である。

　もう一つは変成ガスと呼ばれ、変成炉を用い都市ガス、プロパンガス、ブタンガスなどの炭化水素系ガスと空気などの酸化性ガスを所定の割合で混合し化

写真 2-1　ガスボンベの写真

学燃焼反応させて目的の成分に調整し、雰囲気熱処理用ガスとして使用されている。この変成ガスの成分は、一般には一酸化炭素（CO）、二酸化炭素（$CO_2$）、水素（$H_2$）、水蒸気（$H_2O$）および窒素（$N_2$）が目的にあった比率で混合されている。

変成ガスの代表例としては、発熱形変成ガス（DX®ガス）と吸熱形変成ガス（RX®ガス）がある。そのほか、アンモニア（$NH_3$）やメタノール（$CH_3OH$）などの有機溶剤の分解ガスなどがある。

各種単純ガスの物理的性質を**表 2-1** に示す[2-1]。この表に掲げたガスの名称と化学式は最低限覚えてほしい。表中には熱伝導率が記入されているが、特記すべき点は、水素ガスおよびヘリウムガスの熱伝導率が高いということで、この影響は後に述べるが、被熱処理品の加熱・冷却速度に影響する。

変成ガスおよび分解ガスの種類を**表 2-2** に示す。吸熱形変成ガスは一般に

表 2-1　各種ガスの物理的性質

| 名称 | 化学式 | 分子量 | ガス密度 kg/m (0℃、1atm) | 液密度 kg/L（沸点） | 沸点 ℃ (1atm) | 熱伝導率 mW/（m/K） (25℃、1atm) |
|---|---|---|---|---|---|---|
| 空気 |  | 28.97 | 1.293 | 0.875 | −194.35 | 26.09 |
| 窒素 | $N_2$ | 28.01 | 1.251 | 0.809 | −195.8 | 25.7 |
| アルゴン | Ar | 39.95 | 1.783 | 1.398 | −185.8 | 17.62 |
| ヘリウム | He | 4.00 | 0.179 | 0.125 | −268.9 | 155.31 |
| 水素 | $H_2$ | 2.02 | 0.09 | 0.071 | −252.8 | 184.88 |
| 酸素 | $O_2$ | 32.00 | 1.429 | 1.141 | −183.0 | 26.5 |
| 二酸化炭素 | $CO_2$ | 44.01 | 1.977 | 1.03 | −78.5 | 16.64 |
| 一酸化炭素 | CO | 28.01 | 1.251 | 0.792 | −191.5 | 26.48 |
| メタン | $CH_4$ | 16.04 | 0.717 | 0.422 | −161.5 | 34.3 |
| プロパン | $C_3H_8$ | 44.09 | 2.01 | 0.581 | −42.07 | 18.31 |
| n-ブタン | $C_4H_{10}$ | 58.12 | 2.705 | 0.601 | −0.6 | 16.56 |
| i-ブタン | $C_4H_{10}$ | 58.12 | 2.689 | 0.594 | 11.7 | 16.89 |

表 2-2　各種変成ガスの代表的成分と用途

| 名称 | 商標 | ガス組成（%） | | | | | | 反応性 | 適用例 |
|---|---|---|---|---|---|---|---|---|---|
| | | $CO_2$ | $CO$ | $H_2$ | $H_2O$ | $CH_4$ | $N_2$ | | |
| 吸熱形変成ガス | RX | 約 0.3 | 約 21 | 約 30 | 0.6 | 0.01 | 残り | 強還元性浸炭性 | 浸炭、光輝加熱（中高炭素鋼） |
| 発熱形変成ガス | DX（リッチ） | 約 8 | 約 9 | 約 10 | 約 0.8 | — | 残り | 強還元性脱炭性 | 光輝加熱（低炭素鋼） |
| | DX（ローン） | 約 12 | 約 1.3 | 約 1.2 | 約 0.8 | — | 残り | 酸化性脱炭性 | 鋼の酸化皮膜形成 |
| | NX | 約 0.05 | 約 1.5 | 約 1.0 | — | — | 残り | | 中性加熱 |
| アンモニア分解ガス | AX | — | — | 約 45 | — | — | 残り | 強還元性弱脱炭性 | 光輝加熱 |
| メタノール分解ガス | | 約 0.3 | 約 30 | 残り | 約 0.8 | 約 0.1 | — | 強還元性浸炭性 | 浸炭 |

RX ガスと呼ばれている。RX ガスの原料は、プロパン（$C_3H_8$）、ブタン（$C_4H_{10}$）、そして都市ガスなどの炭化水素系原料ガスの一種類に空気を混合したものを変成させ、ほとんど酸化性のガス成分を含まない CO；20～24 %、$H_2$；30～40 %および残りは $N_2$ で構成されている。RX ガスは空気比率が小さく、自分自身の燃焼熱で反応を完成させることができないので変成加熱炉が必要になる。このため吸熱形変成ガスと呼ばれている。

　変成加熱炉では、原料ガスと空気の混合ガスを 950～1 100 ℃の触媒中を通過させ、発熱反応、吸熱反応を経て RX ガスが生成され、再反応が起こらないよう急冷して熱処理炉へ送られる。

　発熱形変成ガス（DX ガス）は、RX ガスと比較すると空気比率を上げて、酸化性のガスと還元性のガスをバランスさせて目的に合った成分に調整して用いられる。通常、空気比率は完全燃焼を 100 %とすると、90～60 %程度の範囲で燃焼させ、その後水分を調整し雰囲気ガスとして利用する。すなわち燃焼

表 2-3 化学特性による雰囲気ガスの分類

| 性質 | 種類 |
|---|---|
| 不活性ガス | アルゴン（Ar）、ヘリウム（He） |
| 中性ガス | 窒素（$N_2$）、乾燥水素（$DryH_2$）、アンモニア（$NH_3$）分解ガス |
| 酸化性ガス | 酸素（$O_2$）、空気、水蒸気（$H_2O$）、炭酸ガス（$CO_2$）、燃焼ガス |
| 還元性ガス | 水素（$H_2$）、一酸化炭素（CO）、炭化水素（$CH_4$, $C_3H_8$, $C_4H_{10}$ など） |
| 脱炭性ガス | 酸化性ガス |
| 浸炭性ガス | 一酸化炭素（CO）、炭化水素（$CH_4$, $C_3H_8$, $C_4H_{10}$ など）<br>都市ガス、メタノール（$CH_3OH$）、エタノール（$C_3H_5OH$）、エーテル（$C_4H_{10}O$）などの分解ガス |
| 窒化性ガス | アンモニアガス（$NH_3$） |

反応を利用するため変成用の加熱炉は必要なく自燃して変成する。このことから発熱形変成ガスと呼ばれる。

還元性ガス比率の高い変成ガスをリッチガス、低い変成ガスをリーンガスという。また、リーンガス中の二酸化炭素（$CO_2$）および水分（$H_2$）を吸着し、ほとんど窒素ガスとしたNX®と呼ばれる特殊な変成ガスもある。

アンモニア分解ガスは、窒素や水素が入手困難な場所での熱処理現場では安価でもあり重宝されている。

メタノール分解ガスは、炭化水素系のガスが安定供給されない現場で現在でも利用されている。

**表 2-3** に化学特性による雰囲気の分類を示す。これらのガスの物理的化学的基本性質を理解することは、雰囲気熱処理の真髄を極めるためには重要なことである。

酸化性雰囲気には、必ず酸素原子（O）が含まれている。この酸素が金属と結合して金属酸化物を生成させる。還元性の雰囲気は逆に酸化物を還元させる能力があり、すべての雰囲気ガスが燃焼する。そして取り扱いを間違えると爆発もするので注意が必要である。

浸炭性の雰囲気ガス中には必ず炭素原子（C）が含まれており、この炭素が

鋼の表面から拡散していくことになる。脱炭性のガスは、浸炭性のガスとは反対に鋼中の炭素と反応し、それを雰囲気中に持ち出す。よく水素は脱炭性のガスだという人がいるが、これは間違いで水素中に含まれる水（$H_2O$）および酸素（$O_2$）が原因である。

熱処理雰囲気の中性ガスは、主に窒素とアルゴンである。窒素はステンレス鋼などに含有するクロム（Cr）、チタン（Ti）と結びつき窒化物を作る場合があるので注意が必要である。

窒化性のガスの代表がアンモニアガスであり、アンモニアが分解して初期の活性な窒素が鋼から浸透拡散し窒化現象を起こす雰囲気ガスである。

さて、雰囲気熱処理では種々のガスを取り扱うことになるが炉中雰囲気ガスの圧力と体積、温度と体積の関係には簡単な関係が成り立つ。すなわち炉内温度が一定時の雰囲気ガスの圧力と体積変化を取り扱う場合にはボイルの法則が、炉内圧が一定時のガスの体積変化を扱う場合にはシャルルの法則が適応される。そして、ボイルとシャルルの法則を合体させると有名なガスの状態方程式が導き出せる。すなわち雰囲気の状態は、圧力 $P$ [Pa]、体積 $V$ [m³]、温度 $T$ [K] そして物質量 $n$ [mol] で決まる。これらに関する事柄を順次説明していく。

## 2-2　雰囲気熱処理で用いられる重要な物理量

1960年の国際度量衡総会において、メートル法を基本に国際単位系を採用することを決定し、これを国際的に使用することを勧告した。すなわちSI単位である。SI単位は、基本単位、補助単位、組立単位および10の整数乗倍の接頭語から構成され、そのほかにSI単位と併用する、あるいは併用してもよい単位が付加されている。SI基本単位は**表 2-4**に示すように7つである[2-2]。

ここで、SI基本単位でよく間違える表現を挙げておく。

- 時間は [sec] ではなく [s] で表す。
- 熱力学的温度は [K°] ではなく [K] で表す。

ほかに雰囲気熱処理に必要な組立単位を**表2-5**に示す[(2-2)]。

単位の10の整数乗倍を示す接頭語を**表2-6**に掲げる[(2-2)]。接頭語はほぼ$10^3$ごとに$10^{-18}$から$10^{18}$まで規定されている。

ここで、接頭語でよく間違える表現を挙げておく。

表2-4 SI基本単位

| 量 | 単位の名称 | 単位記号 |
|---|---|---|
| 長さ | メートル | m |
| 質量 | キログラム | kg |
| 時間 | 秒 | s |
| 温度 | ケルビン | K |
| 電流 | アンペア | A |
| 物質量 | モル | mol |
| 光度 | カンデラ | cd |

表2-5 熱処理に必要なSI組立単位

| 量 | 単位の名称 | 単位記号 | 備考 |
|---|---|---|---|
| 面積 | 平方メートル | $m^2$ | |
| 体積 | 立法メートル | $m^2$ | |
| 密度 | キログラム毎立法メートル | $kg/m^3$ | |
| 速さ | メートル毎秒 | m/s | |
| 加速度 | メートル毎秒毎秒 | $m/s^2$ | |
| 濃度 | モル毎立法メートル | $mol/m^3$ | 物理量の濃度 |
| 比体積 | 立法メートル毎キログラム | $m^3/kg$ | |
| 力 | ニュートン | N | $1N=1kg\cdot m/s^2$ |
| 圧力、応力 | パスカル | Pa | $1Pa=1N/m^3$ |
| エネルギ 仕事、熱 | ジュール | J | $1J=1N\cdot m$ |
| 仕事率、工率 動力、電力 | ワット | W | $1W=1J/s$ |
| セルシウス温度 | セルシウス度または度 | ℃ | 温度:0℃=273.15K 温度差:1℃=1K |

表 2-6　10 の整数乗倍を示す接頭語

| 単位に乗じる倍数 | 接頭語 名称 | 接頭語 記号 | 単位に乗じる倍数 | 接頭語 名称 | 接頭語 記号 |
|---|---|---|---|---|---|
| $10^{18}$ | ヘクサ | E | $10^{-1}$ | デシ | d |
| $10^{15}$ | ペタ | P | $10^{-2}$ | センチ | c |
| $10^{12}$ | テラ | T | $10^{-3}$ | ミリ | m |
| $10^{9}$ | ギガ | G | $10^{-6}$ | マイクロ | μ |
| $10^{6}$ | メガ | M | $10^{-9}$ | ナノ | n |
| $10^{3}$ | キロ | k | $10^{-12}$ | ピコ | p |
| $10^{2}$ | ヘクト | h | $10^{-15}$ | フェムト | f |
| $10$ | デカ | da | $10^{-18}$ | アト | a |

- 1以下を示す記号はアルファベットの小文字である。ただし $10^{-6}$ のみがギリシャ文字である。
- 1以上を示す記号はアルファベットの大文字である。ただし $10^1$、$10^2$、$10^3$ は小文字である。
- $10^3$ は［K］ではなく［k］である。たとえば Km は間違いで km が正しい。そして SI 単位を併用する単位あるいは併用してもよい単位を**表 2-7** に示した[(2-2)]。この中には熱処理でよく用いられる時間単位の分（min）および時間（h）も含まれる。

　本書では、時間は主に［h］を用いた。

　物理量は数値に単位をかけたものになる。すなわち

　　　物理量＝数値×単位

で表す。

　単位記号および SI 接頭語の記号はすべてローマン体（立体活字）で表す決まりになっている。たとえば［m］や［s］のごときである。本書では原則、単位には［　］を付けた。

　物理量や数学の記号はイタリック体（手書き風斜体）で表すことが決まりと

第2章 雰囲気の基礎知識

表2-7 SI単位併用する単位あるいは併用してよい単位

| 量 | 単位の名称 | 単位記号 | 備考 |
|---|---|---|---|
| 時間 | 分<br>時<br>日 | min<br>h<br>d | 1min=60s<br>1h=60min<br>1d=24h |
| 体積 | リットル | $\ell$、L | $1L=1dm^3$ |
| 質量 | トン | t | $1t=10^3kg$ |
| 流体の圧力 | バール | bar | $1bar=10^5Pa$ |
| 電力量 | ワット時 | W・h | $1W・h=3\,600J$ |

なっており本書でも原則これに従った。また、本書では数値の千の位、100万の位には半角のスペースを入れ読み取りやすくした。たとえば、

1 000 000（百万）や1 000（一千）のように表記した。

次に雰囲気熱処理で用いられる主な物理量について解説する。

## 2-2-1　圧力

圧力$P$は、単位面積当たりの力の大きさである。つまり、

$1\,[N/m^3]=1\,[Pa]$であり、本書では圧力単位を原則[Pa]で表わす。ただし実用上便利な、1atm（気圧）を$1\,[bar]=10^5\,[Pa]≒1\,[atm]$とした。

他の圧力の単位変換を**表2-8**に示す。

ここで、[N]は「ニュートン」と呼び、力の単位である。すなわち

力[N]=質量×加速度　で表す。ここで地上の加速度を$9.8\,[m/s^2]$とすると

$$質量=\frac{1N}{加速度\,[9.8m/s^2]}=0.102\,[kg]\;となり、$$

**写真2-2**のように地上で100[g]のみかんを手に取った感じがほぼ1[N]である。

すなわち質量100[kg]の熱処理品は1 000[N]ということになる。

$N=m・kg・s^{-2}$が国際単位系の定義である。

表 2-8 圧力単位

| Pa | MPa | atm<br>(気圧) | kgf/cm² | psi<br>1b (f)/in² | mmAq<br>(mmWC) | Torr<br>(mmHg) |
|---|---|---|---|---|---|---|
| 1 | $10^{-6}$ | $9.9\times10^{-6}$ | $1.020\times10^{-5}$ | $1.45\times10^{-4}$ | 0.10197 | 0.00750 |
| $10^6$ | 1 | 9.869233 | 10.1972 | 145.0377 | $1.0197\times10^5$ | 7 500.62 |
| 101 325 | 0.101325 | 1 | 1.03323 | 14.69595 | 10 332.27 | 760.000 |
| 98 066.5 | 0.098066 | 0.967841 | 1 | 14.22334 | $10^4$ | 735.559 |
| 6 894.76 | 0.006895 | 0.068046 | 0.070307 | 1 | 703.0695 | 51.7148 |
| 9.80665 | $9.8\times10^{-6}$ | $9.7\times10^{-5}$ | $10^{-4}$ | 0.001422 | 1 | 0.07356 |
| 133.322 | 0.000133 | 0.001316 | 0.001360 | 0.019337 | 13.59510 | 1 |

写真 2-2　100 [g] の物体が手におよぼす力が 1 [N]

## 2-2-2　体積

体積 $V$ の単位は本書では [m³] で表わす。すなわち 1 辺が 1 [m] の立方体の体積が 1 [m³] である。よく使用される他の体積の単位も次に挙げておく。

- cc：1 [cc]＝1 [cm³]＝1 [mL]（非 SI）
- L：1m³/1 000　一辺の長さが 10 [cm] の立方体（非 SI）
  [dm³]－(10 [cm]×10 [cm]×10 [cm]＝1 000 [cm³])＝1 [L]

また、本書ではリットルを大文字の［L］で表す。

### 2-2-3　温度

熱処理で一般に使用されている温度はセルシウス度（摂氏）すなわち℃である。これは水の沸点を100℃、融点を0℃として、その間を100等分して温度を定義する方式で、1742年にスウェーデンの天文学者セルシウスによって提案された。

温度に上限はないが下限はある。その下限温度は−273.15℃であり、この温度を絶対零度という。

SI単位では温度は$T$で表し、単位は、［K］（ケルビン）である。下限温度を0［K］で表す。

すなわち、$T$［K］$= t$［℃］$+273$になる。

熱処理の現場では今でも［℃］が通常用いられている。このため本書でもなるべく［℃］を用いるが、理論的な物理量を示す場合には$T$［K］を用いた。このほかに、アメリカやイギリスではドイツの科学者ファーレンハイトが1724年に提案したファーレンハイト度（華氏）すなわち［℉］が今でも多用されている。余談になるが、数年前アメリカのペンシルベニア州立大学に焼結炉を納入したが、このときの温度関連の計器はすべて［℉］表示であり、流量計もヤード・ポンド法のCFH［$ft^3/h$］を指定されたことに驚かされた経験がある。

他の温度の単位変換を下記に示す。

- ［℃］$=$（［℉］$-32$）$\times 5/9$
- ［℉］$= 9/5 \times$［℃］$+32$
- ［°R］$= T + 459.67$［℉］

［°R］はランキン温度と呼ばれ、米国の論文にしばしば見受けられる。また、我が国でもたまに文献などで見かけることがある。ある計測計メーカのCPメータの取り扱い説明書には今でもこのランキン温度を用いているのに驚かされた。生活と熱処理に関係する温度の一例を**図2-1**に示した。

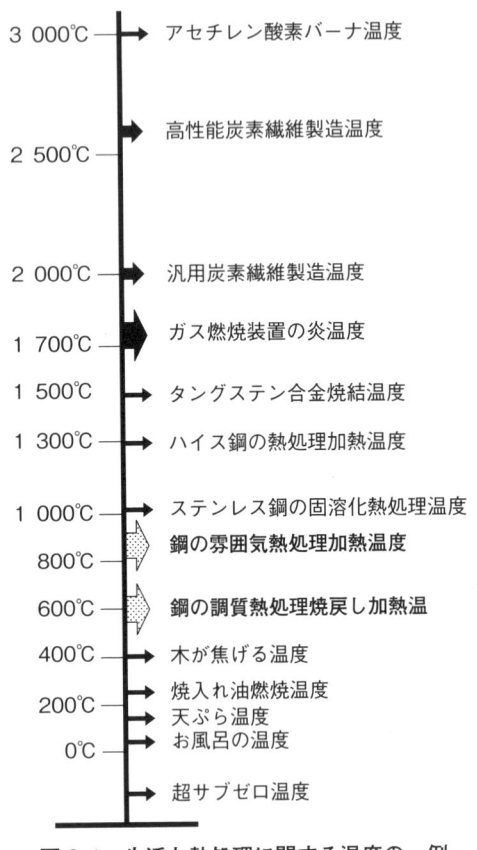

```
3 000℃ ─→ アセチレン酸素バーナ温度

2 500℃ ─→ 高性能炭素繊維製造温度

2 000℃ ─→ 汎用炭素繊維製造温度
1 700℃ ─▶ ガス燃焼装置の炎温度
1 500℃ ─→ タングステン合金焼結温度
1 300℃ ─→ ハイス鋼の熱処理加熱温度
1 000℃ ─→ ステンレス鋼の固溶化熱処理温度
 800℃ ─▷ 鋼の雰囲気熱処理加熱温度
 600℃ ─▷ 鋼の調質熱処理焼戻し加熱温
 400℃ ─→ 木が焦げる温度
 200℃ ─→ 焼入れ油燃焼温度
         → 天ぷら温度
   0℃ ─→ お風呂の温度
         → 超サブゼロ温度
```

**図 2-1　生活と熱処理に関する温度の一例**

## 2-2-4　物質量

　物質量 $n$ は［mol］で表す。簡単にいうと、1［mol］＝$6×10^{23}$ 個である。つまり水素が 1［mol］あるということは、水素の分子が $6×10^{23}$ 個あるということである。逆にいうと水素分子 $6×10^{23}$ 個の塊が集まった量を 1［mol］と表すのである。そしてこの 1［mol］の質量が 2［g］となる。この $6×10^{23}$ という数字をアボガドロ数ともいう。

　また、雰囲気熱処理で使用される代表的なガスの 1［mol］当たりの分子量（質量）は**表 2-9** に示してあるので参照のこと。ちなみに、2014 年 1 月現在の

表 2-9 雰囲気熱処理に重要な物質の 1 モル当たりの質量

| 名称 | 分子式 | 1モルの質量 (g) | 名称 | 分子式 | 1モルの質量 (g) |
|---|---|---|---|---|---|
| 酸素 | $O_2$ | 32.0 | マグネシウム | Mg | 24.3 |
| 窒素 | $N_2$ | 28.0 | チタン | Ti | 47.9 |
| アルゴン | Ar | 40.0 | バナジウム | V | 50.9 |
| ヘリウム | He | 4.0 | ニオブ | Nb | 92.9 |
| 空気 | — | 29.0 | タンタル | Ta | 180.9 |
| 水素 | $H_2$ | 2.0 | クロム | Cr | 52.0 |
| 水 | $H_2O$ | 18.0 | モリブデン | Mo | 95.95 |
| 二酸化炭素 | $CO_2$ | 44.0 | タングステン | W | 183.8 |
| 一酸化炭素 | CO | 28.0 | マンガン | Mn | 54.9 |
| アンモニア | $NH_3$ | 17.0 | 鉄 | Fe | 55.8 |
| メタン | $CH_4$ | 16.0 | コバルト | Co | 58.9 |
| アセチレン | $C_2H_2$ | 26.0 | ニッケル | Ni | 58.7 |
| エチレン | $C_2H_4$ | 28.1 | 銅 | Cu | 63.5 |
| エタン | $C_2H_6$ | 30.1 | 亜鉛 | Zn | 65.4 |
| プロピレン | $C_3H_6$ | 42.1 | ホウ素 | B | 10.8 |
| プロパン | $C_3H_8$ | 44.1 | アルミニウム | Al | 26.98 |
| n-ブタン | $C_4H_{10}$ | 58.1 | 炭素 | C | 12.0 |
| i-ブタン | $C_4H_{10}$ | 58.1 | スズ | Sn | 118.7 |
| 都市ガス* | $C_{1.17}H_{4.33}$ | 22.8 | 鉛 | Pb | 207.2 |

＊都市ガスの分子式は、東京ガス殿のホームページより 13A の成分から計算で求めた。

世界の人口は、$7.1 \times 10^9$ 人（71億人）であり、アボガドロ数の大きさを実感できると思う。

　雰囲気熱処理に関して、このアボガドロ数には重要な別の事柄がある。それはすべてのガスが標準状態 273 [K]（0℃）、一気圧において 1 [mol] ＝$6 \times 10^{23}$ 個で 22.4 [L]（$22.4 \times 10^{-3}$ [$m^3$]）の体積を占めるということである。

## 2–3　示量性と示強性

物理量を示量性と示強性の二種類に大別すると便利である。

示量性の物理量は面積、体積、質量およびエネルギのように1＋1が2になるように加法的な物理量をいう。言い換えると物質量［mol］に比例する大きさを持つ物理量である。

具体例としては、1［$m^3_N$］の水素ガスと1［$m^3_N$］の窒素ガスとを加えると2［$m^3_N$］の混合ガスになる。すなわち炉に投入するガスが1［$m^3_N/h$］の水素ガスと1［$m^3_N/h$］の窒素ガスであるとすると炉に投入されるガスは2［$m^3_N/h$］になる、などの例である。

示量性に対し示強性とは圧力や温度のように物質量［mol］に依存しない値を持つ物理量を示強性の物量という。具体例としては、500℃の雰囲気ガスと500℃の雰囲気ガスとを加えても1000℃の雰囲気ガスにはならない。

他の例として、連続式トンネル炉の一ゾーンと二ゾーンの圧力は足し算することができない。すなわち一ゾーンが一気圧であれば二ゾーンの圧力も一気圧である、などである。

これらは当たり前のことであるが後ほど出てくる熱力学考察をするときに便利であることがわかると思う。

## 2–4　ボイルの法則

ボイルの法則は式2-1で表わされる。

$$圧力 [Pa] \times 体積 [m^3] = 一定 \tag{2-1}$$

この式の意味は①雰囲気ガスの温度が一定のとき、雰囲気ガスの圧力や体積を変化させても圧力×体積の値は一定であるということである。言葉を換えれば②一定量の気体の体積は圧力に反比例するということである。実際の雰囲気熱処理において温度が一定で炉内圧力が変化する例はほとんどないが、次の例を挙げれば雰囲気熱処理において間接的には重要であることが納得できるであ

ろう。

　**(実例)**　水素ガス、窒素ガス、アルゴンガスなどの写真 2-1 に示す高圧ガス容器は、内容積 46.7［L］で充填圧力は 14.7［MPa］で充填されている。これを一気圧である大気圧 0.1［MPa］に戻すと、ボイルの法則より

$$46.7 [L] \times 14.7 [MPa] = x \times 0.1$$

$x=6\,865/0.1≒7$［m³］になり、ガスの種類によらず内容積 46.7［L］のボンベから約 150 倍の 7［m³］の単独ガスがとれることになる。

　ちなみに、高圧ガス容器の色は、酸素ガスが黒、水素ガスは赤、そして窒素ガス、アルゴンガス、メタンガスがネズミ色である。

## 2-5　シャルルの法則（ガスは加熱すると膨張する）

　シャルルの法則は式 2-2 で表される。

$$V = V_0 \left( \frac{273+t}{273} \right) \tag{2-2}$$

ここで

　　$V$［m³］：温度 t［℃］のときの体積

　　$V_0$［m³］：温度 0℃のときの体積

である。

　この式の意味するところは①"ある温度でのガスの体積は、0℃の体積の 1/273 ずつ変化する"ということである。また、(273+t) を絶対温度［$T$］と定義し、その単位は［K］で表す、とすると、②"ガスの体積は絶対温度に比例する"と表現できる。この関係を**図 2-2** に示す。

　**(実例)**　**図 2-3** のバッチ炉を例にとり説明する。

　今、炉の温度が 900℃（1 173K）で雰囲気は窒素ガスである。炉内に導入する窒素の流量が 0℃で 1［m³/hr］である場合炉内では、次の計算結果のように 4.3［m³/hr］の雰囲気気量となる。

$$V = 1(1\,173/273) ≒ 4.3$$

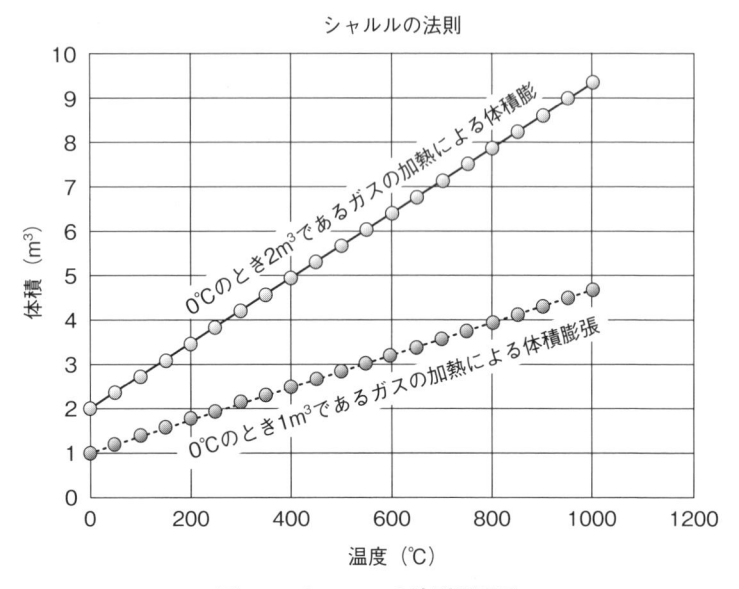

図 2-2　シャルルの法則説明図

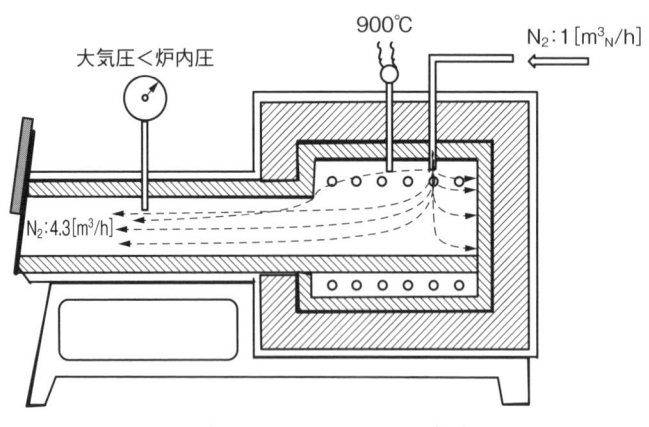

図 2-3　炉におけるシャルルの法則説明図

このことは大気圧下で行う雰囲気熱処理の実務において大変重要なことである。すなわち炉に導入された原料ガスは加熱され膨張し軽くなりより冷たい方向に向かうということである。

## 2-6 ボイル・シャルルの法則と気体の状態方程式

今まで述べたボイルの法則とシャルルの法則を合体させると式2-3が成り立つ。これはガスの種類によらずガスの圧力（$P$）と体積（$V$）および温度（$T$）との関係を示す重要な式である。

$$\frac{PV}{T} = 一定 \quad (2\text{-}3)$$

気体には、個体や液体にない独特な性質があり、同じ温度、同じ圧力ではガスの種類に関係なく、同じ体積になる。

すなわち式2-3において

$$\frac{PV}{T} = R$$ と表し $R$ を気体定数といい、2-7項で詳細を述べる。

物質量 $n$［mol］のガスでは

$$PV = nRT \quad (2\text{-}4)$$

と表せる。この式2-4をガスの状態方程式という。

**写真2-3**は、私の知人からいただいたカッパドキアでの気球の写真だが、気球内の空気を加熱すると、気球内の空気が膨張し密度が小さくなり軽くなるので気球遊覧が可能になるのである。

## 2-7 ガス定数

雰囲気計算で頻繁に使うのがこのガス定数である。これをしっかり理解し自分のものにしておかないと、大きなミスを犯すことになる。すなわちガス定数は単位系により値が変わるので自分で計算する場合、また文献などを読む場合

写真 2-3　熱気球

には充分に注意しなければならない。

　雰囲気熱処理で用いられるガス定数は、0.082 [L·atm·mol$^{-1}$·K$^{-1}$] および 8.31×10$^{-3}$ [kJ·mol$^{-1}$·K$^{-1}$]（または 8.31 [J·mol$^{-1}$·K$^{-1}$]）の二種類を覚えておけばよい。ここで注意をしてほしい単位は k（キロ）の小文字と K（ケルビン）の大文字である。著者も熱力学のデータ集を読んだ当初この二種類の単位を混同して失敗したことがある。

　ところでガス定数を忘れた場合は、下記の方法を用いると常に気体定数を求めることができて便利である。

2-2-4項の物質量においてすでに述べたが、次の事柄はぜひ覚えてほしい。
"気体は標準状態273［K］（0℃）、一気圧（1atm≒1bar＝$10^5$Pa）において1［mol］の気体は22.4［L］の体積を持つ"ということである。
2-6項の式2-4から

$$R = \frac{PV}{nT} \tag{2-5}$$

式2-5に標準状態での1［mol］の気体の体積22.4［L］を代入すると

$$R = \frac{1\text{atm} \cdot 22.4\text{L}}{1\text{mol} \cdot 273\text{K}}$$

$$= 0.082 \ [\text{L atm mol}^{-1}\text{K}^{-1}] \tag{2-6}$$

次に、SI単位である8.31［$\text{Jmol}^{-1}\text{K}^{-1}$］を導くと

$$1\text{L} = (10\text{cm})^3 = (10^{-1}\text{m})^3 = 10^{-3} \ [\text{m}^3]$$

となる。また圧力は

$$1 \ [\text{atm}] = 1\ 013 \ [\text{hPa}] = 1\ 013 \times 100 \ [\text{Pa}] \fallingdotseq 1 \times 10^5 \ [\text{Pa}]$$

これを式2-5に代入すると

$$\frac{(1\ 013 \times 10^2 \text{Pa})(22.4 \times 10^{-3}\text{m}^3)}{1\text{mol} \cdot 273\text{K}}$$

$$= 8.31 \ [\text{Pa m}^3 \text{mol}^{-1}\text{K}^{-1}] \tag{2-7}$$

ここで単位を整理すると、

$$1 \ [\text{Pa}] = 1 \ [\text{N} \cdot \text{m}^{-2}]$$

これより1［N］の力が1［$\text{m}^2$］の面積に加えられている場合にその圧力が1［Pa］として定義される。
また、1［J］＝1［N・m］
これは、1［N］の力で物体を1m移動させる仕事を表す。
以上より

$$1 \ [\text{Pa} \cdot \text{m}^3] = 1 \ [\text{N} \cdot \text{m}^{-2}] \times 1 \ [\text{m}^3] = 1 \ [\text{N} \cdot \text{m}] = 1 \ [\text{J}]$$

ゆえに、

$$R = 8.31 \ [\text{Pa} \cdot \text{m}^3 \cdot \text{mol}^{-1} \cdot \text{K}^{-1}] = 8.31 \ [\text{J} \cdot \text{mol}^{-1} \cdot \text{K}^{-1}] \tag{2-8}$$

になる。

以上のように単位を揃え単位変換をすれば暗記しておく必要がなく、いつでも気体定数を求めることができる。これは気体定数にかかわらずすべての単位変換に当てはまるものである。

式 2-5 のガスの状態方程式がわかると雰囲気熱処理において重要なガスの密度が計算できる。以下にその実例を示す。

式 2-5 から次式 2-9 が得られる。

$$PV = nRT = \frac{W}{M} RT \tag{2-9}$$

ここで、$M$ はガスの分子量、$W$ は重量である。

密度の単位は [kg/m$^3$] である。

**(実例)** 1 [atm]、20 [℃] の 10 [m$^3$] の水素の密度を求める

1 [atm]×10 [m$^3$]=w/2×8.31×(273+20)

すなわち、密度 w=0.0082 [kg/m$^3$]

## 2-8 理想ガスと実在ガス

実は、今まで述べてきたボイルの法則、シャルルの法則、ボイル・シャルルの法則、そしてガスの状態方程式はすべて理想ガスとしての取り扱いで成立する法則である。理想気体（ガス）とは分子の体積がゼロ、分子間には相互作用が全く働かない、という二つの条件が満たされる現実には存在しないガスである。また、言葉を変えればどんな状態でもガスで存在するガスのことであり、すべての実在ガスは温度を下げ、または圧力を高くすると液化が起こり体積を減少させるので理想気体ではない。

ところが雰囲気熱処理で使用するガスの炉中の圧力はほぼ大気圧であり、処理温度も 273 [K] 以上であるので、そのガスの取り扱いは理想ガスとして取り扱って全く差し支えない。

## 2-9　混合ガス

ほとんどの雰囲気熱処理に用いられるガスは、二種類以上のガスを含んでいる混合ガスである。その混合ガスの合計の圧力を全圧といい、各成分ガスがそれぞれ単独で、混合気体と同じ体積を占めると仮定したときの各成分ガスの示す圧力を分圧という。

多くの成分からなる混合ガス雰囲気は高温に加熱されると成分ガスが互いに反応し、やがて平衡に達し、加熱前の混合ガスの成分や組成とは異なった雰囲気になることが多い。

## 2-10　ドルトンの分圧の法則

ドルトンの分圧の法則とは、"混合ガスの全圧（$P_全$）は、各成分ガスの分圧（$P_a$, $P_b$, $P_c$…………$P_n$）の和に等しい"ということで、式 2-10 のように表す。

$$P_全 = P_a + P_b + P_c \cdots\cdots\cdots\cdots P_n \tag{2-10}$$

具体例を挙げると、たとえば大気中の空気は窒素 79 ％ ＋ 酸素 21 ％ であり、全圧は 0.1［MPa］である。すなわち

$P_全 = P_{N2} + P_{O2}$ である。それにより

$P_{N2} = 0.1$［MPa］$\times 0.79 = 0.079$［Pa］　…………空気中の窒素の分圧

$P_{O2} = 0.1$［MPa］$\times 0.21 = 0.021$［Pa］　…………空気中の酸素の分圧

になる。

## 2-11　雰囲気の化学熱力学

熱化学や熱化学方程式そして熱力学という言葉を聞くと、アレルギー反応を起こす人が多く見受けられる。

熱力学は機械熱力学と化学熱力学に大別される。どちらも抽象的概念を論じた学問であり、厳密さを追求するあまり事柄を表す記号が多く見受けられ難解

であることは確かである。著者も熱力学の本を数十冊以上持っているが、熱力学の本は、世の中に数えきれないほど出版されているように思える。このことからも、熱力学の奥深さおよび難解さがうかがえる。

確かに特有の概念による熱化学や熱力学の難解さ、記号の多さなどが理解を妨げていると思うが、雰囲気熱処理に限定して用いると、本書に出てくる計算は中学生程度の数学の知識があれば決して難しいものではない。

雰囲気熱処理において化学熱力学的に重要な量がたくさん出てくるが、とくに大切な量は先に説明したエンタルピ（$H$）、そしてこの章で取り扱うエントロピ（$S$）と自由エネルギ（$G$）であり、この三種類の量の関係を理解すると雰囲気計算がいとも簡単にできるようになる。ぜひ自分のものにしていただきたい。

ただし熱力学はあくまでも平衡論であり、その反応がどの程度の速さで進むのかは教えてくれない。しかし、化学熱力学の教えるところの反応の進む方向および平衡論から導き出される雰囲気の酸化・還元、そして脱炭・浸炭の見積もり方は、雰囲気熱処理に欠かすことのできない重要な事柄であり、これらを使いこなすことにより熱処理雰囲気がより理解できるようになり問題が起きたときの対処に大きな力になると考える。

本書では雰囲気熱処理に用いられる化学熱力学を取り扱う。またこの中で雰囲気炉に限定して考えると抽象的な概念もわかりやすくなると思いできるだけ具体例を挙げて説明する。このため厳密さを求める熱力学から逸脱する部分があるかもしれないがお許し願いたい。そして化学熱力学を充分に理解するためにはそれぞれの専門書によらなければならないのはもちろんである。その参考書籍の一部を巻末に挙げる[(2-3)～(2-12)]。

## 2-11-1　反応熱

すべての分子は固有のエネルギを持っている。このエネルギを内部エネルギ（$U$）と呼ぶ。ある分子が化学反応し、他の分子に変化すると、内部エネルギは熱として、熱の出入りが起こる。たとえば燃焼に代表される燃焼化学反応に

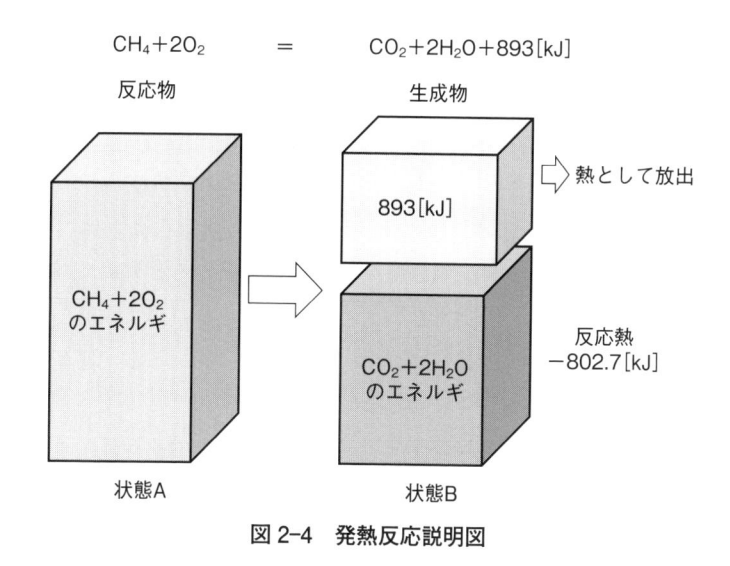

$$CH_4 + 2O_2 = CO_2 + 2H_2O + 893 [kJ]$$

図 2-4　発熱反応説明図

は必ず熱の出入りがある。すなわち化学反応とは式 2-11 のように状態 A から状態 B への変化である。状態とはエネルギであり、状態が変化すればエネルギも変化する。そしてエネルギが変化すれば熱の出入りがある。

$$\text{状態 A(エネルギ)} = \text{状態 B(エネルギ)} \pm 熱 \qquad (2\text{-}11)$$

　たとえばエネルギの大きな状態から小さな状態へ変化すれば熱を発生させるこれを発熱反応という。

　発熱反応の一例をメタンの燃焼で図示する。**図 2-4** の反応式の左辺は、

①状態 A の反応物：$CH_4 + 2O_2$

②状態 B の生成物：$CO_2 + 2H_2O$

各状態は固有のエネルギを持っている。この例だと $CH_4$ 1 モルと $O_2$ 2 モルのエネルギの合計が $CO_2$ 1 モルと $H_2$ 2 モルのエネルギの合計よりも大きく、その差が 893 [kJ] であることを示している。ここで注意が必要な事柄は反応熱の値が負の値になるということである。というのは反応物からみてもともとあったエネルギが 893 [kJ] だけ失われたからである。

　ここで熱量を加えた反応式 2-12 をとくに熱化学方程式といい、反応を矢印

(→) で示す一般的な化学反応式とは区別する。

$$CH_4(g) + 2O_2(g) = CO_2(g) + 2H_2O(g) + 802.7 \ [kJ] \quad (2\text{-}12)$$

ここで、(g) は気体状態すなわちガスであることを示す。左辺が反応物、右辺が生成物を表し、左右等号で結ぶ。また物質の状態も記入する。

このとき右辺は発熱反応時にはプラス（＋）、吸熱反応のときは（－）で表す。すなわち左右のエネルギは同等になる。言葉を変えるとエネルギは様々に形を変えることができるが、何もないところからエネルギが湧き出たり逆に消滅したりすることはなく、全量は常に一定であるというエネルギ保存則と一致する。

逆にエネルギの小さな状態から大きな状態へ変化すれば熱を吸収する。これを吸熱反応という。たとえば次式のような二酸化炭素や水蒸気によるグラファイトの燃焼がそれにあたる。

$$C(s) + CO_2(g) = 2CO(g) - 172.5 \ [kJ] \quad (2\text{-}13)$$

$$C(s) + H_2O(g) = CO(g) + H_2(g) - 131.3 \ [kJ] \quad (2\text{-}14)$$

ここで、(s) はソリッドすなわち固体状態を表す。

余談になるが、グラファイトの酸素による燃焼炎はオレンジ色で、二酸化炭素による燃焼炎は青白く不気味で神秘的な炎である。

反応熱にはいくつかの種類がある。たとえば、燃焼熱、生成熱、溶解熱、中和熱、などであるが雰囲気熱処理に重要なのは、燃焼熱および生成熱である。

具体的なメタン（$CH_4$）、プロパン（$C_3H_8$）およびブタン（$C_4H_{10}$）の完全燃焼反応における熱化学方程式を式 2-15～2-17 に示す。

$$CH_4(g) + 2O_2(g) = CO_2(g) + 2H_2O(l) + 890.7 \ [kJ] \quad (2\text{-}15)$$

$$C_3H_8(g) + 5O_2(g) = 3CO_2(g) + 4H_2O(l) + 2\,219.0 \ [kJ] \quad (2\text{-}16)$$

$$C_4H_{10}(g) + 13/2O_2(g) = 4CO_2(g) + 5H_2O(l) + 2\,877.4 \ [kJ] \quad (2\text{-}17)$$

ここで、(l) はリッキドすなわち液体状態を表す。

さて、メタンの燃焼で、式 2-14 と式 2-15 の発熱量が異なることに気がついた読者もいるかと思うが、この差は生成物の $H_2O$ が液体であるか気体であるかの違いである。このことは後に述べる。

このように炭化水素系のガスと酸素が反応し二酸化炭素（$CO_2$）と水（$H_2O$）を生成する反応を完全燃焼反応という。このように C、H、O からなる化合物 1mol を完全燃焼させると、いかなる場合でも二酸化炭素と水になり熱を発生する。これを燃焼熱という。

ここで式 2-15 は、酸素によるメタンの燃焼反応を示すが、工業的には空気を用いた燃焼反応が利用される。その場合の熱化学反応式について式 2-18 を用いて説明する。

$$CH_4(g) + X(0.21O_2 + 0.79N_2) \rightarrow CO_2(g) + 2H_2O(l) + 890.7 \,[kJ] \quad (2\text{-}18)$$

$X \times 0.21 = 2$ なので、$X = 2/0.21 = 9.52$　ゆえに

$$CH_4(g) + 9.52(0.21O_2 + 0.79N_2) \rightarrow$$
$$CO_2(g) + 2H_2O(l) + 7.52N_2 + 890.7 \,[kJ] \quad (2\text{-}19)$$

のように窒素を含んだ反応式になる。

次に生成熱の例を下式に示す。

$$H_2(g) + 1/2O_2(g) = H_2O(l) + 286 \,[kJ] \quad (2\text{-}20)$$
$$C(s) + O_2(g) = CO_2(g) + 394 \,[kJ] \quad (2\text{-}21)$$

式 2-20 は水の生成熱を、式 2-21 は二酸化炭素の生成熱を示す。これらはすべて発熱反応である。

この例のように、化合物 1［mol］が成分元素の単体から生成するとき発熱または吸熱する熱を生成熱という。

## 2-11-2　燃焼反応と発熱量

以上に挙げた化学反応式は、すべて燃焼に関わるもので、燃焼反応という。酸素による燃焼反応では、生成熱はすべて発熱反応であり、その発熱量の計算には①分子の結合エネルギから求める方法、②生成エンタルピ（生成熱）を利用する方法、③個々のガスの発熱量を用いて工業的に求める方法がある。

今まで記載した発熱量は、実は②の方法で熱力学データから求めたものである。この場合の標準状態は 25℃で一気圧であり物質量モルで計算されている。すなわち燃料 1 モルが燃焼したときの生成エンタルピ（生成熱）である。

ところが工業的な実務では、供給ガスなどの流量計の目盛は一般に $1L_N$/min や $1m^3_N$/h が使用されている。そのような理由により雰囲気熱処理で用いる発熱量は、モルではなく量を用い③の方法で求める。この方法は第3章で述べることとする。

### 2-11-3 エンタルピ

雰囲気熱処理炉に用いられる雰囲気ガスのように大気圧下すなわち圧力一定（定圧下）で行う反応には、加熱・冷却により必ず体積変化が伴う。体積変化は仕事であり、すなわちエネルギである。このような反応のエネルギ変化には、内部エネルギ変化のほかに体積変化のエネルギを合わせて考える必要がある。これをエンタルピといい、式2-22のように表す。

$$\text{エンタルピ}(H) = \text{内部エネルギ}(U) + \text{仕事}(W) \tag{2-22}$$

ここで仕事 $(W) = PV$ で表せる。

すなわち、

$$H = U + PV \tag{2-23}$$

ここで表記したエンタルピは化学エネルギともいう。雰囲気熱処理では、今まで述べてきた発熱・吸熱の反応熱を熱エネルギであるエンタルピ $(H)$ 変化と考えて差し支えない。

雰囲気熱処理に用いられるガス相互間の化学反応や被処理物である固体と雰囲気間の化学反応には、エンタルピ $(H)$ の変化を伴う。その分のエネルギは熱や仕事という形で雰囲気炉内を出入りする。つまり、雰囲気ガスに熱を加えれば内部エネルギは増大し、反応によって系が熱を放出すれば、内部エネルギは減少する。しかし、系を出入りする熱としてのエネルギの一部は、温度変化による雰囲気の体積変化（膨張・収縮）のための仕事として使われ消費される。

その結果、内部エネルギの変化量は出入りしたエネルギの量よりも少なくなる。つまり、エンタルピの非常に重要な特性の一つは、雰囲気炉内の圧力が一定で炉内の雰囲気が膨張する仕事以外しか働かないとき、エンタルピの変化量は熱としてのエネルギの変化量と等しくなる点である。すなわち、エンタルピ

の変化量は熱の出入りを見ることで簡単に計算できる。
　すなわち

$$\Delta Q = \Delta H \tag{2-24}$$

　炉内で導入ガスが反応し単体から化合物が生成した場合も同様に $Q$ の熱量の出入りがあり、系のエンタルピは変化する。たとえば

$$H_2(g) + \frac{1}{2}O_2(g) = H_2O(l) + 285.8 \text{ [kJ]} \tag{2-25}$$

$$\Delta H^p(298K) = -285.8 \text{ [kJ]}$$

であり、式 2-25 の反応では系のエンタルピは $-285.8$ [kJ] 減少する。ただし $\Delta H^p$：298 [K] での標準エンタルピ変化を示す。
　これは外部に熱が流れ出し、観測者には 285.8 [kJ] の発熱として観測される。
　反応熱は、このエンタルピの変化量を外部において観測したものにほかならない。そしてエンタルピの値は熱力学データから読み取ることができ、利用価値が最もある熱力学データの一つである。
　ここで熱力学データから読み取るときの注意点を以下に述べる。

　　　$\Delta H^p$ がマイナス（−）：発熱
　　　$\Delta H^p$ がプラス（＋）：吸熱

になる点である。
　以上述べた定圧変化に対し、密閉されたガスボンベ内の反応は、容積一定下での定容反応であり、膨張により仕事をしないので、

$$\Delta Q = \Delta U \tag{2-26}$$

の式のように熱の移動変化（$\Delta Q$）は内部エネルギ（$\Delta U$）のみの変化となる。

## 2-11-4　ヘスの法則

　内部エネルギ（$U$）やエンタルピ（$H$）は経路に依存しない状態量である。すなわち反応の最初の状態と最後の状態が決まれば、反応経路に関係なく一定である。これを**図 2-5** にて説明する。

$$C(s) + 2H_2(g) + 2O_2(g) = CO_2(g) + 2H_2O(l) + 965.1 \text{ [kJ]} \tag{A}$$

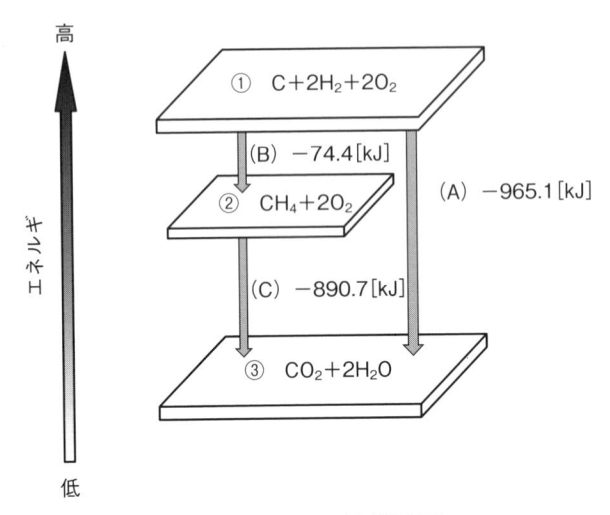

図 2-5 ヘスの法則説明図

$$C(s) + 2H_2(g) + 2O_2(g) = CH_4(g) + 2O_2(g) + 74.4 \text{ [kJ]} \qquad (B)$$
$$CH_4(g) + 2O_2(g) = CO_2(g) + 2H_2O(g) + 890.7 \text{ [kJ]} \qquad (C)$$

図において上段の $C+2H_2$ は最もエネルギが大きく不安定である。この物質を酸素と燃焼反応させ直接最下段の $CO_2+2H_2O$ を生成させると 965.1 [kJ] の熱を吐き出し安定な③の物質に変化する。ところが上段①から直接③に化学変化させず、中段の $CH_4$ を生成させると 74.4 [kJ] の熱を吐き出し少し安定な物質であるメタン（$CH_4$）に変化する。このメタンを酸素で燃焼反応させると 890.7 [kJ] の熱を発生させ燃焼する。すなわち、①→③＝①→②→③の左辺と右辺の反応熱は同じになり、どのような経路をとっても最初と最後の状態が決まっていれば、反応経路に関係なく一定であるといえる。これをヘスの法則という。

一見算数の問題でそれがどうしたといった意見がありそうだが、実はこのヘスの法則を利用すると反応熱が未知の反応を遠まわしに知ることができる便利な法則である。

この例でいうとメタンの燃焼熱がわからなくても、(B) と (A) の生成熱

は熱力学データから計算できるので、算数によりいとも簡単に（C）のメタンの生成熱が導き出せるのである。

## 2-11-5　エネルギ

エネルギには熱エネルギ、化学エネルギ、運動エネルギなど、様々な形態のエネルギがある。物理化学におけるエネルギの定義は"仕事をする能力"といわれる。言葉を変えると、様々な形態のエネルギに共通していえることは、"物体自身あるいは周囲の物体に影響を与えることのできる能力"ということである。

たとえば、位置エネルギは、"高い位置にある物体は、重力により落下し、他の物質に影響を及ぼし動かす"能力である。

運動エネルギは、"ある速度で動いている物体は、他の物質に影響を及ぼし動かす"能力である。これら位置エネルギと運動エネルギを合わせて力学的エネルギという。

熱エネルギには"物体の温度や相の状態を変化させる"能力がある。ここで熱エネルギを与え氷から水に変化する相変化現象では、温度は一定で変化しない。この熱エネルギを潜熱という。これに対して、熱エネルギの移動に伴って物体の温度が変化するような熱エネルギを顕熱という。

そのほか、世の中すなわち全宇宙には様々なエネルギがある。たとえば、運動エネルギ、位置エネルギ、電気エネルギ、化学エネルギ、光エネルギなどである。雰囲気熱処理では、ガスを扱うため熱エネルギが最も重要なエネルギとなる。

しかし、エネルギは"仕事をする能力"なので、実際にエネルギ自体を見たり感じたりすることはできない。すなわちエネルギの絶対値はわからない。そこで、エネルギを取り扱う場合には、エネルギそのものではなく、仕事や熱の変化として考察することになる。エネルギの性質として重要な事柄として、"エネルギを多く持つほど不安定な状態にある"ということである。そのため、反応においてはエネルギを放出するような反応ほど進行しやすく、逆にエネ

ギを吸収するような反応は進行しにくいといえる。

　ちなみに、エネルギを計算する場合には系を基準とする。すなわち加熱や圧縮などによって系にエネルギが入ったときは変化量が正になり、逆に系から外部へ熱を放出したり、圧力に逆らって膨張したときには変化量が負になる。

　熱力学的"系"の定義は抽象的でわかりづらいが、雰囲気熱処理における"系"とは、雰囲気炉あるいは変成炉と考えてよい。

### 2-11-6　エネルギ保存の法則（熱力学第一法則）

　スケールの大きな話になるが、エネルギ保存の法則とは、"この世の中、すなわち全宇宙空間に存在するすべての物体が保有する様々な形態のエネルギの総和は、一定である"いうものである。すなわち世の中にあるすべての物体は何らかの形態のエネルギを持って相互に影響しあって保有するエネルギの形態は変化しても、その総和は一定であり、全体のエネルギは増えもしないし減りもしないという壮大な法則である。

　実は、先に述べたヘスの法則がまさにエネルギ保存則にほかならない。これはエネルギ保存則であり狭義の熱力学第一法則である。

　余談になるが、前出の式 2-15 を見ていただきたい。この式はメタンの燃焼を示したものだが、生成物の二酸化炭素（$CO_2$）と水（$H_2O$）とは植物の光合成に必要な物質であり、この光合成で成長した植物が死んで堆石し長い年月を経てメタンガスとなったのである。そして現在、そのメタンを燃やしてエネルギとして利用しているのである。このように考えると、エネルギ保存法則を実感できると思う。

### 2-11-7　熱力学第二法則

　この法則は自然界に起こる変化は不可逆変化であることを表し、エントロピの概念を与える法則である。不可逆変化の例として"熱は自然には、必ず高温部から低温部へ流れ、決してその逆の現象は起きない"とか"水は高いところから低いところは流れるのが自然である"とかいった、自然に起こる現象は必

ず自然の好む方向に向かい自然に逆らった方向に現象を起こさせるには何らかのエネルギを加えなくてはならないといったことである。

そして自然現象の不可逆性の程度を数値で表したものがエントロピで、($S$) で表す。エントロピは乱雑度を表す尺度であり、乱雑さが増すほど ($S$) の値が増加する。ここで、気体の場合の乱雑度エンタルピ ($S$) を考えると、気体の乱雑度を上げるには、熱量を加え温度を上昇させればよいことが直感的にわかる。

すなわち

$$\Delta S \propto \Delta Q \tag{2-27}$$

の関係がある。

次に、温度を考慮すると、同じ熱量を加える場合でも、すでに乱雑度の大きい高温の気体に加えるときより低温の整った状態の気体に熱量を加える場合のほうが乱雑度の上昇割合が大きいということも予想できる。すなわち

$$\Delta S \propto \frac{1}{T} \tag{2-28}$$

式 2-27 と式 2-28 の関係からエントロピ ($S$) を式に表すと次のようになる。

$$\Delta S = \frac{\Delta Q}{T} \tag{2-29}$$

ここで $\Delta S$ はエントロピ変化を表す。

この式からわかるようにエントロピの単位は熱量である。不可逆過程では $dQ>0$、$T$ も正であるのでエントロピは常に $dS>0$ になる。すなわち自然界で起こる変化はすべて不可逆であるので、エントロピは常に増大する。

エントロピの語源は "en" が "内部" で "trope" が "変化" すなわち "内部変化量" を意味し、物体内部がどの程度乱雑に変化するかを表す量であるといえる。

**図 2-6** にエントロピの概念図を示す。左側の状態 X はあるガスが仕切板で閉じられた部屋 A にあり、B の部屋は真空だと仮定する。ここで、仕切板を外すとガスは、B の部屋にも均等に拡散し状態 Y になる。これは自然の自発的な現象でありエントロピは増加する。逆に右から左には自然界では起こりえ

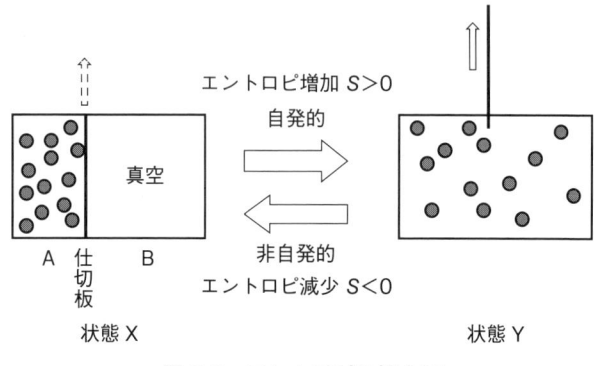

図2-6 エントロピの概念図

ない。これはエントロピの減少する現象である。

以上述べたことを要約すると

"自然が好む（自発的な）変化はエントロピの増加する方向に進む"ということで、これが化学熱力学から見た熱力学第二法則である。

## 2-11-8 自由エネルギと反応の方向性

先に見た式2-25の反応は、自発的には左から右への反応で決して左から右へは進行しない。これはなぜであろう。

$$H_2(g) + \frac{1}{2}O_2(g) \rightarrow H_2O(l)$$

これが計算で数値化できればすべての反応について反応の方向性を計算で求めることができ、雰囲気を考察するときに便利である。

エネルギの立場から雰囲気反応を見るとエンタルピの減少する方向に進行し、エントロピの立場から雰囲気反応を見ると自発的反応はエントロピの増大する方向に進行する（図2-6）。この相反する視点を合体させ反応の方向性を定量的に表せるようにしたものが自由エネルギであり、雰囲気熱処理理論には最も重要な事柄である。これを理解してもらうためにこの章があるといっても過言ではない。

結論を先にいうと"すべての反応は自由エネルギの減少する方向に進み、その逆は起こりえない。自由エネルギがゼロの場合は反応が平衡になったときである"。これにより反応の自由エネルギ変化を計算することにより反応の方向性を見積もることができる。

2-11-7項で述べたようにエントロピも熱量で表せる。すなわち式2-29を変形して、

$$\Delta Q = T\Delta S \tag{2-30}$$

であり、エントロピをエネルギに換算することができ、このように内部エネルギとエントロピの効果をまとめた式が、ドイツの科学者ヘルムホルツが提案した、自由エネルギという概念であり式2-31に示す。これは定容反応におけるもので、一般に自由エネルギと呼ばれる。

$$\Delta F = \Delta U - T\Delta S \tag{2-31}$$

これに対し、定圧反応におけるエネルギはエンタルピであり、式2-32で表せる。この提案はドイツの科学者ギブスによるもので、一般にギブス(の自由)エネルギと呼ばれ次式で表される。

$$\Delta G = \Delta H - T\Delta S \tag{2-32}$$

雰囲気熱処理に用いられる雰囲気は定圧であり、一般にはギブスエネルギを用いる。

ある反応を考えたとき、図2-7に示すようにギブスエネルギがどのように変化するかは、エンタルピ変化($\Delta H$)およびエントロピ変化($\Delta S$)の増減の組み合わせで事例1～4までの4種類のケースが考えられる。つまり、

事例1はギブスエネルギの減少する事例で反応は右に進む。

事例2はギブスエネルギの増加する事例で反応は左に進む。

事例3～4はギブスエネルギは増加するか減少するかは計算をしないと判定できない事例である。

先に述べたが、自由エネルギの減少する方向には反応は自発的に進むが、増大する方向には進まない。したがって変化に伴う自由エネルギ変化の増減を計算できれば反応の方向を知ることができる。

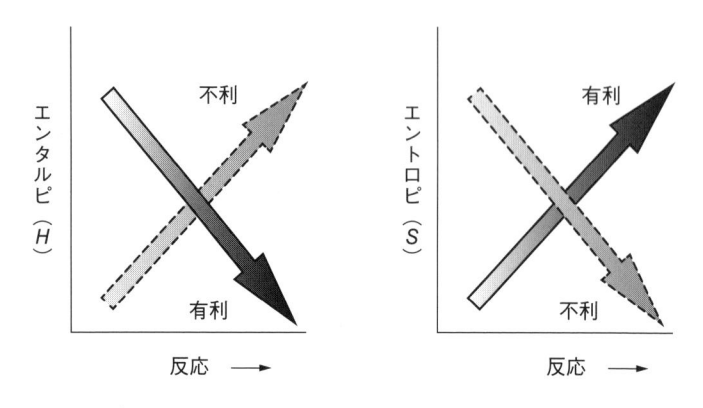

$\Delta G = \Delta H - T\Delta S$

A+B ⇌ C　反応の方向とエンタルピ、エントロピおよびギブスエネルギの関係

|  | エンタルピ変化($\Delta H$) | エントロピ変化($\Delta S$) | ギブスエネルギ変化($\Delta G$) | 反応の方向 |
|---|---|---|---|---|
| 事例1 | 減少 | 増大 | 減少 | → |
| 事例2 | 増大 | 減少 | 増大 | ← |
| 事例3 | 増大 | 増大 | 減少または増大 | 計算により判定 |
| 事例4 | 減少 | 減少 | 減少または増大 | 計算により判定 |

図2-7　ギブスエネルギの解説図

　自由エネルギとは、可逆過程において自由に活用できるエネルギをいう。式2-32における$T\Delta S$の項を束縛エネルギということもある。
　すなわちギブスの自由エネルギとは、エンタルピから束縛エネルギを減じたものである。

## 2-12　化学平衡と平衡定数

### 2-12-1　可逆反応と不可逆反応

　化学反応において、反応前の物質を出発物質または反応物という。この反応

物が化学反応により他の物質に変化したものを生成物という。

すなわち、式 2-33 において左辺を反応物、右辺を生成物という。

$$\text{反応物} \leftrightarrows \text{生成物} \tag{2-33}$$

ここで、反応物が生成物になる右に進む反応を正反応といい、生成物から反応物に戻る反応を逆反応という。逆反応を考慮しない正反応のみを考える場合、この反応は不可逆反応と呼ぶ。我々の身近に起きる反応は不可逆反応である場合が多い。その理由は、生成物の一部が、何らかの理由で反応系から離散していくからである。たとえば、メタンを燃焼させると、

$$CH_4 + 2O_2 \rightarrow CO_2 + 2H_2O$$

二酸化炭素と水蒸気は発生し、空気中に拡散してしまうからであり決して逆の反応は起こらない。反対に正反応と不可逆反応の両方を考慮する必要がある反応を可逆反応という。代表的な可逆反応を式 2-34 に示す。

式 2-34 は雰囲気熱処理において重要な水性ガス反応という化学反応である。

$$CO + H_2O \leftrightarrows CO_2 + H_2 \tag{2-34}$$

平衡状態とは、マクロ的に炉中の雰囲気成分が何ら変化しない状態をいう。すなわち式 2-34 中の一酸化炭素、水蒸気、二酸化炭素および水素の各分圧（濃度）がある温度で一定量になり変化しない状態を平衡状態という。この場合、反応は止まったのではなく左から右方向の反応速度と逆の右から左の反応速度が同じになった状態をいう。

これらの関係を模式図（図 2-8）にて説明する。

可逆反応では、正反応が進むと生成物質が生じるが、同時に逆反応も進行し始める。この割合は、初期は反応物 X が多く時間とともに生成物 Y が増加し、ある時間 $T_4$ で正反応と逆反応の反応速度が等しくなり、反応は一見止まったように見える状態になる。この状態が平衡状態である。この状態を式 2-34 のように矢印⇆で表す。

平衡状態に達する前を非平衡状態という。

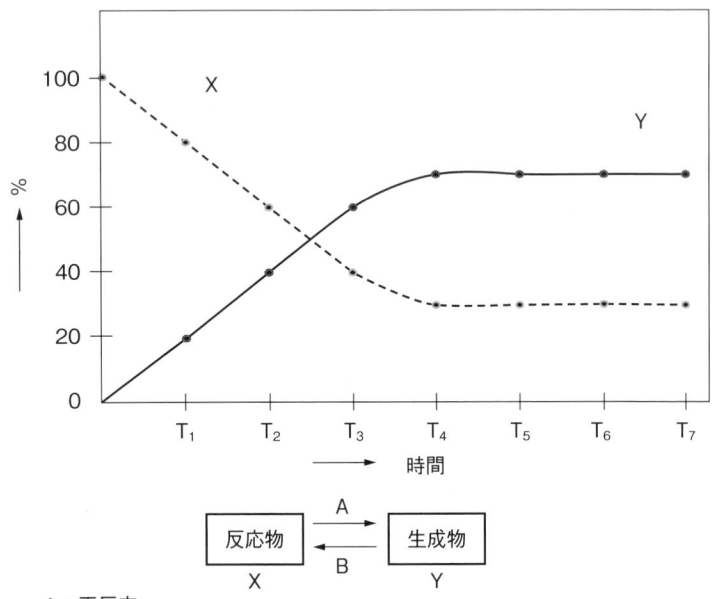

A；正反応
B；逆反応
C；平衡

| 経過時間 | 反応物（X）量（％） | 生成物（Y）量（％） | |
|---|---|---|---|
| 反応開始 | 100 | 0 | 非平衡状態 |
| $T_1$後 | 80 | 20 | 非平衡状態 |
| $T_2$後 | 60 | 40 | 非平衡状態 |
| $T_3$後 | 40 | 60 | 非平衡状態 |
| $T_4$後 | 30 | 70 | 平衡状態 |
| $T_5$後 | 30 | 70 | 平衡状態 |
| $T_6$後 | 30 | 70 | 平衡状態 |

図 2-8　可逆反応と不可逆反応模式図

## 2-12-2 平衡定数

一般に反応式は、式 2-35 のように表される。

$$aA + bB \cdots \leftrightarrows cC + dD + \cdots \tag{2-35}$$

ここで a, b, c, d は各元素のモル数であり、式の左側 aA+bB…を反応系または出発系という。また式の右側 cC+dD+…の項を生成系という。また、反応（出発）系を反応物（出発物）生成系を生成物と呼ぶこともある。

この式の平衡定数 $K$ は

$$K = \frac{生成系}{反応系（出発系）} \tag{2-36}$$

で表す習慣があるが、文献によっては逆に表してある場合があるので注意を要する。

ところで、式 2-34 の平衡定数は、一般に化学熱力学では反応物濃度と生成物濃度を用い、式 2-36 のように表す。そうすると、

$$K = \frac{[C]^c[D]^d \cdots}{[A]^a[B]^b \cdots} \tag{2-37}$$

が成り立つ。$K$ の値は、温度が一定であれば常に一定の値をとる。

ところが、雰囲気熱処理で取り扱う化学熱力学は、気相の平衡を論じる場合がほとんどであり、モル濃度の代わりに分圧を用いた圧平衡定数 $K_P$ を用いるのが便利である。

雰囲気のガス反応は式 2-35 と同じように表され、その圧平衡定数 $K_P$ は式 2-38 で表せる。

$$K_P = \frac{(P_C)^c(P_D)^d \cdots}{(P_A)^a(P_B)^b \cdots} \tag{2-38}$$

ここで、$P_A$, $P_B$, $P_C$, $P_D$ は各成分ガスの分圧を表す。

## 2-13　ファント・ホッフの等温式

雰囲気を考察する場合、その雰囲気組成で金属が還元するか酸化するか、鉄

が浸炭するのか脱炭するかなどの判定、すなわち金属と雰囲気の反応が現在の温度で自然に進む方向および反応の終点を見積もることができれば便利である。そこで最も用いられる式がファント・ホッフの等温式と呼ばれる次式に示す利用価値のある式である。この式を使いこなせれば雰囲気状態の見積もりを計算することができるようになる。

$$\Delta G^o = -RT\ln K \tag{2-39}$$

ここで、

$\Delta G^o$ ；一気圧における反応の標準自由エネルギ（ギブスエネルギ）変化
$R$ ：ガス定数（$R = 8.314$ [J]/([mol]·K)
$T$ ：絶対温度（K）
$K$ ：平衡定数（雰囲気熱処理の場合、分圧での平衡定数が便利）

である。

一般には、

$$\Delta G = \Delta G^o + RT\ln K' \tag{2-40}$$

となるが、平衡状態では、$\Delta G^o = 0$ になるので、上式 2-39 となる。

## 2-14 標準生成エンタルピおよび標準生成自由エネルギ

熱力学データ集を見ると $\Delta H_f^o$ や $\Delta G_f^o$ のようなデータが見受けられる。ここに記載されている、$\Delta H_f^o$ および $\Delta G_f^o$ はそれぞれ標準生成エンタルピ、標準生成自由エネルギと呼ばれ、便宜上科学者が合意した、25 [℃]、1 [atm] の単体の状態を基準にしている。すなわちエンタルピおよび自由エネルギはその絶対値を知ることは困難で、熱力学考察の目的にはその変化量を知ることができれば充分である。単体を基準に選んだため、そのエンタルピと自由エネルギにはゼロが割り当てられた（本書では便宜上 $\Delta H_f^o = \Delta H^o$ および $\Delta G_f^o = \Delta G^o$ と表記した）。

自由エネルギには、①定容反応に用いられるヘルムホルツエネルギと、②定圧反応に用いられるギブスエネルギがあるが、雰囲気熱処理で扱う多くの反応は定圧反応であるため、②のギブスエネルギを用いる。

# 第3章
# 熱処理用雰囲気の種類と製造方法

## 3-1 熱処理用雰囲気の種類

　鋼の雰囲気熱処理に用いられるガスには、水素や窒素のようにガスボンベから減圧弁を経て直接ガス状態で、あるいは液体容器から蒸発器・減圧弁を経てガス（気体）の状態で直接炉内に導入して雰囲気とする単体ガス（純粋ガスともいう）と呼ばれる産業ガスがある。一般に単体ガスは、カーボン（C）を含まないため、あとで述べる炭素平衡を考慮する必要がなく取り扱いやすく管理しやすいガスである。

　次に、都市ガス、メタン、プロパン、ブタンのような炭化水素系のガスと適量の一般には空気である酸化性ガスとを変成筒と呼ばれる反応筒を用い高温下で完全燃焼から不完全燃焼間の空気燃焼比率（空燃比）で燃焼させCO、$CO_2$、$H_2$、$H_2O$、$N_2$の各成分の分圧を調整する変成処理という操作を行い熱処理雰囲気として用いる変成ガスがあり、雰囲気熱処理用ガスとして最も多く使用されている。理由は安価で、自由に炭素平衡を制御できるからである。反面、雰囲気制御要素が多くなり知識と経験が必要になる。そのほか、メタノールで代表される液体で供給され熱分解して使用される、いわゆる分解ガスの三種類に大別される。このガスは、炭化水素系の原料ガスや単純ガスの入手が困難な場所での雰囲気ガス用に最も適している。

　これを図3-1に示す。これらのガスは、主に鋼の光輝処理および浸炭処理に用いられる。また、炉中雰囲気を鋼に対して化学性の性質から分類すると、(1) 酸化性雰囲気、(2) 還元性雰囲気、(3) 中性雰囲気、(4) 浸炭性雰囲気、そして (5) 窒化性雰囲気に分類できる。

　酸化性雰囲気は、酸素（$O_2$）、水蒸気（$H_2O$）に代表されるように酸素原子（O）を含んでいて燃焼しないガスである。

　還元性のガスは、水素（$H_2$）やプロパン（$C_3H_8$）に代表されるように燃焼し発熱するガスで、使用を誤ると爆発する危険なガスである。

　工業的に用いられている中性ガスには、窒素（$N_2$）ガスとアルゴン（Ar）ガスがあり、最近では冷却用に熱伝導率の大きなヘリウム（He）ガスを用い

第3章 熱処理用雰囲気の種類と製造方法

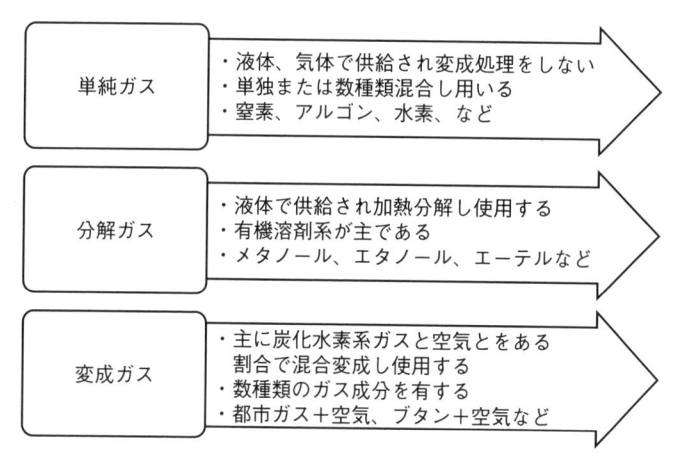

| 単純ガス | ・液体、気体で供給され変成処理をしない<br>・単独または数種類混合し用いる<br>・窒素、アルゴン、水素、など |
|---|---|
| 分解ガス | ・液体で供給され加熱分解し使用する<br>・有機溶剤系が主である<br>・メタノール、エタノール、エーテルなど |
| 変成ガス | ・主に炭化水素系ガスと空気とをある割合で混合変成し使用する<br>・数種類のガス成分を有する<br>・都市ガス＋空気、ブタン＋空気など |

図 3-1　熱処理雰囲気の種類

る研究も行われているが、高価なため実用化までには至っていないと聞いている。ここで注意が必要なガスに窒素ガスがある。このガスは、アルゴンガス、ヘリウムガスのようにどのような金属にも反応しない不活性ガスとは異なり、チタン（Ti）やクロム（Cr）と反応し窒化物を作るので注意が必要である。

　浸炭性ガスには、必ずカーボン（C）原子が含まれており、このカーボンが鋼に拡散浸透するガスである。

　窒化性ガスは、アンモニア（$NH_3$）に代表される原子状の活性な窒素が金属の表面から侵入し窒化物を形成するガスである。

　以上をまとめて、**図 3-2** に鋼に対する化学性による雰囲気の分類を、**表 3-1** に化学特性による雰囲気の分類を示した。

　以下、各種雰囲気の特性について述べる。ここで雰囲気とは雰囲気炉中のガスを指し、単にガスという場合は雰囲気炉に入る前の供給ガスを意味する。すなわち雰囲気とは炉内雰囲気ガスの略である。

## 3-1-1　酸化性雰囲気

　酸化性雰囲気ガスは鉄鋼を酸化させ、激しい酸化はスケールを発生させ、穏

| | |
|---|---|
| 酸化性 | 酸素、水蒸気、二酸化炭素、亜硫酸ガスなど |
| 還元性 | 水素、一酸化炭素、アンモニア分解ガス、メタン、プロパン、ブタン、メタノールなど |
| 中性 | 窒素、希ガス（アルゴン、ヘリウム） |
| 浸炭性 | 一酸化炭素、メタン、プロパン、ブタン、メタノール |
| 窒化性 | アンモニアガス |

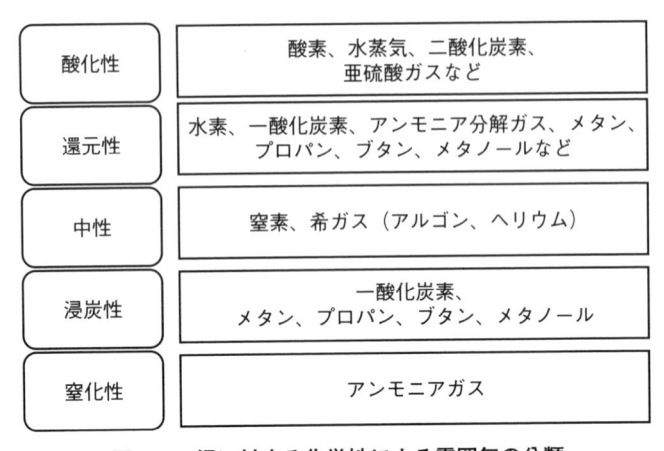

図 3-2　鋼に対する化学性による雰囲気の分類

やかな酸化は鉄鋼の表面を変色させる。酸化性ガスの共通点はそれ自身では燃えないということである。以下に代表的な酸化性雰囲気について述べる。

（1）　酸素（$O_2$）

　酸素は無色・無味・無臭のガスで、空気の約 21 %（容積比）を占める。ガス自体は無色であるが、著者は液体酸素を見たことがあり薄青空の透明な美しい液体であった。酸素は化学的にはきわめて活性が高く、他のものを酸化する力である酸化性、支燃性が強く、多くの元素と化合する。工業的には、空気を冷却することにより窒素、アルゴンなどとともに分離・精製して製造される。ガス体として供給するものと液体で供給する場合とがある。

　酸素を単独で炉中雰囲気に用いることはなく、熱処理雰囲気中の残留酸素分圧が酸化および脱炭現象を起こして鉄鋼に大きな影響を与えるので、光輝熱処理雰囲気としては有害であり酸素をいかに制御するかが雰囲気熱処理の最重要課題になる。反面、有害ばかりではなく有用な特別な場合もある。それは空気の代わりに酸素を用い炭化水素を変成させると、下記の例 1. のメタンガスを空気で変成したときに比較し、例 2. の酸素変成の場合には CO 濃度が高くなり、浸炭能力が増加し、雰囲気浸炭処理から見ると空気よりも酸素を用いるほうが有利になる。この理由は、空気に含まれる 79 % の窒素は中性ガスであり

第3章 熱処理用雰囲気の種類と製造方法

表 3-1 化学特性による雰囲気の分類

| 分類 | 雰囲気の種類 | 名称 | 化学記号<br>(一般名称) | 比重<br>(空気＝1) | ボンベの色 | 可燃性 | 容器内の状態 |
|---|---|---|---|---|---|---|---|
| 1 | 酸化性 | 酸素 | $O_2$ | 1.11 | 黒 | | 液とガス体 |
| | | 空気 | | 1.00 | | | |
| | | 水蒸気 | $H_2O$ | 0.62 | | | |
| | | 二酸化炭素 | $CO_2$ | 1.53 | 緑 | | 液とガス体 |
| 2 | 還元性 | 水素 | $H_2$ | 0.07 | 赤 | あり | ガス体 |
| | | アンモニア | $NH_3$ | 0.60 | 白 | あり | 液とガス体 |
| | | アンモニア分解ガス | (AX) | | | あり | ガス体 |
| | | 発熱形ガス | (DX) | | | あり | ガス体 |
| | | 浸炭性ガス(分類3) | | | | あり | |
| 3 | 浸炭性 | 一酸化炭素 | CO | 0.97 | ねずみ | あり | ガス体 |
| | | メタン | $CH_4$ | 0.56 | | あり | 液とガス体 |
| | | プロパン | $C_3H_8$ | 1.55 | | あり | 液とガス体 |
| | | ブタン | $C_4H_{10}$ | 2.11 | | あり | 液とガス体 |
| | | 都市ガス | (13A) | 0.66 | | あり | ガス体 |
| | | メタノール | | 0.79 | | あり | 液体 |
| | | エタノール | | | | あり | 液体 |
| | | エーテル | | | | あり | 液体 |
| | | 吸熱形ガス | (RX) | | | あり | |
| 4 | 脱炭性 | 酸化性ガス(分類1) | | | | なし | |
| | | 発熱形ガス | (DX) | | | あり | |
| | | 湿潤水素 | $H_2O+H_2$ | | | あり | 液体 |
| 5 | 中性 | 窒素 | $N_2$ | 0.97 | ねずみ | なし | |
| | | アルゴン | Ar | 1.38 | ねずみ | なし | 液とガス体 |
| | | ヘリウム | He | 0.14 | ねずみ | なし | 液とガス体 |
| 6 | 窒化性 | アンモニア | $NH_3$ | 0.60 | | あり | 液とガス体 |

なんら浸炭に関与しないためである。

例 1.　空気でメタンを変成

$CH_4 + 2.38(0.21O_2 + 0.79N_2) = CO + 2H_2 + 1.88N_2$　　CO 濃度＝約 20 ％

例 2.　空気でメタンを変成

$CH_4 + 0.5O_2 = CO + 2H_2$　　　　　　　　　　　　　　CO 濃度 ＝ 約 33 ％

（2）　空気

　空気の成分は、窒素（$N_2$）：78.08 ％、酸素（$O_2$）：20.95 ％、アルゴン（Ar）：0.93 ％、二酸化炭素（$CO_2$）：0.03 ％、その他 0.01 ％である。しかし鋼の熱処理雰囲気を論ずるときは、アルゴンを窒素の仲間と考え、概ね窒素（$N_2$）：79 ％、酸素（$O_2$）：21 ％と考えてよい。

　そして、空気中に存在する酸素（$O_2$）：21 ％が鋼の雰囲気熱処理に大きな影響を与える。製品中から入ってくる空気や外乱として混入する空気が雰囲気熱処理のトラブルの大きな原因要素になる場合は多々ある。また、都市ガス、プロパン、ブタンのような炭化水素系ガスと空気とを完全燃焼から不完全燃焼（ここでいう不完全燃焼とは $CO_2$ および $H_2O$ を含まない全不完全燃焼を指す）の間の適当な割合で燃焼させて製造するガスは変成ガスと呼ばれ、工業的に最も多く用いられている雰囲気である。

　後述するが空気をコントロールすること、すなわち狭義には酸素をコントロールすることが、雰囲気熱処理を成功させる大きなポイントになる。

（3）　水蒸気（$H_2O$）

　水蒸気も鋼を強く酸化させる。部屋の湿度も水蒸気である。後で述べる炭化水素系のガスと空気とを用いて変成させた変成雰囲気ガスにも水蒸気は存在する。冬季、乾燥した部屋で石油ストーブやガスストーブを使用すると窓ガラスが結露するのは燃焼暖房器具から気体の水蒸気が発生し冷たいガラスに当たって液体の水に戻るからである。この結露し始める温度を露点といい、熱処理雰囲気ではたびたび出てくる言葉である。露点温度と水分量との関係は**表 3-2**に記載した。たとえば露点 10 ℃とは雰囲気中の水蒸気（気体）量が水（液体）になる温度が 10 ℃であり、その場合雰囲気中に含有する水蒸気割合が 1.212 ％

## 表3-2 露点と水分量の関係

| 露点 ℃ | 飽和蒸気圧 Pa | atm | 容量濃度% | 露点 ℃ | 飽和水蒸気 Pa | atm | 容量濃度% | 露点 ℃ | 飽和水蒸気圧 Pa | atm | 容量濃度% |
|---|---|---|---|---|---|---|---|---|---|---|---|
| 60 | 19988 | 0.1973 | 19.73 | 14 | 1594.90 | 0.0157 | 1.574 | −32 | 30.822 | 0.000304 | 0.0304 |
| 59 | 19075 | 0.1882 | 18.82 | 13 | 1494.45 | 0.0147 | 1.475 | −33 | 27.716 | 0.000274 | 0.0274 |
| 58 | 18197 | 0.1796 | 17.96 | 12 | 1399.62 | 0.0138 | 1.381 | −34 | 24.902 | 0.000246 | 0.0246 |
| 57 | 17355 | 0.1713 | 17.13 | 11 | 1310.13 | 0.0129 | 1.293 | −35 | 22.353 | 0.000221 | 0.0221 |
| 56 | 16546 | 0.1633 | 16.33 | 10 | 1225.72 | 0.0121 | 1.210 | −36 | 20.046 | 0.000198 | 0.0198 |
| 55 | 15770 | 0.1556 | 15.56 | 9 | 1146.14 | 0.0113 | 1.131 | −37 | 17.961 | 0.000177 | 0.0177 |
| 54 | 15026 | 0.1483 | 14.83 | 8 | 1071.16 | 0.0106 | 1.057 | −38 | 16.078 | 0.000159 | 0.0159 |
| 53 | 14312 | 0.1412 | 14.12 | 7 | 1000.54 | 0.0099 | 0.987 | −39 | 14.379 | 0.000142 | 0.0142 |
| 52 | 13627 | 0.1345 | 13.45 | 6 | 934.06 | 0.0092 | 0.922 | −40 | 12.847 | 0.000127 | 0.0127 |
| 51 | 12971 | 0.1280 | 12.80 | 5 | 871.52 | 0.0086 | 0.860 | −41 | 11.467 | 0.000113 | 0.0113 |
| 50 | 12342 | 0.1218 | 12.18 | 4 | 812.71 | 0.0080 | 0.802 | −42 | 10.225 | 0.000101 | 0.0101 |
| 49 | 11740 | 0.1159 | 11.59 | 3 | 757.44 | 0.0075 | 0.748 | −43 | 9.108 | 0.000090 | 0.0090 |
| 48 | 11163 | 0.1102 | 11.02 | 2 | 705.52 | 0.0070 | 0.696 | −44 | 8.105 | 0.000080 | 0.0080 |
| 47 | 10611 | 0.1047 | 10.47 | 1 | 656.78 | 0.0065 | 0.648 | −45 | 7.206 | 0.000071 | 0.0071 |
| 46 | 10083 | 0.0995 | 9.95 | 0 | 611.04 | 0.0060 | 0.603 | −46 | 6.399 | 0.000063 | 0.0063 |
| 45 | 9577 | 0.0945 | 9.45 | −1 | 562.55 | 0.0056 | 0.555 | −47 | 5.677 | 0.000056 | 0.0056 |
| 44 | 9094 | 0.0897 | 8.97 | −2 | 517.59 | 0.0051 | 0.511 | −48 | 5.031 | 0.000050 | 0.0050 |
| 43 | 8632 | 0.0852 | 8.52 | −3 | 475.93 | 0.0047 | 0.470 | −49 | 4.454 | 0.000044 | 0.0044 |
| 42 | 8190 | 0.0808 | 8.08 | −4 | 437.34 | 0.0043 | 0.432 | −50 | 3.938 | 0.000039 | 0.0039 |
| 41 | 7768 | 0.0767 | 7.67 | −5 | 401.64 | 0.0040 | 0.396 | −51 | 3.478 | 0.000034 | 0.0034 |
| 40 | 7366 | 0.0727 | 7.27 | −6 | 368.61 | 0.0036 | 0.364 | −52 | 3.069 | 0.000030 | 0.0030 |
| 39 | 6981 | 0.0689 | 6.89 | −7 | 338.08 | 0.0033 | 0.334 | −53 | 2.705 | 0.000027 | 0.0027 |
| 38 | 6614 | 0.0653 | 6.53 | −8 | 309.87 | 0.0031 | 0.306 | −54 | 2.381 | 0.000023 | 0.0023 |
| 37 | 6264 | 0.0618 | 6.18 | −9 | 283.83 | 0.0028 | 0.280 | −55 | 2.093 | 0.000021 | 0.0021 |
| 36 | 5930 | 0.0585 | 5.85 | −10 | 259.81 | 0.0026 | 0.256 | −56 | 1.838 | 0.000018 | 0.0018 |
| 35 | 5611 | 0.0554 | 5.54 | −11 | 237.66 | 0.0023 | 0.235 | −57 | 1.612 | 0.000016 | 0.0016 |
| 34 | 5308 | 0.0524 | 5.24 | −12 | 217.24 | 0.0021 | 0.214 | −58 | 1.413 | 0.000014 | 0.0014 |
| 33 | 5019 | 0.0495 | 4.95 | −13 | 198.45 | 0.0020 | 0.196 | −59 | 1.236 | 0.000012 | 0.0012 |
| 32 | 4744 | 0.0468 | 4.68 | −14 | 181.15 | 0.0018 | 0.179 | −60 | 1.080 | 0.000011 | 0.0011 |
| 31 | 4482 | 0.0442 | 4.42 | −15 | 165.25 | 0.0016 | 0.163 | −61 | 0.943 | 0.00000930 | 9.304ppm |
| 30 | 4233 | 0.0418 | 4.18 | −16 | 150.63 | 0.0015 | 0.149 | −62 | 0.822 | 0.00000811 | 8.109ppm |
| 29 | 3996 | 0.0394 | 3.94 | −17 | 137.20 | 0.0014 | 0.135 | −63 | 0.715 | 0.00000706 | 7.059ppm |
| 28 | 3770 | 0.0372 | 3.72 | −18 | 124.88 | 0.0012 | 0.123 | −64 | 0.622 | 0.00000614 | 6.137ppm |
| 27 | 3556 | 0.0351 | 3.51 | −19 | 113.59 | 0.0011 | 0.112 | −65 | 0.540 | 0.00000533 | 5.328ppm |
| 26 | 3352 | 0.0331 | 3.31 | −20 | 103.23 | 0.00102 | 0.1019 | −66 | 0.469 | 0.00000463 | 4.628ppm |
| 25 | 3159 | 0.0312 | 3.12 | −21 | 93.75 | 0.00093 | 0.0925 | −67 | 0.406 | 0.00000401 | 4.007ppm |
| 24 | 2976 | 0.0294 | 2.94 | −22 | 85.08 | 0.00084 | 0.0840 | −68 | 0.351 | 0.00000346 | 3.464ppm |
| 23 | 2802 | 0.0277 | 2.77 | −23 | 77.15 | 0.00076 | 0.0761 | −69 | 0.303 | 0.00000299 | 2.990ppm |
| 22 | 2637 | 0.0260 | 2.60 | −24 | 69.90 | 0.00069 | 0.0690 | −70 | 0.262 | 0.00000259 | 2.586ppm |
| 21 | 2480 | 0.0245 | 2.45 | −25 | 63.28 | 0.00062 | 0.0625 | −71 | 0.225 | 0.00000222 | 2.221ppm |
| 20 | 2332 | 0.0230 | 2.30 | −26 | 57.24 | 0.00056 | 0.0565 | −72 | 0.194 | 0.00000191 | 1.915ppm |
| 19 | 2192 | 0.0216 | 2.16 | −27 | 51.74 | 0.00051 | 0.0511 | −73 | 0.166 | 0.00000164 | 1.638ppm |
| 18 | 2059 | 0.0203 | 2.03 | −28 | 46.73 | 0.00046 | 0.0461 | −74 | 0.143 | 0.00000141 | 1.411ppm |
| 17 | 1933 | 0.0191 | 1.91 | −29 | 42.16 | 0.00042 | 0.0416 | −75 | 0.122 | 0.00000120 | 1.024ppm |
| 16 | 1814 | 0.0179 | 1.79 | −30 | 38.02 | 0.00038 | 0.0375 | −76 | 0.104 | 0.00000103 | 1.026ppm |
| 15 | 1701 | 0.0168 | 1.68 | −31 | 34.24 | 0.00034 | 0.0338 | −77 | 0.089 | 0.00000088 | 0.878ppm |

であるということである。なお、表3-2は簡易式としてのMAGNUSの式を用い飽和水蒸気の単位はPaに変更した。MAGNUSの式を式3-1、式3-2に示す。なお、この式は、SONNTAG[3-1]によって改訂された式である。

$$\ln(ew/hPa) = \ln 6.112 + \frac{17.62t}{243.12+t} \tag{3-1}$$

ただし、$0℃ \leqq t \leqq +60℃$

$$\ln(ew/hPa) = \ln 6.112 + \frac{22.46t}{272.62+t} \tag{3-2}$$

ただし、$-65℃ \leqq t \leqq 0.01℃$

その他の露点温度と水分量は、SONNTAG[3-1]の式より算出した。また、関連の資料はJIS Z 8806(湿度-測定法)に詳細が載っているので興味のある読者は参考のこと。

(4) 二酸化炭素($CO_2$)

昨今の環境問題で話題によく上る二酸化炭素($CO_2$)も酸化性のガスである。炭酸ガスともいう。燃料を燃やすと必ず二酸化炭素が発生する。大気雰囲気中で鋼を加熱するとスケールを生じるのは、酸素の他に水蒸気や二酸化炭素が多いからである。

二酸化炭素ガスは無色・無臭、不燃性のガスで、大気中に約0.03%(容量)程度存在する。自然界では、動物と植物の間を相互の呼吸作用を通じて循環しており、とくに植物の成長には欠かせない。炭酸ガスは空気の約1.5倍の重量があり、水によく溶けて炭酸水になり他の物質とよく反応するが、乾いた状態では他の物質とほとんど反応しない不活性なガスである。

## 3-1-2 還元性雰囲気

還元性雰囲気中で鋼を加熱すると酸化スケールは生じ、光輝な表面肌で加熱できる。還元性ガスの共通点は激しく燃えて、場合によっては爆発する恐れもあるということである。以下に代表的な還元性雰囲気について述べる。

（1） 水素（$H_2$）

　水素は還元性ガスの代表である。無色・無味・無臭で還元力の強いガスであり、地球上で最も軽いガスである。熱伝導が非常に大きいため、雰囲気中に水素が存在すると加熱速度、冷却速度が速くなる。水素雰囲気中では鋼は酸化しない。水素は鋼を脱炭させるという人がいるが、これは大きな間違いである。鋼を脱炭させるのは水素雰囲気中に含まれる水蒸気である。すなわち水素中の水蒸気は鋼を激しく脱炭させるので水素雰囲気熱処理では炉中の露点管理が重要な因子となる。注意点は、水素は原子半径が小さいために条件にとっては鋼の中に侵入し水素（$H_2$）脆性を起こす場合があるということ。また、水素はある割合の酸素と激しく反応し爆発する危険性があるので、取扱いには注意する必要がある。ただし使い方を心得て注意を払えば決して恐れることはない。

（2） 一酸化炭素（CO）

　一酸化炭素は人体に対しては猛毒なガスである。大気中濃度 0.01％で中毒症状が現れ 0.15％以上で死に至る。致死量からすると青酸カリの 500 倍にも及ぶ。ところが鋼にとっては還元性ガスでもあり、また浸炭性のガスでもあり、雰囲気熱処理ではなくてはならない雰囲気ガスの一つである。一酸化炭素が燃えると神秘的な青白い炎を発し二酸化炭素（$CO_2$）になる。

（3） アンモニア（$NH_3$）

　アンモニアを高温で熱分解させると窒素（$N_2$）と水素（$H_2$）とに熱分解し、いわゆる複合ガスとなる。理想的に分解されると、窒素（$N_2$）：25％、そして水素（$H_2$）：75％が得られる。すなわちモル計算すると、アンモニア 1kg を分解すると、おおよそ窒素（$N_2$）：$0.7m^3$、水素（$H_2$）：$2m^3$ が発生する。

（4） 炭化水素系（$C_mH_n$）

　炭化水素系ガスの中で熱処理雰囲気用ガスとして用いられている代表的なものにプロパンおよびブタンがある。都市ガスはメタンを主成分とする炭化水素ガスである。これらの炭化水素ガスと酸素を混合し完全燃焼させると酸化性ガスの二酸化炭素（$CO_2$）と水（$H_2O$）を生成する。このとき大量の燃焼熱を発生する。

一方、これらの炭化水素と酸素を混合し不完全燃焼させると一酸化炭素（CO）と水素（$H_2$）を生成する。このガスは還元性でしかも浸炭性の雰囲気となる。

（5）アルコール系（$C_mH_nO_p$）

アルコールも分子式からもわかるとおりカーボン（C）と水素（H）を含むため、分解すると還元性および浸炭性のガスになる。メタノールを例にとり、その分解式を式3-3に示す。すなわちメタノールを分解すると、一酸化炭素（CO）ガス33％と水素（$H_2$）64％に分解する。この成分は強い浸炭性のガスである。

$$CH_4O(CH_3OH) = CO + 2H_2 \qquad (3\text{-}3)$$

ただし分解反応には大きな熱エネルギが必要であり、工業的には完全分解し直接浸炭ガスとして使用することは困難とされていたが、著者らは数年の研究開発結果ほぼ完全分解する方法を見出した。これについては詳細を3-10項で後述する。

### 3-1-3　中性雰囲気（不活性雰囲気）

中性雰囲気中で鋼が酸化・脱炭するといわれる場合があるが、これは全くの間違いである。中性雰囲気は鋼になんら作用しない。酸化・脱炭現象が起きるのは、中性雰囲気中に混入した微量の酸素と水分が影響しているのである。

（1）窒素（$N_2$）

窒素は無色・無味・無臭のガスで、炭素鋼および低合金鋼に対しては不活性であるが、窒素との親和性が強いクロム（Cr）を多く含む工具鋼やステンレス鋼に対しては、不活性ではなく窒化性雰囲気になるので注意が必要である。窒素ガスは、脱炭性で酸化性のガスだという人がいるが、それは、窒素中に含まれる微量の水分や、酸素分の影響であり、もし100％窒素ガスがあればそのような現象は起こらない。しかし液体窒素ガスをもってしても製造上0.2ppm程度の酸素を含有している。窒素ベースの熱処理とは、窒素に水素やアルコールを添加して酸素・水分量を調整し、還元性や浸炭性を付与した雰囲気中で雰

囲気熱処理する方法である。

（2）　アルゴン（Ar）

　アルゴンは無色・無味・無臭のガスで、空気中に約1％含まれる不活性ガスである。この雰囲気中では、ステンレス鋼も工具鋼も全く雰囲気と反応しない。また、空気より重いためにパージ性が向上する。しかし水素（$H_2$）と反対に熱伝導性が大きく加熱速度、冷却速度は水素よりも遅くなる。工業炉を構築する場合、アルゴンは単分子元素なので電気ヒータの電圧に注意をしないと、100％アルゴン雰囲気中で放電する場合があるので注意が必要である。

## 3-2　単体ガスの製造方法[3-2]

　単体ガスすなわち産業ガスはその製造方法により、空気から分離製造されるガスと、それ以外の原料から精製などによって製造されるガスに分類される。

### 3-2-1　空気から分離されるガス

　空気中には窒素が約78％、酸素が約21％、そしてアルゴンは約1％含まれているので、酸素、窒素、アルゴンは空気を分離して製造される。この三種類のガスは三大産業ガスといわれている。

　工業的に実用化している空気分離法には、大きく分けて次の三つの方法があり、それぞれの概要を以下に示す。

（1）　深冷分離法

　古くから採用されているガス分離法で、現在も主流の方法である。この方法の概略図を**図 3-3**[3-2]に示す。まず空気中の粉じんなどをろ過して圧縮したのち、二酸化炭素および水分を除去、さらにこの空気を冷却・断熱膨張させ、極低温状態で沸点の差を利用して蒸留（精留）し、窒素と酸素を分離する方法である。アルゴンは酸素と沸点が近いため上記の精留段階においてアルゴンリッチなガスを抽出して、さらに精留を繰り返してアルゴンを濃縮分離し製造する。

　深冷分離法においては最終的な製品として液体と気体の両方が得られ、この

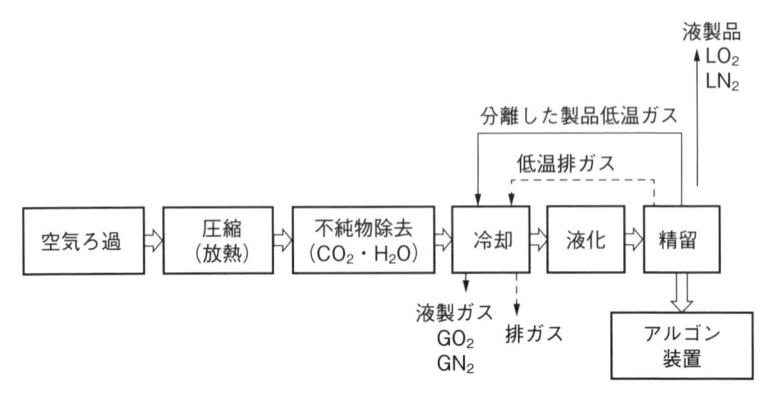

**図 3-3　深冷分離法による空気分離の基本プロセス**

方法を用いると、高純度なガスが大量に製造できる。

（2）　吸着法

　吸着法の原理は、空気中のたとえば酸素を吸着剤に吸着させ、吸着されずに残った窒素を取り出し、その後吸着剤から温度差や圧力差を利用して、吸着されていた酸素を脱着させる方法である。この方法は、比較的中規模で 90 数％の中程度の純度のガス製造に適している。温度差を利用する方法を TSA といい、圧力差を利用する方法を PSA というが、現在では PSA 方式が主流である。PSA 式窒素ガス発生装置の外観例を**写真 3-1**[3-2]に示す。

（3）　膜分離法

　膜分離法とは、特殊な膜の片側に数種類のガス分子の混合体である原料ガスを接触させ、反対側をそれよりも低圧力にすることにより、特定のガス分子が膜を透過する現象を利用したものである。ガス分離膜としては多孔質膜が主流である。この方法は小規模・低純度のガス製造に適している。

### 3-2-2　空気以外の原料から製造されるガス

　最近ガス冷却の媒体として使われだしたヘリウムは、空気中の含有量が 5.5ppm と低いため、空気分離は適していない。このため、ヘリウムが約 0.5 ％含まれる天然ガスから製造される。なお、原料となり得る天然ガスは日本では

写真 3-1　PSA 式窒素ガス発生装置の外観

産出されないため、現状はほぼ全量を液体ヘリウムとしてアメリカ合衆国から輸入している。

　二酸化炭素については、主に石油化学・石油精製、または製鉄所などからの副生ガスを原料として、水分・油分・硫黄分などを除去したのち、圧縮・冷却して液化し、さらに最終的な精製工程を経て、高純度の液化二酸化炭素として得ている。

　水素については、多種の製造方法があるが、工業的には天然ガスやナフサなどの化石燃料を原料とし、水蒸気改質・部分酸化のなどの方法が主流となっている。

## 3-3　単純ガスの供給方法

　単純ガスの供給方法は、大きく分けて三つの方法があり、下記に概略を示す[3-2]。

### 3-3-1　パイピング

　最も大量に安定して供給できる方法であり、大口ユーザーの工場敷地内ある

写真 3-2　液化ガス貯蔵タンクと蒸発器

いは隣接地にガス製造プラントを設置し、パイプラインによって使用現場までガスを供給する方法。

### 3-3-2　液化貯蔵

　パイピングの次に大量供給できる方法であり、液化ガスをタンクローリーで運び、それを**写真 3-2**[(3-3)]に示すような液化ガス貯槽（CE：Cold Evaporator）に貯め、一般には蒸発器で気化して使用する。CE の内容席は、約 5〜40m³ 程度が一般的である。

　**写真 3-3**[(3-3)]に示すようにタンクローリー車は、きわめて低温の液化ガスを貯蔵するため、真空断熱された二重構造で、オーステナイト系ステンレス鋼が用いられている。

### 3-3-3　シリンダー

　最も汎用的で小規模なガス供給方法であり、液化ガスを充填工場で、可搬式小型液化ガス容器（LGC：Liquid Gas Cylinder）や、蒸発器で気化してガス

第3章 熱処理用雰囲気の種類と製造方法

写真3-3 液化ガスタンクローリー車

シリンダーへ充填され、トラックでなどでユーザーへ搬送される。

　ガスシリンダーは通常"ボンベ"ともいわれ、バラ瓶以外に数本から数十本を枠に組んだものを使用することもある。ガスシリンダーの内容積は、一般に1本当たり47リットルのものが多く流通しており、圧力は普通15MPa（35℃）にて充填されているため、減圧弁にて圧力を調整される（第2章の写真2-1を参照）。

## 3-4　ガス流量計

　ここで、雰囲気熱処理設備で重要なガス流量計について述べる。代表的な雰囲気熱処理に用いられている代表的な流量計外観を**写真3-4**（アルゴンガス用供給圧 0.1 [MPa]・20 [℃]、ノルマル表記）に示す。

　これら流量計の間違った使用によるトラブルがしばしば見受けられるので、使用する際の注意の要点を述べる。

写真 3-4　流量計の外観写真

### 3-4-1　ガス計測用面積流量計における単位表記について

ガス計測用面積流量計の単位表記方法には大別して下記の二通りの方法がある[3-4]。

（1）ノルマル（normal）表記

これは計測ガスの基準状態（0℃、1［atm］{大気圧}）での体積で目盛を施したものである。当然計測ガスの圧力・温度はプロセスの条件により異なるので、基準状態（0℃、1atm{大気圧}）であることはほとんどない。この使用条件でラインを通過しているガスの体積を基準状態（0℃、1［atm］{大気圧}）での体積に換算した目盛がノルマル表記である。

この場合、流量計の目盛の単位としては$Nm^3/h$、$NL/min$で表す。なお、新計測法ではそれぞれ$m^3/h$（normal）または（nor）、$L/min$（normal）または（nor）と表記する。本書では、$m^3_N/h$、$L_N/min$を用いた。

一般には、このノルマル（normal）表記の流量計が使用されている。

（2）使用状況下の表記

これは流量計の目盛をまさにラインの使用条件での圧力・温度での体積表記で表するものである。

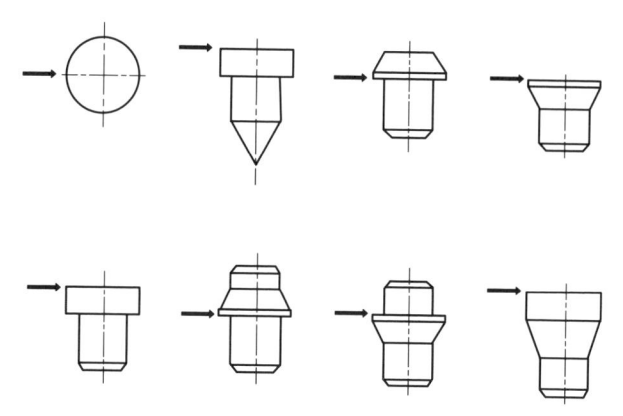

図 3-4　流量計フロートの読み取り位置

この場合、流量計の目盛の単位としては $m^3/h$、$L/min$ で表す。しかし、雰囲気熱処理の条件下では炉内がほぼ一気圧であるため、この表記の流量計を用いることは稀である。

### 3-4-2　流量目盛の読み方

実際の流量計では、図 3-4 のような可動部（フロート）が使用される。それぞれの読み取り位置を図中矢印で示す[3-4]。

### 3-4-3　代表的な配管系統図

図 3-5 に代表的な配管系統図を示す。

## 3-5　変成ガス雰囲気の製造方法とその性質

変成ガス雰囲気は鋼の光輝加熱や、ガス浸炭に用いられる。原料として用いられるガスは、一般家庭でも使われている燃料ガスで都市ガス、プロパンガス、ブタンガスなどの炭化水素系ガスである。原料ガスのみで使用すれば煤を発生するため熱処理雰囲気として用いることができない。したがって工業的に

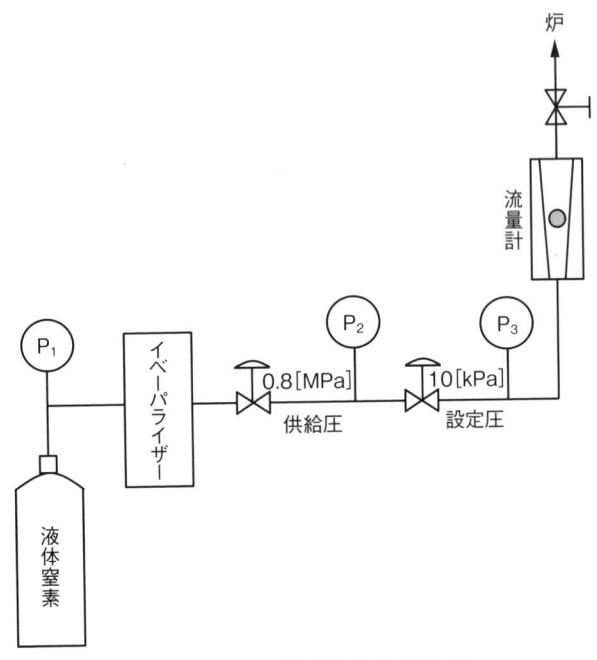

**図3-5 流量計配管系統図代表例**

は変成炉を用いてガス変成を行う必要がある。変成とは前述したが雰囲気ガス成分を実用に適するように調整することである。

変成ガスは発熱形変成ガスと吸熱形変成ガスとに大別される。

## 3-5-1 炭化水素系ガスの変成

炭化水素系ガスとは、化学的には炭素原子と水素原子のみの化合物である。この化合物には、メタン（$CH_4$）、エタン（$C_2H_6$）、プロパン（$C_3H_8$）、ブタン（$C_4H_{10}$）などのようにパラフィン系炭化水素とエチレン（$C_2H_4$）、プロピレン（$C_3H_6$）、ブチレン（$C_4H_{10}$）などのオレフィン系炭化水素とがある。雰囲気熱処理で使用されるガスは主に前者であり、プロパン、ブタンの工業用ガスを用いるのが一般的である。

ブタンの場合、液体が蒸発器で蒸発しづらい欠点があり、プロパンを季節に

表 3-3　代表的都市ガス成分の一例

| 組成 | 分子式 | 容量（%） |
|---|---|---|
| メタン | $CH_4$ | 89.60 |
| エタン | $C_2H_6$ | 5.62 |
| プロパン | $C_3H_8$ | 3.43 |
| ブタン | $C_4H_{10}$ | 1.35 |
| 合計 |  | 100 |

C 量；$0.896+2\times0.0562+3\times0.0343+4\times0.0135\fallingdotseq1.17$
H 量；$4\times0.896+6\times0.0562+8\times0.0343+10\times0.0135\fallingdotseq4.33$
すなわち $C_{1.17}H_{4.33}$ となる。

より 20 %～30 %混合して使用する場合もある。また、最近では都市ガスもプロパン、ブタンと同様に雰囲気熱処理の原料ガスとして多用されている。代表的な都市ガス成分はおおよそ**表 3-3**[3-5]のとおりである。

　表より

　　　C 量；$1\times0.896+2\times0.0562+3\times0.0343+4\times0.0135=1.17$

　　　H 量；$4\times0.896+6\times0.0562+8\times0.0343+10\times0.0135=4.33$

すなわち、分子式で表すと $C_{1.17}H_{4.33}$ となり $C_nH_m$ で表せる炭化水素系ガスと考えてよい。

しかしここで注意を有するのは、都市ガスの主成分がメタンであるということ。メタンはプロパン、ブタンに比較して分解速度が遅く、メッシュベルト式浸炭炉のようにエンリッチガスの滞留時間が短い形式の熱処理炉には工夫が必要になる。

一般にパラフィン系炭化水素の分子式は $C_nH_{2n+2}$ で表され、オレフィン系炭化水素の分子式は $C_nH_{2n}$ で表される。

## 3-5-2　燃料と発熱量

工業的燃料は、石炭を代表とする固体燃料、重油を代表とする液体燃料、そして LNG を代表とする炭化水素系ガスの気体燃料との三種類に分けられ、こ

れらの燃料と空気中の酸素とを混合させ着火すると光と熱を発生し燃焼する。単位質量の燃料を完全燃焼させて取り出される熱量を燃料の発熱量という。

　これらの燃料の中で雰囲気熱処理に用いられる燃料は気体燃料であり、その主なものは都市ガス、プロパンガスそしてブタンガスであるが、プロパンガスの場合、通常は液体で供給され蒸発器を通しガスに戻して使用されるのが一般的である。

　ブタンガスの場合は蒸発器を使用してもガス体になりにくいため、プロパンガスを10～30％混合したものが液体で供給され、タンクから蒸発器を通しガスに戻し使用されるのが一般的である。これら気体燃料の主成分は、炭素（C）、水素（$H_2$）であり、その燃焼反応は、式3-4で表せる。

$$CnHm + \left(n + \frac{m}{4}\right)O_2 = nCO_2 + \frac{m}{2}H_2O \qquad (3\text{-}4)$$

（1）高発熱量、低発熱量

　工業的立場から見て発熱量とは、気体燃料の場合は$1m^3$（0℃、1気圧）、液体燃料の場合は、1kgが完全に燃焼したときに発生する熱量をさす。このとき$H_2O$の凝縮潜熱の取り扱いによって二種類の発熱量が定義される。すなわち気体燃料を完全燃焼させ高温燃焼ガスから熱を有効利用すると、水が残る場合と残らない場合がある。水が残る場合は、水蒸気が水に変化する際、吐き出す凝縮潜熱が有効に利用された状態であり、これを総発熱量（高発熱量）という。そして水蒸気のまま外界に放出され凝縮潜熱を含めないそれを真発熱量（低発熱量）という。これらの関係を式で表すと式3-5となる。

$$総発熱量 = 真発熱量 + H_2O の凝縮潜熱 \qquad (3\text{-}5)$$

　$H_2O$の凝縮潜熱は0℃において、2.01［$MJ/m^3$］、または2.51［$MJ/kg$］である。炭化水素燃料では総発熱量と真発熱量との差はおよそ10％である。

　一般の燃焼設備では排気温度は100℃以上であり、$H_2O$の凝縮潜熱は利用されていないので、熱効率の計算には通常真発熱量を用いる。

　表3-4[3-6]に単体ガスおよび都市ガス13Aの燃焼に関する性質を載せた。次にこの表を使用し、都市ガスの発熱量を計算してみる。まず、表3-3の都市ガ

表 3-4 単体ガスおよび都市ガス(13A)の燃焼に関する性質 (0℃、1気圧)

| 項目<br>ガス種 | 総発熱量<br>MJ/m³ | 真発熱量<br>MJ/m³ | 理論<br>空気量<br>m³/m³ | 着火温度℃ | 燃焼限界<br>(空気中) | | 最大燃焼<br>速度<br>cm/s |
|---|---|---|---|---|---|---|---|
| | | | | | 下限<br>(%) | 上限<br>(%) | |
| $H_2$ | 12.780 | 10 830 | 2.38 | 560 | 4.0 | 75.6 | 282 |
| CO | 12.610 | 12.611 | 2.38 | 605 | 12.5 | 74.2 | 43.2 |
| $CH_4$ | 39.940 | 36.060 | 9.52 | 595 | 5.0 | 15.0 | 39.2 |
| $C_2H_6$ | 70.470 | 64.550 | 16.7 | 515 | 3.0 | 12.5 | 42.6 |
| $C_2H_4$ | 63.560 | 59.620 | 14.3 | 425 | 2.7 | 34.0 | 68.1 |
| $C_2H_2$ | 58.530 | 56.520 | 11.9 | 305 | 2.5 | 100 | 154 |
| $C_3H_8$ | 101.400 | 93.390 | 23.8 | 470 | 2.1 | 9.5 | 45.5 |
| $C_3H_6$ | 93.730 | 87.760 | 21.4 | 455 | 2.0 | 11.1 | 46.0 |
| $n\text{-}C_4H_{10}$ | 134.300 | 124.100 | 30.9 | 365 | 1.9 | 8.5 | 37.5 |
| $i\text{-}C_4H_{10}$ | 133.100 | 122.900 | 30.9 | 460 | 1.8 | 8.4 | 37.5 |
| $C_4H_8$ | 125.500 | 117.400 | 28.6 | 440 | 1.7 | 9.7 | 46.5 |
| 13A | 45.00 | 40.50 | 10.7 | 630〜730 | 4.3 | 14.5 | 39 |

ス成分から、都市ガス各成分の割合を、単独ガスの発熱量に掛けそれぞれを加えていく、すなわち

$$総発熱量：0.896 \times 39.94(CH_4) + 0.0562 \times 70.47(C_2H_4) + \\ 0.0343 \times 93.73(C_3H_8) + 0.0135 \times 134.3(C_4H_{10}) \fallingdotseq 45 \,[MJ/m^3]$$

$$総発熱量：0.896 \times 36.06(CH_4) + 0.0562 \times 59.62(C_2H_4) + \\ 0.0343 \times 93.39(C_3H_8) + 0.0135 \times 124.1(C_4H_{10}) \fallingdotseq 40.5 \,[MJ/m^3]$$

以上の結果より、表 3-4 の最下段の 13A の発熱量が計算できる。この方法を用いると複合炭化水素系ガスの未知の発熱量を計算できることがわかる。

## 3-5-3 炭化水素系ガスの燃焼機構

熱処理用雰囲気を製造するために原料ガスに空気を混合し変成する。この場合触媒を使用するのが一般的である。すなわち

原料ガス＋空気　→　変成ガス

この操作を変成という。

前にも述べたが、空気の組成はおおよそ窒素78％、酸素21％そしてアルゴンが1％である。ここで窒素とアルゴンガスは燃焼には関与しないため概算の成分としては

空気＝酸素21％＋窒素79％つまり、

空気＝(酸素1＋窒素3.76)

として変成の計算には差し支えない。

空気量と燃料量の割合を空燃比といい、空気容量（質量）／燃料容量（質量）で表す。空気中の酸素と燃料が過不足なく反応するときの空燃比を理論空燃比といい、この理論空燃比で燃焼することを完全燃焼という。また、この比率で燃焼させたときの空気の割合を完全空気比率100％と呼び、単に空気比100％と呼ぶ場合もある。

原料ガスに空気を混ぜて変成を行う場合にはまず燃焼が行われるが、これには次のような種類がある。

### 3-5-4　完全燃焼

炭化水素系ガスの一般的な完全燃焼反応式は

$$CnHm + \left(n + \frac{m}{4}\right)\{O_2 + 3.76N_2\}$$
$$= nCO_2 + \frac{m}{2}H_2O + 3.76\left(n + \frac{m}{4}\right)N_2 \qquad (3\text{-}6)$$

で表せる。

ここで $\left(n + \frac{m}{4}\right)\{O_2 + 3.76N_2\}$ の項は完全燃焼に必要な空気量である。

完全燃焼反応の係数は手計算でも求めることができるが、この式を覚えておくと便利である。また、パーソナルコンピューターの表計算ソフトにこの式を入力しておけば、いつでもどこでも素早く完全燃焼成分を表すことができるの

## 第3章 熱処理用雰囲気の種類と製造方法

で興味ある読者は挑戦してほしい。

次に式3-6の具体例を示す。

**メタンの場合；**

$$C_1H_4 + \left(1 + \frac{4}{4}\right)\{O_2 + 3.76N_2\} = CO_2 + \frac{4}{2}H_2O + 3.76\left(1 + \frac{4}{4}\right)N_2$$
$$= CO_2 + 2H_2O + 7.52N_2 \qquad (3\text{-}7)$$

この式の意味は、メタン1モルに対し空気を$\left(1 + \frac{m}{4}\right)\{O_2 + 3.76N_2\}$すなわち$(2\times(1+3.76)=)$ 9.52モル混合し完全燃焼させると炭酸ガス1モル、水蒸気2モルそして窒素が7.52モル生成することを表す。すなわちメタン$1m^3$を完全燃焼させるには、空気が$9.52m^3$必要であり、生成物は、$CO_2$ $1m^3$、$H_2O$ $2m^3$、$N_2$ $7.52m^3$を発生するということであるこの完全燃焼に必要な空気量を理論空気量という。

また、理論空気量よりも空気が過剰になると生成ガス中に残留酸素が存在することになり、これより少ない場合は不完全燃焼になり、一酸化炭素および水素が混入することになる。また式3-7からメタン$1m^3$を完全燃焼で変成させた場合、変成ガス量は$10.5m^3$発生することもわかる。

なお式3-7より、その変成ガス成分はおおよそ二酸化炭素9.5％、水蒸気19.0％、窒素71.5％となる。以下その他代表的原料の完全燃焼反応式を示す。

**プロパンの場合；**

$$C_3H_8 + \left(3 + \frac{8}{4}\right)\{O_2 + 3.76N_2\} = 3CO_2 + \frac{8}{2}H_2O + 3.76\left(3 + \frac{8}{4}\right)N_2$$
$$= 3CO_2 + 4H_2O + 18.8N_2 \qquad (3\text{-}8)$$

**ブタンの場合；**

$$C_4H_{10} + \left(4 + \frac{10}{4}\right)\{O_2 + 3.76N_2\} = 4CO_2 + \frac{10}{2}H_2O + 3.76\left(4 + \frac{10}{4}\right)N_2$$
$$= 4CO_2 + 5H_2O + 24.4N_2 \qquad (3\text{-}9)$$

表 3-5　炭化水素系原料の完全燃焼

| 原料 | 反応式 | 理論空気量 $[m^3_N]$ | 燃焼生成物 | | |
|---|---|---|---|---|---|
| | | | $CO_2$ $[m^3_N]$ | $H_2O$ $[m^3_N]$ | $N_2$ $[m^3_N]$ |
| メタン | $CH_4 + 9.5 Air$ $= CO_2 + 2H_2O + 7.5N_2$ | 9.5 | 1 | 2 | 7.5 |
| プロパン | $C_3H_8 + 23.8 Air$ $= 3CO_2 + 4H_2O + 18.8N_2$ | 23.8 | 3 | 4 | 18.8 |
| ブタン | $C_4H_{10} + 30.9 Air$ $= 4CO_2 + 5H_2O + 24.4N_2$ | 30.9 | 4 | 5 | 24.4 |
| 都市ガス | $C_{1.17}H_{4.33} + 10.72 Air$ $= 1.17CO_2 + 2.17H_2O + 8.47N_2$ | 10.7 | 1.2 | 2.2 | 8.5 |
| 炭化水素一般式 | $C_nH_m + 4.76\left(n+\frac{m}{4}\right) Air$ $= nCO_2 + \frac{m}{2}H_2O + 3.76\left(n+\frac{m}{4}\right)N_2$ | $4.76 \times (n+m/4)$ | $n$ | $m/2$ | $3.76 \times (n+m/4)$ |

**都市ガス 13A の場合；**

$$C_{1.17}H_{4.33} + \left(1.17 + \frac{4.33}{4}\right)\{O_2 + 3.76N_2\}$$

$$= 1.17CO_2 + \frac{4.33}{4}H_2O + 3.76\left(1.17 + \frac{4.33}{4}\right)N_2$$

$$= 1.17CO_2 + 2.17H_2O + 8.47N_2 \tag{3-10}$$

以上の結果を**表 3-5** にまとめた。

## 3-5-5　不完全燃焼

　一般的に理論空燃比より空気量が少ない場合、すなわち完全空気比率を 100 % とすると、その空気量よりも少ない 100 % 以下で燃焼する場合が不完全燃焼である。この場合、燃焼排ガスは完全燃焼で生じる二酸化炭素、水蒸気および窒素のほかに一酸化炭素、水素、炭化水素を含むようになる。また、一酸

化炭素、炭化水素が分解し煤を発生する場合もある。しかし雰囲気熱処理の本書では、還元性ガスであるCOおよび$H_2$成分のみを生成し、酸化性ガスである$CO_2$および$H_2O$を全く含まない燃焼を全不完全燃焼と定義した。これを式3-11に示す。

$$C_nH_m + \left(\frac{n}{2}\right)\{O_2 + 3.76N_2\} = nCO + \frac{m}{2}H_2 + 3.76\left(\frac{n}{2}\right)N_2 \qquad (3\text{-}11)$$

なお、一般的な不完全燃焼である$CO_2+CO+H_2O+H_2$の還元ガス＋酸化性ガスを併せ持つ成分を単に不完全燃焼とし、完全空気比率100％に対し空気比率X％の燃焼と定義した。このほうが熱処理雰囲気を扱うに当たっては便利である。

変成ガスは発熱形ガス（DX、NX）と吸熱形ガス（RXガス）の二種類に大別できる。

発熱形ガスは、空気比率を100％〜65％程度で燃焼させ、燃焼排ガス中の水蒸気（$H_2O$）量を調節して雰囲気として用いられるDX雰囲気、そしてDXガスから二酸化炭素を吸着しほとんど二酸化炭素がない雰囲気として用いられるNX雰囲気とがある。空気比が割合高い状態で燃焼させるので発熱するため発熱形ガスという。

それに対し吸熱形ガスは空気比率を60％以下とした不完全燃焼性のガスである二酸化炭素や水蒸気をほとんど含まない空気量が少ない状態で変成させるため、この反応は吸熱反応である。すなわち加熱しないと反応が進まない。

これらの空燃比とガス組成の関係を**図3-6**に示す。また適応例を**表3-6**に示す。

## 3-6　発熱形変成ガス

発熱形変成ガスは完全空燃比を100％とし、その空燃比を60％から95％程度減らし、還元性ガスである一酸化炭素および水素を含有させた変成ガスである。すなわち、式3-6の完全燃焼ガスに式3-11の全不完全燃焼ガスをある割

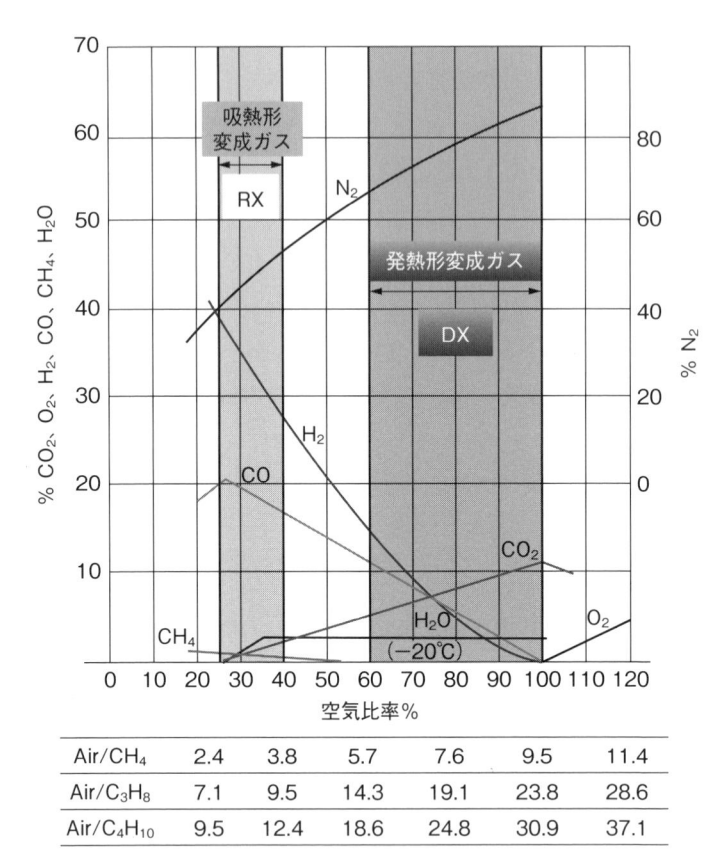

| | | | | | | |
|---|---|---|---|---|---|---|
| Air/$CH_4$ | 2.4 | 3.8 | 5.7 | 7.6 | 9.5 | 11.4 |
| Air/$C_3H_8$ | 7.1 | 9.5 | 14.3 | 19.1 | 23.8 | 28.6 |
| Air/$C_4H_{10}$ | 9.5 | 12.4 | 18.6 | 24.8 | 30.9 | 37.1 |

図 3-6　空燃比とガス組成との関係（模式図）

表 3-6　雰囲気ガス組成と適応例

| 名称 | 商標 | ガス組成（％） | | | | | | 反応性 | 適用例 |
|---|---|---|---|---|---|---|---|---|---|
| | | $CO_2$ | CO | $H_2$ | $H_2O$ | $CH_4$ | $N_2$ | | |
| 吸熱形変成ガス | RX | 0.3 | 22.9 | 30.3 | 0.6 | 0.01 | 残り | 強還元性 浸炭性 | 浸炭、光輝加熱（中高炭素鋼） |
| 発熱形変成ガス | DX（リッチ） | 7.5 | 9.8 | 10.5 | 0.86 | — | 残り | 還元性 脱炭性 | 光輝加熱（低炭素鋼） |
| | DX（リーン） | 12.7 | 1.3 | 1.2 | 0.86 | — | 残り | 酸化性 脱炭性 | 鋼の酸化皮膜形成 |
| | NX | 0.05 | 1.5 | 1.0 | — | — | 残り | | 中性加熱 |

第3章 熱処理用雰囲気の種類と製造方法

| | 完全燃焼反応 | | 不全燃焼反応 |
|---|---|---|---|
| 一般式 | $C_nH_m+(n+\frac{m}{4})O_2$ $=nCO_2+\frac{m}{2}H_2O$ | ⟺ | $C_nH_m+\frac{n}{2}O_2$ $=nCO_2+\frac{m}{2}H_2$ |
| 例: | $CH_4+2O_2=CO_2+2H_2O$ | | $CH_4+0.5O_2=CO+2H_2$ |

| 概略成分 (%) | 完全燃焼率100% 発熱形ガス (DX) | 空気比率60% 発熱形ガス (DX) | 不完全燃焼率100% 吸熱形ガス (RX) |
|---|---|---|---|
| CO | 0% | 13% | 33% |
| $CO_2$ | 33% | 20% | 0% |
| $H_2$ | 0% | 27% | 67% |
| $H_2O$ | 67% | 40% | 0% |

**図 3-7 発熱形変成ガスと吸熱形変成ガスとの関係**

合で混合させたものが変成成分になると考えてよい。

この関係を**図 3-7** にて説明する。たとえば完全燃焼空気比率 60 %の発熱形変成ガス成分は、

0.6×(完全燃焼成分)＋0.4×(全不完全燃焼成分)＝空気比率 60 %の成分となる。

## 3-6-1 プロパンガスを原料ガスとした発熱形ガスの理論成分算出方法

ここで簡単にするためにプロパンガスの使用量を $1m^3_N/h$ とし、空気比率 70 %とした場合の発熱形ガスの成分を算出する。

$$C_3H_8+\left(3+\frac{8}{4}\right)\{O_2+3.76N_2\}=C_3H_8+23.80(0.21O_2+0.79N_2)$$

$$=3CO_2+4H_2O+18.80N_2 \quad (3\text{-}12)$$

式 3-12 はプロパンの完全燃焼反応式である。これからわかるようにプロパンガス $1m^3_N/h$ を完全燃焼させるのに必要な空気量は

　　　プロパン ＝$1m^3_N/h$：

$$空気 =(5O_2+18.80N_2)=23.80m^3_N/h \quad (3\text{-}13)$$

となる。

しかしこの場合、空気比率は 70 %であるので、必要空気量は

$$0.7 \times 23.8 \, m^3_N/h = 16.7 \, m^3_N/h \tag{3-14}$$

となる。

また、プロパンの全不完全反応式は

$$C_3H_8 + \left(\frac{3}{2}\right)\{O_2 + 3.76N_2\} = C_3H_8 + 7.14(0.21O_2 + 0.79N_2)$$

$$= 3CO_2 + 4H_2 + 5.64N_2 \tag{3-15}$$

これからわかるようにプロパンガス $1 \, m^3_N/h$ を全不完全燃焼させるのに必要な空気量は

$$\text{プロパン} = 1 \, m^3_N/h \quad : \text{空気} = 1.5O_2 + 5.6N_2 = 7.14 \, m^3_N/h \tag{3-16}$$

となる。

式 3-12 と 3-15 とから

X：完全燃焼分、Y：全不完全燃焼分とすると

$$\text{プロパンガス量} ; 1 = X + Y \tag{3-17}$$

$$\text{空気量} ; 16.66 = 23.80X + 7.14Y \tag{3-18}$$

式 3-17 と式 3-18 より

$$X = 0.57$$

$$Y = 0.43$$

となる。次に各成分を算出する。

$$X\{C_3H_8 + 23.80(0.21O_2 + 0.79N_2)\}$$

$$= X(3CO_2 + 4H_2O + 18.80N_2) \tag{3-19}$$

$$Y\{C_3H_8 + 7.14(0.21O_2 + 0.79N_2)\} = Y(3CO_2 + 4H_2 + 5.64N_2) \tag{3-20}$$

X を式 3-19 に代入し、Y を式 3-20 に代入して加えると

（完全燃焼分）　　$0.57\{C_3H_8 + 23.80(0.21O_2 + 0.79N_2)\}$

$$= 0.57(3CO_2 + 4H_2O + 18.80N_2) \tag{3-21}$$

（全不完全燃焼分）　　$0.43\{C_3H_8 + 7.14(0.21O_2 + 0.79N_2)\}$

$$= 0.43(3CO + 4H_2 + 5.64N_2) \tag{3-22}$$

式 3-21 ＋ 式 3-22

$$\underline{C_3H_8 + 16.66(0.21O_2 + 0.79N_2)}$$

表 3-7　プロパンガスを空気比 70 ％で変成したときの各成分割

| 成分 | CO$_2$ | CO | H$_2$O | H$_2$ | N$_2$ | 計 |
|---|---|---|---|---|---|---|
| 量（m$^3$） | 1.71 | 1.29 | 2.28 | 1.72 | 13.14 | 20.14 |
| 割合（％） | 8.49 | 6.41 | 11.32 | 8.54 | 65.24 | 100 |
| 分圧（atm） | 0.0849 | 0.0641 | 0.1132 | 0.0854 | 0.6524 | 1 |
| 露点（℃） | | | +48.5 | | | |

表 3-8　プロパンガスを空気比 70 ％変成後 5 ℃で脱水したときの各成分割

| 成分 | CO$_2$ | CO | H$_2$O | H$_2$ | N$_2$ | 計 |
|---|---|---|---|---|---|---|
| 量（m$^3$） | 1.71 | 1.29 | 0.155 | 1.72 | 13.14 | 18.015 |
| 割合（％） | 8.49 | 6.41 | 0.86 | 8.54 | 65.24 | 100 |
| 分圧（atm） | 0.0849 | 0.0641 | 0.1132 | 0.0854 | 0.6524 | 1 |
| 露点（℃） | | | +5 | | | |

$$=1.71CO_2+1.29CO+2.28H_2O+1.72H_2+13.16N_2 \quad (3\text{-}23)$$

この式からもわかるように燃料ガス 1m$^3$ で雰囲気ガスが約 20m$^3$ 製造できるので安価な熱処理雰囲気であり利用価値が高い。

以上の結果をまとめて、**表 3-7** に示した。

この変成ガスの水分に注目すると、全体の 11 ％も含まれ露点が 48.5 ℃と相当量の水分を含有する。このため通常は脱水器を用いて露点を 4～5 ℃に調整する。ここでガス温度を 5 ℃まで下げ、ガス中の水分を 0.80 ％まで取り除いたガス成分を算出する。計算上、CO$_2$、CO、H$_2$、N$_2$ の量は変化しないものと仮定するが、実際には CO$_2$ がガス中成分に微量吸着されるので若干異なる。

H$_2$O の量を Zm$^3$ とすると

$$\frac{H_2O}{CO_2+CO+H_2O+H_2+N_2}=\frac{Z}{1.71+1.29+Z+1.72+13.14}=0.080$$

Z＝1.68 となり、その結果、水分を 5 ℃の飽和水蒸気量まで取り除いた変成ガス成分を**表 3-8** に示す。このように DX ガスは水分を調整し使用するのが

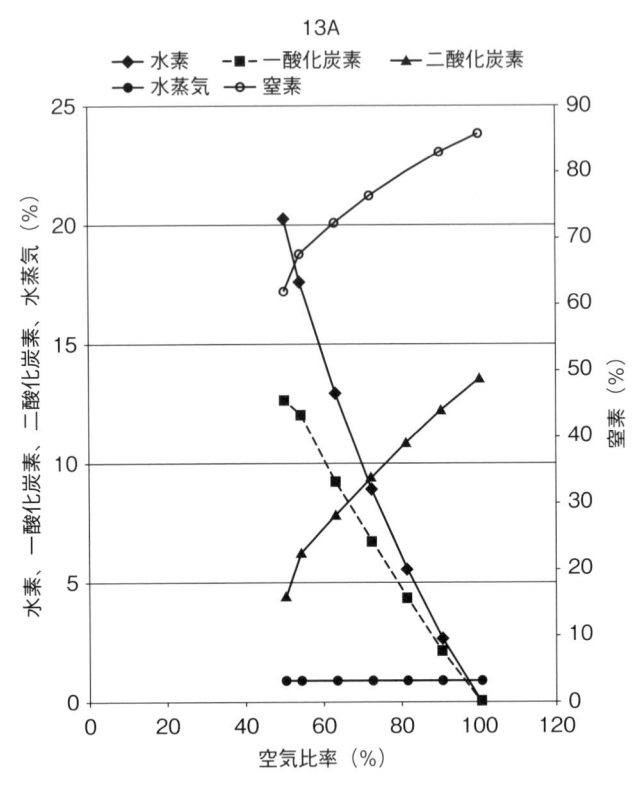

図 3-8 都市ガス発熱形（DX）変成の空気比率と各成分

一般的である。

　その他の利用価値の高いと思われる、メタンガス、プロパンガスおよびブタンガスの空気比を変えたときの各成分割合を計算し図 3-8～図 3-10、表 3-9～表 3-11 にまとめた。ただし冷却温度は 4℃ とした。

　ここで厄介なのは、これで雰囲気計算は終わりではなく、この水分調整した変成ガスをある温度の炉中に雰囲気ガスとして導入すると、その温度で再平衡し雰囲気ガス成分が変化するということである。

　再平衡の計算で用いる熱力学データを別表 10 に示してある。

　つまり製造雰囲気ガスを露点 4～5℃ 程度まで冷却し水分を除去しても炉内

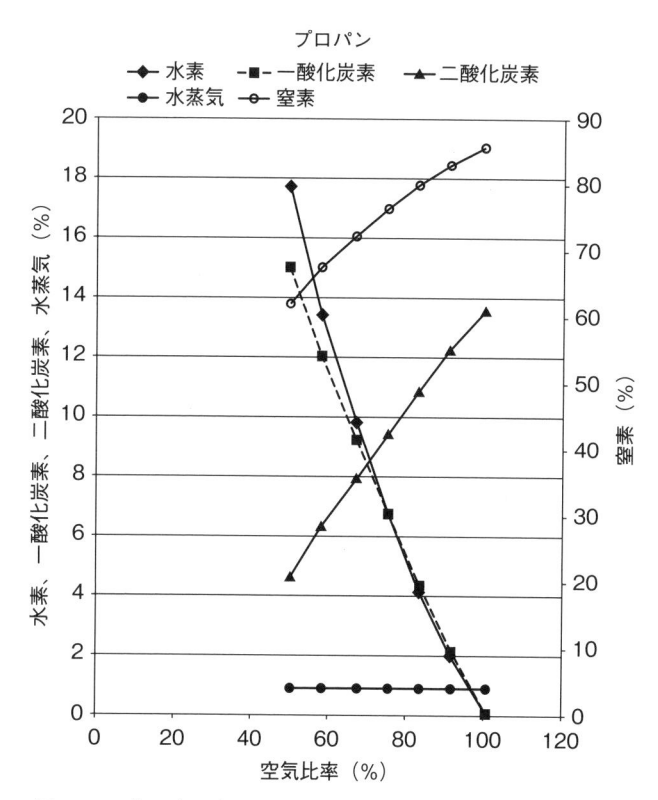

図3-9 プロパンガス発熱形（DX）変成の空気比率と各成分

に導入された雰囲気ガスは、別表の反応式 $CO_2+H_2=CO+H_2O$ により $H_2$ と $CO_2$ とが反応して炉中露点を上昇させることとなり脱炭性の雰囲気となる。これを防ぐためには後に述べる製造雰囲気ガスから $H_2$ と $CO_2$ とを除去した雰囲気ガス（NX）にすることである。

ここで煩雑になる炉内での再反応後の各成分の求め方について例を挙げて説明する。

（例）表3-7のプロパンガスで変成し、露点5℃に調整した変成ガスを炉内温度900℃の熱処理炉に導入したときの炉内での再平衡後の各成分を求める。

（解）①炉内温度900℃（1 123K）の平衡定数は表10から読み取ると

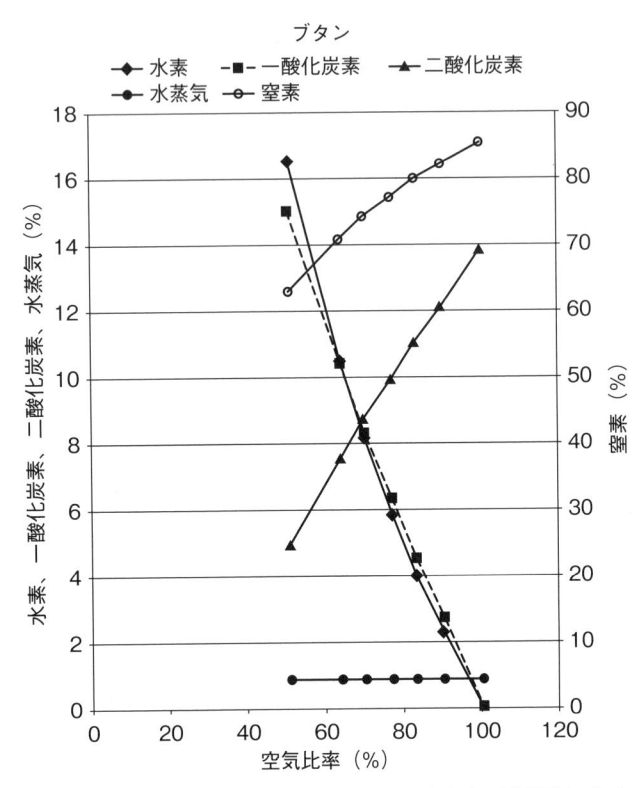

図3-10 ブタンガス発熱形（DX）変成の燃焼比率（空燃比）と各成分

$K=2.29$ となる。

次に、②生成ガス中の $CO=a$、$CO_2=b$、$H_2O=c$、$H_2=d$ とする。

これより、

　　　酸素原子；$a+2b+c$

　　　炭素原子；$a+b$

　　　水素原子；$2c+2d$

③以上の条件で別表10の反応式の平衡定数式において表3-8の各成分を代入し式3-24により、xを求めると、

第3章 熱処理用雰囲気の種類と製造方法

### 表3-9 メタンガス発熱形(DX)変成時の各成分割合

CH₄の変成ガス組成(Air/Gas=Max9.6、Min2.4)

| 完全燃焼空気比率 | Air/Gas | $O_2$ | $N_2$ | | $CO_2$ | CO | $H_2O$ | $H_2$ | $N_2$ | 全容量 |
|---|---|---|---|---|---|---|---|---|---|---|
| 100.00 [%] | 9.61/1 | 2.00 | 7.52 | m³<br>%<br>D.P5 ℃ [%] | 1.00<br>9.41<br>11.5 | 0.00<br>0.00<br>0.00 | 2.00<br>18.84<br>0.86 | 0.00<br>0.00<br>0.00 | 7.61<br>71.73<br>87.61 | 10.61 |
| 90.00 [%] | 8.65/1 | 1.80 | 6.77 | m³<br>%<br>D.P5 ℃ [%] | 0.83<br>8.43<br>10.19 | 0.17<br>1.72<br>2.07 | 1.77<br>17.95<br>0.86 | 0.23<br>2.34<br>2.83 | 6.85<br>69.56<br>84.05 | 9.85 |
| 80.00 [%] | 7.69/1 | 1.60 | 6.02 | m³<br>%<br>D.P5 ℃ [%] | 0.67<br>7.41<br>8.83 | 0.33<br>3.59<br>4.27 | 1.53<br>16.78<br>0.86 | 0.47<br>5.21<br>6.21 | 6.09<br>67.01<br>79.99 | 9.09 |
| 70.00 [%] | | | | m³<br>%<br>D.P5 ℃ [%] | 0.53<br>6.34<br>7.42 | 0.47<br>5.66<br>6.62 | 1.27<br>15.26<br>0.86 | 0.73<br>8.74<br>10.23 | 5.33<br>63.99<br>74.87 | 8.33 |
| 60.00 [%] | 5.77/1 | 1.20 | 4.51 | m³<br>%<br>D.P5 ℃ [%] | 0.39<br>5.20<br>5.95 | 0.61<br>8.01<br>9.16 | 1.01<br>13.29<br>0.86 | 0.99<br>13.13<br>15.01 | 4.57<br>60.37<br>69.02 | 7.57 |

### 表3-10 プロパンガス発熱形(DX)変成時の各成分割合

C₃H₈の変成ガス組成(Air/Gas=Max24.0、Min7.2)

| 完全燃焼空気比率 | Air/Gas | $O_2$ | $N_2$ | | $CO_2$ | CO | $H_2O$ | $H_2$ | $N_2$ | 全容量 |
|---|---|---|---|---|---|---|---|---|---|---|
| 100.00 [%] | 24.0/1 | 5.00 | 18.80 | m³<br>%<br>D.P5 ℃ [%] | 3.00<br>11.52<br>13.49 | 0.00<br>0.00<br>0.00 | 4.00<br>15.36<br>0.86 | 0.00<br>0.00<br>0.00 | 19.03<br>73.11<br>85.63 | 26.03 |
| 90.00 [%] | 21.6/1 | 4.50 | 16.92 | m³<br>%<br>D.P5 ℃ [%] | 2.48<br>10.26<br>11.92 | 0.52<br>2.17<br>2.51 | 3.52<br>14.60<br>0.86 | 0.48<br>1.98<br>2.30 | 17.14<br>71.00<br>82.42 | 24.14 |
| 80.00 [%] | 19.2/1 | 4.00 | 15.04 | m³<br>%<br>D.P5 ℃ [%] | 1.99<br>8.94<br>10.25 | 1.01<br>4.56<br>5.23 | 3.01<br>13.56<br>0.86 | 0.99<br>4.44<br>5.09 | 15.23<br>68.51<br>78.57 | 22.23 |
| 70.00 [%] | 16.8/1 | 3.50 | 13.16 | m³<br>%<br>D.P5 ℃ [%] | 1.53<br>7.52<br>8.49 | 1.47<br>7.24<br>8.17 | 2.47<br>12.16<br>0.86 | 1.53<br>7.52<br>8.48 | 13.33<br>65.56<br>74.00 | 20.33 |
| 60.00 [%] | 14.4/1 | 3.00 | 11.28 | m³<br>%<br>D.P5 ℃ [%] | 1.10<br>5.98<br>6.61 | 1.90<br>10.31<br>11.39 | 1.90<br>10.31<br>0.86 | 2.10<br>11.41<br>12.61 | 11.42<br>62.00<br>68.53 | 18.42 |

$$2.29 = \frac{(CO+x)\cdot(H_2O+x)}{(CO_2-x)\cdot(H_2-x)} \tag{3-24}$$

$$2.29 = \frac{(0.0641+x)\cdot(0.1132+x)}{(0.0849-x)\cdot(0.0854-x)} \tag{3-25}$$

表3-11 ブタンガス発熱形（DX）変成時の各成分割合

$C_4H_{10}$ の変成ガス組成（Air/Gas＝Max31.2, Min9.6）

| 完全燃焼空気比率 | Air/Gas | $O_2$ | $N_2$ | | $CO_2$ | CO | $H_2O$ | $H_2$ | $N_2$ | 全容量 |
|---|---|---|---|---|---|---|---|---|---|---|
| 100.00 [%] | 31.2/1 | 6.50 | 24.44 | $m^3$<br>%<br>D.P5℃[%] | 4.00<br>11.85<br>13.80 | 0.00<br>0.00<br>0.00 | 5.00<br>14.81<br>0.86 | 0.00<br>0.00<br>0.00 | 24.74<br>73.34<br>85.34 | 33.74 |
| 90.00 [%] | 28.1/1 | 5.85 | 22.00 | $m^3$<br>%<br>D.P5℃[%] | 3.30<br>10.55<br>12.17 | 0.70<br>2.24<br>2.58 | 4.40<br>14.07<br>0.86 | 0.60<br>1.92<br>2.21 | 22.23<br>71.22<br>82.17 | 31.23 |
| 80.00 [%] | 25.0/1 | 5.20 | 19.55 | $m^3$<br>%<br>D.P5℃[%] | 2.64<br>9.17<br>10.46 | 1.36<br>4.72<br>5.38 | 3.76<br>13.05<br>0.86 | 1.24<br>4.31<br>4.91 | 19.80<br>68.75<br>78.39 | 28.80 |
| 70.00 [%] | 21.9/1 | 4.55 | 17.11 | $m^3$<br>%<br>D.P5℃[%] | 2.03<br>7.69<br>8.63 | 1.98<br>7.50<br>8.42 | 3.08<br>11.68<br>0.86 | 1.93<br>7.31<br>8.21 | 17.33<br>65.81<br>73.88 | 26.33 |
| 60.00 [%] | 18.8/1 | 3.90 | 14.66 | $m^3$<br>%<br>D.P5℃[%] | 1.45<br>6.08<br>6.69 | 2.55<br>10.69<br>11.76 | 2.35<br>9.85<br>0.86 | 2.65<br>11.11<br>12.22 | 14.85<br>62.26<br>68.47 | 23.85 |

より

$$2.29 = \frac{x^2 + 0.178x + 0.007}{x^2 - 0.170x + 0.007} \tag{3-26}$$

式3-26を解くと

X＝0.00584、0.4339 になるが、②の条件を満足する解は、

X＝0.00584 である。

これにより、再平衡の各成分の分圧は、

$CO_2$＝0.0791、CO＝0.0699、$H_2O$＝0.11904、$H_2$＝0.0796 となる。

再平衡計算を考慮した、雰囲気計算は二次方程式が入り複雑になるため、著者はパソコンにプログラムを作成し、いつでも値がわかるようにしている。このソフトは私の勤務するKYKではお客様に無償で配布し喜ばれている。

## 3-6-2 発熱形変成ガス製造の実際

発熱形変成ガスとは、炭化水素系の燃料を空気と混合し燃焼させることにより自燃し発熱することからこう呼ばれるようになった。自燃し発熱する空気比率は約60％以上である。

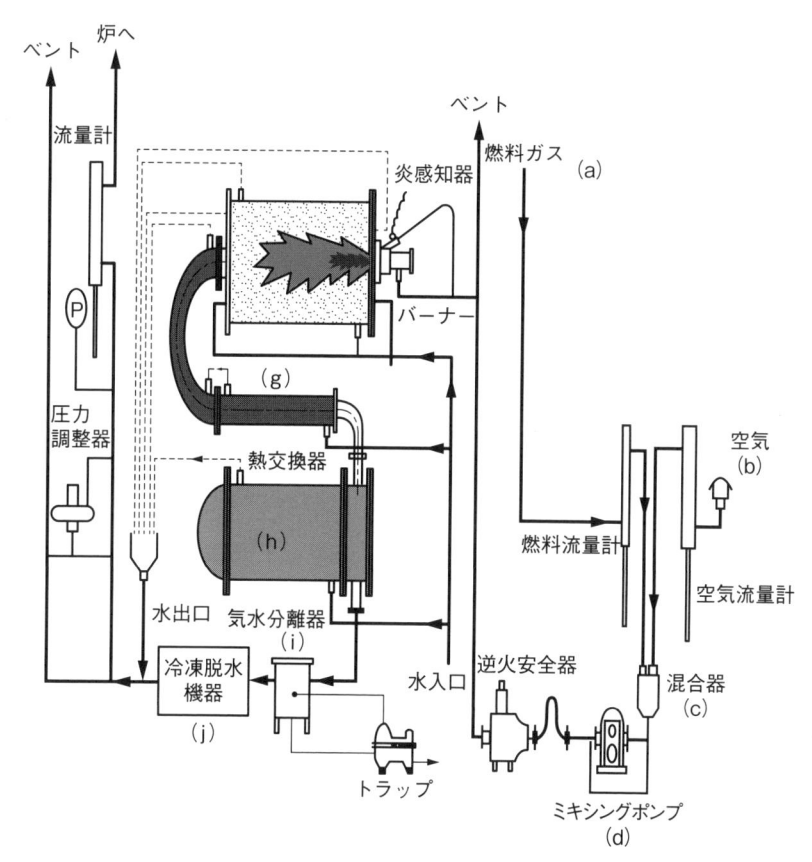

第3章　熱処理用雰囲気の種類と製造方法

図3-11　発熱形（DX）変成の代表的フローチャート

　発熱形変成ガス発生装置の代表的なフローチャートを**図3-11**に示す。また、外観写真を**写真3-5**に示した。

　燃料ガス(a)と空気(b)との流量を所定量、それぞれの流量計にて計測して、混合器(c)、ミキシングポンプ(d)を経て変成筒に導く。変成筒は所定空気比で燃焼させるいわゆる燃焼バーナーである。バーナーで燃焼された排ガスは熱交換器(g)、(h)で水冷され、気水分離器(i)で分離されたガスは、さらに冷凍脱水器(j)にて4～5℃に冷却水分調整され炉に導入される。

　図3-11からわかるように、発熱形変成ガス発生装置はガスバーナーである。

93

写真 3-5　発熱形（DX）変成炉の外観写真

　加熱用ガスバーナーと相違するところは、空気比を可変に調整でき燃焼排ガスを炉内雰囲気に使用するということである。完全燃焼空気比率から空気量を減らして燃焼させるため以前は触媒を使用したが、現在では各社バーナーの構造を工夫して、触媒がなくとも発生できる構造になっている。図の構造は初めに燃料と空気を混合させ燃焼させるいわゆる元混合方式をとっている。完全燃焼ではなくとも自ら発熱し変成できることから発熱形変成ガスという。図からもわかるが、発生した熱は水冷され冷却水として排出されることになるが、著者の会社では、この変成筒を炉の予熱部に内蔵し燃焼熱を冷却することなく有効に利用し、その排ガスを雰囲気ガスとして使用するため、省エネルギ炉を実現

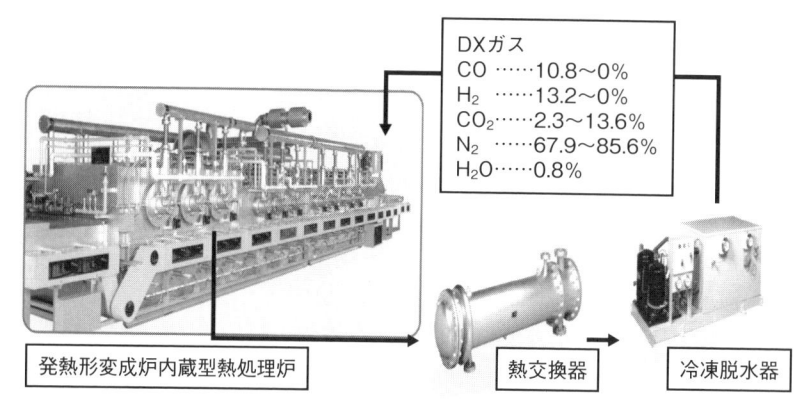

第3章　熱処理用雰囲気の種類と製造方法

DXガス
CO ……10.8〜0%
$H_2$ ……13.2〜0%
$CO_2$……2.3〜13.6%
$N_2$ ……67.9〜85.6%
$H_2O$……0.8%

発熱形変成炉内蔵型熱処理炉　　熱交換器　　冷凍脱水器

図 3-12　発熱形（DX）変成炉内蔵の省エネ炉

写真 3-6　発熱形（DX）変成炉内蔵の省エネ炉予熱室の外観

している（**図 3-12** および**写真 3-6** を参照）。

## 3-7　吸熱形変成ガス

　吸熱形変成ガスは、理論的には炭化水素系ガスと空気をニッケル触媒下で反

95

応させ、完全燃焼成分である二酸化炭素および水蒸気をほとんど含有しない一酸化炭素と水素に窒素を含んだものである。

その炭化水素系ガスの不完全燃焼反応式は

$$C_nH_m + \left(\frac{n}{2}\right)O_2 + 3.76N_2 = nCO + \frac{m}{2}H_2 + 3.76\left(\frac{n}{2}\right)N_2 \quad (3\text{-}11 と同じ)$$

で表せる。

次に上式の具体例を示す。

**メタンの場合；**

$$C_1H_4 + \left(\frac{1}{2}\right)\{O_2 + 3.76N_2\} = CO_2 + \frac{4}{2}H_2O + 3.76\left(\frac{1}{2}\right)N_2$$

$$= CO + 2H_2 + 1.88N_2 \quad (3\text{-}27)$$

この式の意味は、メタン1モルに対し空気を$\left(\frac{1}{2}\right)\{O_2+3.76N_2\}$すなわち$(0.5\times(1+3.76)=)$ 2.38モル混合し不完全燃焼させると一酸化炭素1モル、水素2モル、そして窒素が1.88モル生成することを表している。すなわちメタン1m$^3$を不完全燃焼させるには、空気が2.38m$^3$必要であることがわかる。過剰になると生成ガス中に二酸化炭素および水蒸気が混入してくる。また、以上の空気量よりも空気が少ない場合は、燃料過多になり煤を発生する。また式3-27からメタン1m$^3$を不完全燃焼で変成させた場合、変成ガス量は4.88m$^3$発生することもわかる。

なお式3-27より、変成ガス成分はおおよそ二酸化炭素20%、水蒸気40%、窒素40%となる。以下、その他代表的原料の不完全燃焼反応式を示す。

**プロパンの場合；**

$$C_3H_8 + \left(\frac{2}{3}\right)\{O_2 + 3.76N_2\} = 3CO + \frac{8}{2}H_2 + 3.76\left(\frac{2}{3}\right)N_2$$

$$= 3CO_2 + 4H_2 + 5.64N_2 \quad (3\text{-}28)$$

**ブタンの場合；**

表 3-12 各種原料の全不完全燃焼のまとめ

| 原料 | 反応式 | 理論空気量 $[m^3_N]$ | 燃焼生成物 原料 $1m^3_N$ に対する値 | | |
|---|---|---|---|---|---|
| | | | CO $[m^3_N]$ | $H_2$ $[m^3_N]$ | $N_2$ $[m^3_N]$ |
| メタン | $CH_4+2.38Air=CO+2H_2+1.88N_2$ | 2.38 | 1.00 | 2.00 | 1.88 |
| プロパン | $C_3H_8+7.14Air=3CO+4H_2+5.64N_2$ | 7.14 | 3.00 | 4.00 | 5.64 |
| ブタン | $C_4H_{10}+9.52Air$ $=4CO+5H_2+7.52N_2$ | 9.52 | 4.00 | 5.00 | 7.52 |
| 都市ガス | $C_{1.17}H_{4.33}+2.78Air$ $=1.17CO+2.17H_2+8.47N_2$ | 2.78 | 1.16 | 2.16 | 5.53 |
| 炭化水素一般式 | $C_nH_m+\left(\dfrac{n}{2}\right)\{O_2+3.76N_2\}$ $=nCO+\dfrac{m}{2}H_2+3.76\left(\dfrac{n}{2}\right)N_2$ | $4.76 \times (n+m/4)$ | n | m/2 | $3.76 \times (n+m/4)$ |

$$C_4H_{10}+\left(\frac{4}{2}\right)\{O_2+3.76N_2\}=4CO+\frac{10}{2}H_2O+3.76\left(\frac{4}{2}\right)N_2$$

$$=4CO+5H_2+7.52N_2 \quad (3\text{-}29)$$

**都市ガス 13A の場合；**

$$C_{1.17}H_{4.33}+\left(\frac{1.17}{2}\right)\{O_2+3.76N_2\}=1.17CO+\frac{4.33}{2}H_2+3.76\left(\frac{1.17}{2}\right)N_2$$

$$=1.16CO+2.16H_2+2.20N_2 \quad (3\text{-}30)$$

以上の結果を**表 3-12** にまとめた。

以上の反応は、ニッケル触媒下 1 050 ℃から 1 100 ℃程度で変成させるのが一般的であるが、そのほか白金触媒を用いて 1 000°以下で変成させる低温触媒法がある。また最近注目されている、変成時に煤が発生しづらいバリウム系の触媒を用いた変成法もある。

変成に際して平衡反応の関係から少量の二酸化炭素と水分が混合する。変成

の際に空気量が過剰になると、生成ガス中に二酸化炭素および水蒸気が多く混入してくる。また、式 3-11 よりも空気量が少ない場合は、燃料過多になり煤が発生する。煤は触媒の表面を覆い触媒機能を低下させる。この場合、煤をバーンアウトする必要がある。

この吸熱形変成ガスは、主に高炭素鋼の光輝熱処理および浸炭雰囲気熱処理に使用され、後で述べる平衡炭素濃度すなわちカーボンポテンシャル制御が重要なカギを握る。

### 3-7-1　吸熱形変成ガスの実際

吸熱形ガスを製造する反応炉を吸熱形ガス発生装置または単に変成炉といい、その一例を図 3-13 に示す。

吸熱形ガスは、図に示すように原料の炭化水素系ガスと空気を混合し、変成炉で高温（1 000～1 100℃）のニッケル触媒中を通し変成させ、その後変成ガスをガス冷却器で急冷し発生ガスをガス分析計でチェックし、炉内に搬送される。この発生ガスは CO、$H_2$、$N_2$ を主成分とするガスで、プロパンガスを例にとると式 3-31 になり、発熱量を加味する次式になる。

$$C_3H_8 + 7.14Air = 3CO + 4H_2 + 5.64N_2 + 10\,000 J/m^3 \qquad (3\text{-}31)$$

式が示すように変成反応は発熱反応であるが、変成筒内での反応は、混合ガス（空気と炭化水素ガス）の入口部より発熱反応・吸熱反応・平衡反応を経て、出口より生成ガスとして急冷装置に送られる。この吸熱反応域が強いことと、筒全体の温度を保持するために外部より加熱するので、吸熱形ガスと呼ばれている。式 3-31 は単純な理論式で、実際は主成分 CO、$H_2$、$N_2$ のほかに $CO_2$、$H_2O$、$CH_4$ などが微量に含まれる。これらの成分間には、

$$CO_2 + H_2 = CO + H_2O \qquad (3\text{-}32)$$

の水性ガス反応がそのときの温度で定まる平衡を保ち、この平衡では、以下の式のようになる。

$$K_w = \frac{P_{CO} \cdot P_{H_2O}}{P_{CO_2} \cdot P_{H_2}} \qquad (3\text{-}33)$$

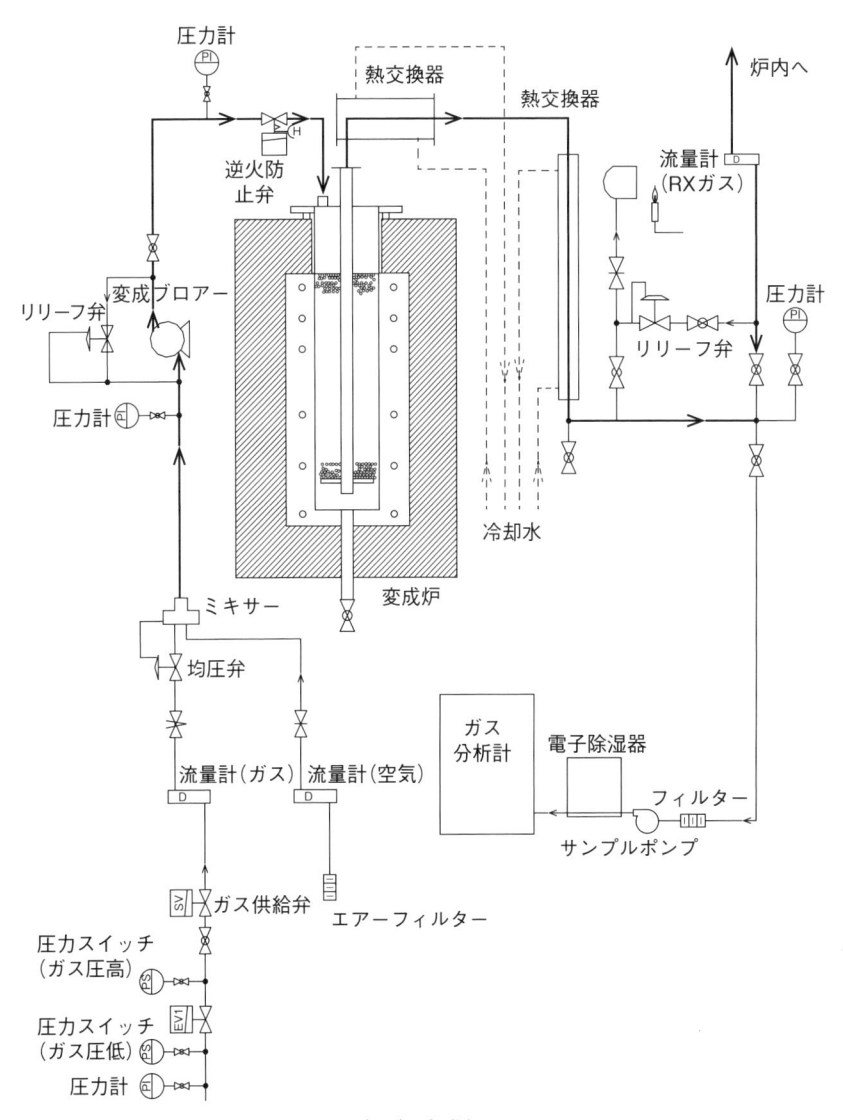

図 3-13 吸熱形 (RX) 変成炉のフローチャート

表 3-13　1 000 ℃にて原料ブタンを異なる空気比で変成したときの各成分例

| 空気比 空気／ブタン | 組成 (%) | | | | | | 炭素濃度 CP (%) | 露点 (℃) | RX発生量 $m^3/m^3$ |
|---|---|---|---|---|---|---|---|---|---|
| | $CO_2$ | CO | $H_2$ | $H_2O$ | $CH_4$ | $N_2$ | | | |
| 10.1 | 0.41 | 23.12 | 28.62 | 0.79 | 0.01 | 47.06 | 0.16 | 3.7 | 17.0 |
| 10.2 | 0.49 | 22.93 | 28.33 | 0.94 | 0.01 | 47.31 | 0.13 | 6.3 | 17.1 |
| 10.3 | 0.57 | 22.74 | 28.04 | 1.10 | 0.01 | 47.55 | 0.11 | 8.5 | 17.2 |
| 10.4 | 0.65 | 22.55 | 27.75 | 1.25 | — | 47.79 | 0.09 | 10.4 | 17.2 |
| 10.5 | 0.73 | 22.37 | 27.47 | 1.40 | — | 48.03 | 0.08 | 12.2 | 17.3 |
| 10.6 | 0.81 | 22.18 | 27.19 | 1.55 | — | 48.27 | 0.07 | 13.7 | 17.4 |
| 10.7 | 0.89 | 22.00 | 26.91 | 1.70 | — | 48.50 | 0.07 | 15.1 | 17.5 |
| 10.8 | 0.97 | 21.82 | 26.64 | 1.84 | — | 48.73 | 0.06 | 16.4 | 17.6 |
| 10.9 | 1.05 | 21.64 | 26.37 | 1.99 | — | 48.96 | 0.05 | 17.6 | 17.6 |
| 11.0 | 1.12 | 21.46 | 26.10 | 2.13 | — | 49.19 | 0.05 | 18.7 | 17.7 |
| 11.1 | 1.20 | 21.28 | 25.83 | 2.27 | — | 49.42 | 0.05 | 19.8 | 17.8 |

　ここで、$K_w$ は水性ガス反応の平衡定数を表す。$K_w$ の値を別表 10 に示す。

　原料ブタンと空気との混合比と、それに対する変成ガスの組成例を**表 3-13**に示す。この表が示すように、ガス量を一定として空気量を変化させて変成ガス組成中の水蒸気量を露点温度で 3.7 ℃から 10.4 ℃に変化させたとき、空気の変量は 0.3 ％の微量であることがわかる。このように吸熱形変成ガスでは、ガスと空気の流量を精密に調整、安定させる必要がある。また、このガスは、たとえば 1 050 ℃で変成されたガスを 850 ℃の熱処理炉に送入したとき、ガス組成がその温度での水性ガス反応により変化するが、別表 10 を使用すれば組成を予測することができる。

　我が国の吸熱形変成ガス発生装置に用いられる燃料ガスは、LPG および都市ガスである。原料ガスの具備すべき条件は、一定組成のガスが継続して供給されることと、硫黄などの不純物が少ないことである。LPG といっても、純プロパン、純ブタンなどは高価で入手しにくい。通常工業炉用と使用する

LPGは各種炭化物の混合物である。

ある熱処理会社の一例を示すと、プロピレン（$C_3H_6$）6.4％、プロパン（$C_3H_8$）19.5％、ブチレン（$C_4H_8$）18.4％、ブタン（$C_4H_{10}$）55.7％である。これらのガスを変成するとき、ガスと空気との混合比を決めるための便法として、前にも述べた方法でこのガスのCとHの比を出して$C_{3.741}H_{8.986}$と表す。すなわち次のように計算する。

$$C：3×6.4％+3×19.5％+4×18.4％+4×55.7％=3.741$$
$$H：6×6.4％+8×19.5％+8×18.4％+10×55.7％=8.986$$

これを用いて変成反応式を作ると次式となる。

$$C_{3.74}H_{8.99} + \frac{3.74}{2}O_2 = 3.74CO + \frac{8.99}{2}H_2 \quad (3\text{-}34)$$

このとき、ガス1モルに対する空気量は

$$\frac{\frac{3.74}{2}}{0.21} = 8.90 \text{ モル}$$

となり、$\dfrac{ガス}{空気} = \dfrac{1}{8.90}$が理論混合比となる。

吸熱形変成ガス発生装置の運転は、変成温度を一定とし、変成ガス中に微量に含まれる$H_2O$または$CO_2$量を測定し、これらが所定値で安定するよう原料ガスと空気との混合比を調整することである。発生装置の諸元は装置メーカおよび触媒メーカが推奨するものを用いるのがよいが、一般には、のちに述べるカーボンポテンシャルが0.1から0.2％程度になるように調節する。

この数値を用いるのは、これより数値の大きい変成はガスを濃くするため触媒などに煤が発生しその寿命を短くすることや、触媒の機能が落ち変成が不安になり、ついには変成しなくなるためである。

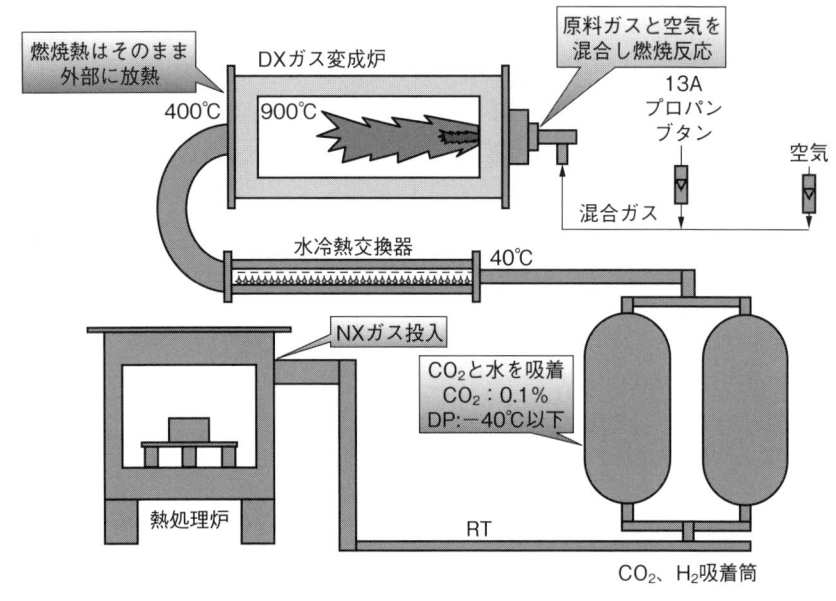

図 3-14　一般的な NX ガス変成フロー

## 3-8　窒素形変成ガスと実際

　窒素形変成ガスは、発熱形変成ガス（DX）から二酸化炭素（$CO_2$）、水分（$H_2O$）を除去したガスであり NX ガスともいう。一般的な変成フローを図 3-14 に示す。図中の吸着除去装置の吸着剤はゼオライト系のものを用い $CO_2$、$H_2O$ を吸着しその後、真空ポンプで脱着再生される。2 個の吸着筒を交互に切り替えて吸着—脱着再生を繰り返し、変成ガスを連続発生させている。

　従来は吸着剤にモノエタノールアミン（MEA）溶液が使用されてきたが、この液は金属に対し腐食性があるため廃液が公害源となることや、$CO_2$ を除去したのち $H_2O$ 除去装置が必要なことから、最近はこのゼオライト系吸着・真空脱着法が多く用いられるようになった。このガスの代表的な組成は、前出の表 3-6 のとおりで、CO と $H_2$ の量は発熱変成時の空気とガスの混合比を調節することで、0.05〜5 %程度とすることができる。

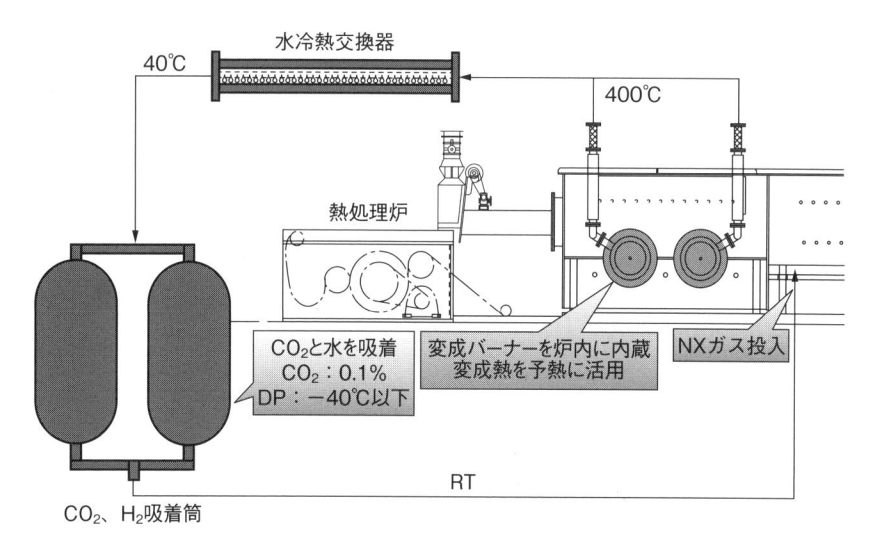

図3-15 予熱炉に組み込まれたNXガス変成フロー

前にも述べたが、この変成ガスは発熱形であるため、この変成筒を炉内に内蔵し排熱を有効に利用することもできる（**図3-15**参照）。

この変成ガスは、以前は空気比を完全燃焼近くにして窒素が入手困難な場合に窒素ガスの代わりとして多用されていた。最近では、空気を吸着・分離して$N_2$を取り出す方式のものが熱処理に利用されるようになっている。いわゆるPSA方式である。この原理は、吸着分離装置とほとんど同じものである。$N_2$と$O_2$の分子の大きさの違いを利用したもので、空気の入り口側には昇圧機を装備し吸着剤にはカーボンモレキュラチューブなどを用いて吸着効率を高めるための工夫がされている。

## 3-9 アンモニア分解形ガスの発生装置

**図3-16**はアンモニア分解装置の構成図である。気化されたアンモニアガスを高温のニッケル触媒を通し水素と窒素に分解するもので、反応筒の温度は一般に900～1 000℃である。この分解反応は

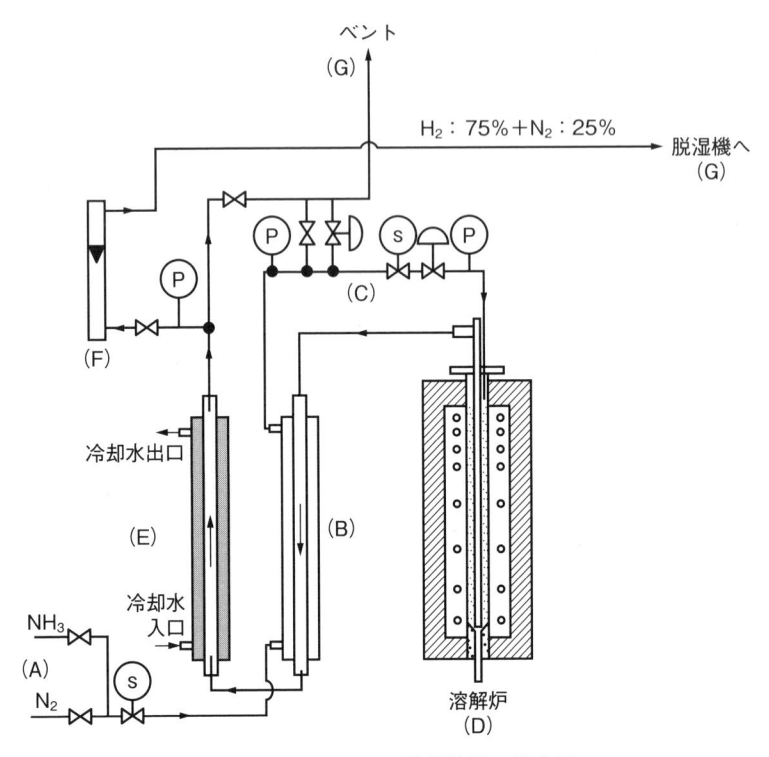

図 3-16　アンモニア分解装置の構成図

$$NH_3 = N_2 + 3H_2 \tag{3-35}$$

で示される。

　この分解ガスは、比較的高価な水素ガスの代わりに熱処理にも使用されているが、未分解のアンモニアガスが残留するという欠陥があり、ステンレス鋼の熱処理などには残留ガスを少なくする必要がある。このため分解温度を高くするか吸着装置で除去するが、高温操業は反応筒や触媒の寿命を短くするので、一般に吸着装置を用いて数 ppm 程度まで除去している。分解ガスの露点は－40℃程度で、これ以上露点を下げるためには、吸着装置を用いることで－60℃以下とすることができる。この装置の水分とアンモニアを吸着した吸着剤は、加熱で再生する方法と真空で再生する方法とがある。どちらも二筒を

第3章 熱処理用雰囲気の種類と製造方法

写真 3-7　メンテナンス中のアンモニア分解筒

写真 3-8　水分吸着筒

切り替えて分解ガスを連続発生させる。

　これら分解筒のメンテナンス中の写真と水分吸着筒の写真を**写真 3-7〜3-8**に掲げた。

## 3-10　アルコール分解形ガスの発生装置

　ここでは、アルコールの代表格であるメタノールの分解について述べる。メタノールを熱分解して一酸化炭素と水素との混合ガスを得る方法は古くから知られ広く利用されている。

　メタノールを完全に分解した場合、平衡計算を考慮しなければ下記の式のように $CO33\% + H_2 67\%$ に分解することになる。

$$CH_3OH = CO + 2H_2 \tag{3-36}$$

上記の分解が実現すれば、それだけで充分浸炭雰囲気ガスとして使用できる

```
                              ℃
         300     500    700    900
                   1. CH₃OH→CO+2H₂
                   2. CH₃OH→1/2CH₄+1/2C+H₂O
                   3. CH₃OH→C+H₂+H₂O
                   4. CH₃OH→1/2CH₄+1/2CO₂+H₂
                   5. CH₃OH→1/2C+1/2CO₂+2H₂
```

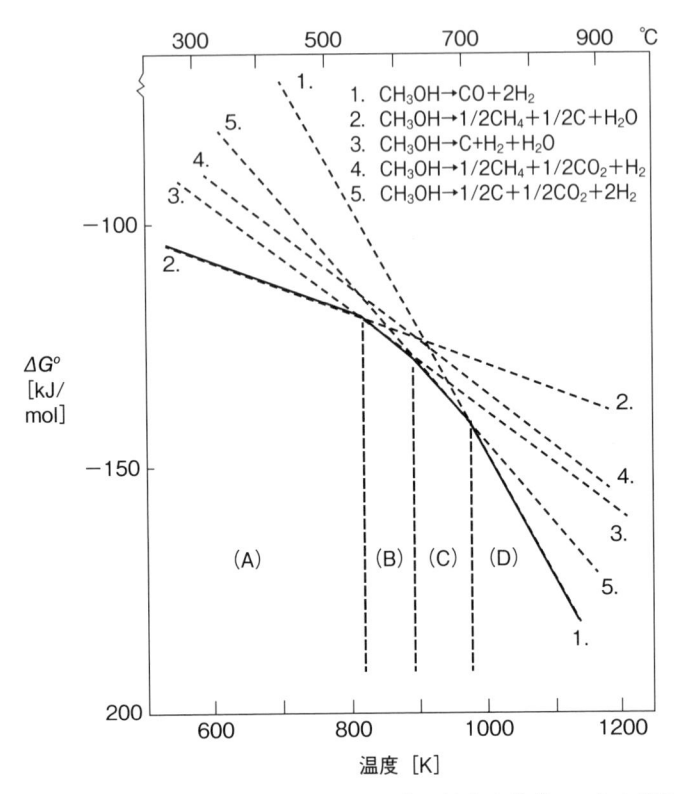

図 3-17 メタノールの各化学反応の温度に対するギブスエネルギ量

ことは、理論的にも明らかである。また、メタノール分解ガスはプロパン、ブタン、メタン変成の吸熱形変成ガス（RX）よりもCO濃度が高いため、浸炭速度（加炭能力）が大きいことが予想される。しかし、この分解反応は、金属熱処理の現場では充分な分解が果たされていないことがあり、そのような未熟な分解しかできない場合は、炭素、水分、メタン、そして炭酸ガスを生成して雰囲気浸炭の障害になり、そのままでは浸炭ガスとして使用することができない。よって、エタノールや炭化水素ガスのエンリッチガスを添加することで炭素平衡の補正を行わなければならない。著者らは、メタノールの未分解反応を避け、ほぼ完全に分解することを見出した。ここにその概要を述べる。

図 3-17 に、メタノールの各化学反応の温度に対するギブスエネルギ量を示した。

ここでは 5 つのメタノール分解反応が考えられる。すなわち

1. $CH_3OH = CO + 2H_2$ (3-37)

2. $CH_3OH = \dfrac{1}{2}CH_4 + \dfrac{1}{2}C + H_2O$ (3-38)

3. $CH_3OH = C + H_2 + H_2O$ (3-39)

4. $CH_3OH = \dfrac{1}{2}CH_4 + \dfrac{1}{2}CO_2 + H_2$ (3-40)

5. $CH_3OH = \dfrac{1}{2}C + \dfrac{1}{2}CO_2 + 2H_2$ (3-41)

以上の 5 つの反応のうち完全分解は式 3-37 のみである。

ところが、ギブスエネルギ量による考察では、560℃付近である（A）の領域では、式 3-38 が優先し、560〜610℃付近の領域（B）では、式 3-39 が優先し、610〜700℃付近の（C）領域では式 3-41 が優先することがわかる。700℃以上の（D）の領域で初めてメタノールが完全分解することになる。各温度域で優先する反応を太線の実線で示した。すなわちメタノールの完全分解である式 3-37 の温度域は 700℃以上であり、実務的には 850℃以上に可及的速やかに急昇温させる必要があることがわかる。その方法として下記の構造の分解炉を作成した。

①加熱された管などを流路として、その中にメタノールを流して、最低でも 850℃まで昇温できる構造とした。

②メタノールは熱分解の進行に伴ってその体積に大きな膨張が生じることに着目した。メタノールが分解して、組成中のメタンと炭酸ガスがそれぞれ容量 1％以下であり、かつその組成中に炭素の生成が見られない良好なメタノール分解ガスとなるとき、メタノールの分解ガスの体積は少なくとも 8 倍になることが、実験を繰り返すことで判明した。

このような熱分解に伴って急膨張するメタノール分解ガスを、その全長にわ

たって断面積の変わらない細長の流路中で流そうとすると、ガスにかかる圧力が上昇して、その分解が抑制されてしまうことになる。本構造では、流路の断面積をメタノールの流れる方向に沿って流路の入口から出口に向かって次第に大きくし、その出口の断面積を入口のそれより少なくとも8倍とした。

　実際に作製した分解炉は、全長が4.5mの細長いステンレス鋼管をメタノールが分解する流路とした。流路は螺旋状をなし、螺旋の中心を通る加熱筒によって930℃に加熱した。このステンレス管の入口から液体メタノールを6 [$dm^3/h$] の量を滴下し、出口から分解ガスを得たが、この入口側の断面積を $1m^2$ とし出口側を $10m^2$ とした。このとき出口側の分解ガスの温度は900℃で、その組成は、メタン（$CH_4$）0.75 %、炭酸ガス（$CO_2$）0.37 %を含み、残部が水素（$H_2$）と一酸化炭素（CO）とからなり、良好な浸炭雰囲気熱処理ガスとして使用できた。

　このようにメタノールは炭化水素ガスにはない優れた特徴があり今後利用価値が上がると思われる。

# 第4章
# 金属の酸化・還元

金属熱処理は、被処理品に加熱・冷却の熱プロセスを付与することにより要求に見合った機械的特性を持たせることが主目的である。しかし、近年この主目的に加えて被処理品である金属表面の光輝状態を保持し、なおかつ表面の炭素を含む合金元素の離脱がない光輝熱処理法の要求が増えている。なぜなら、光輝熱処理をすることにより、

　①被処理品表面の酸化および脱炭を防止することができ、後工程での酸洗い、表面研削および研磨などが省略できる。

　②雰囲気熱処理は、炉内に雰囲気ガスを導入し加熱するために、雰囲気ガスの撹拌を充分に行うことにより、対流加熱効果が働き被処理品が均熱加熱され、品質が安定する。

　③焼結およびろう付の加熱プロセスにおいても表面の酸化被膜がないために金属の表面エネルギが大きく、金属相互の拡散が容易なため、良好な品質の製品が得られる。

　以上のように雰囲気熱処理は、省エネおよび品質向上に寄与する加熱プロセスである。

　雰囲気熱処理において必要な知識は被処理である金属表面と熱処理炉内雰囲気との反応、すなわち酸化・還元、鉄系では浸炭・脱炭、ステンレス系やチタン系では窒化反応である。

　酸化・還元においては雰囲気中の酸素、水分、二酸化炭素を制御し、浸炭・脱炭反応においては、雰囲気中の一酸化炭素、二酸化炭素濃度、酸素濃度および水分量を調整し、窒化に関しては、雰囲気中の窒素、アンモニアなどの窒素分圧を制御することが重要になる。

　金属を光輝熱処理する雰囲気を保護雰囲気ともいう。これは本来持っている金属表面の成分を変えることなく保護し熱処理を行うための雰囲気ということである。

　光輝熱処理とは、表面が金属光沢で仕上がれば目的を達しているとよく誤解している人がいるがこれは誤りで、"金属の表面が金属光沢でありなおかつ脱炭、浸炭、窒化などがなく本来持っている金属の成分を維持する"熱処理のこ

とである。

たとえば、中・高炭素鋼を発熱形変成ガス（DX）中で900℃程度にて加熱すると表面は金属光沢に処理できるが、表面近傍の組織を観察するとほとんど炭素がない脱炭現象が観察される。この状態では光輝熱処理とは言い難い。

## 4–1　酸化・還元の熱力学

金属酸化物の還元とは、金属表面が酸素と結合した状態から酸素を取り除く現象である。その方法には大別して二つある。

一つは式4-1の酸化鉄の水素（$H_2$）による還元のように還元剤を用いる方法である。この還元剤となる雰囲気ガスには式4-2のように一酸化炭素（CO）も含まれる。

$$FeO + H_2 = Fe + H_2O \tag{4-1}$$

$$FeO + CO = Fe + CO_2 \tag{4-2}$$

もう一つは式4-2に示す熱乖離現象を利用する方法である。

$$2FeO = 2Fe + O_2 \tag{4-3}$$

いずれの方法においても突き詰めれば、金属または金属酸化物の表面の酸素分圧を下げるという炉中酸素分圧が大きな要因になる。

これらの関係の概念図を**図4-1**～**図4-3**に示す。

図4-1は鉄を大気中で1 000℃に加熱したとき鉄の表面が空気中に含有する21％の酸素により表面が酸化し酸化鉄（FeO）になる模式図である。

**図4-2**はその酸化した鉄を水素雰囲気で1 000℃に加熱したときの模式図で、酸化鉄の酸素が雰囲気中の水素（$H_2$）と反応し水（$H_2O$）を生成し還元されるさまを示している。これは裏を返せば、雰囲気中の酸素を水素が食って雰囲気中の酸素分圧を下げている結果だといってもよい。

図4-3は酸化鉄を今度は酸素のほとんどない低酸素分圧の雰囲気にて1 000℃に加熱すると酸化鉄が不安定になり酸素吐き出し熱乖離するさまを示したものである。この熱乖離する炉中の酸素分圧と温度は各々の金属によって

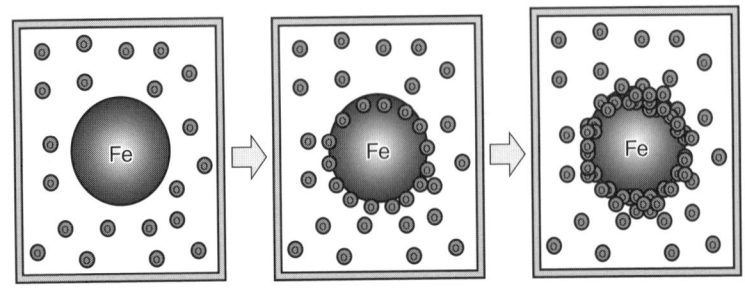

図 4-1　鉄の酸化模式図

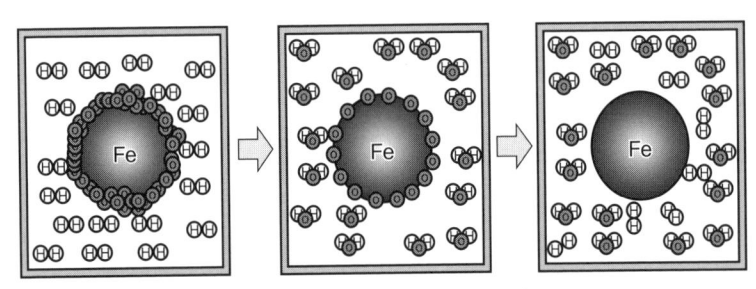

図 4-2　鉄の水素による還元模式図

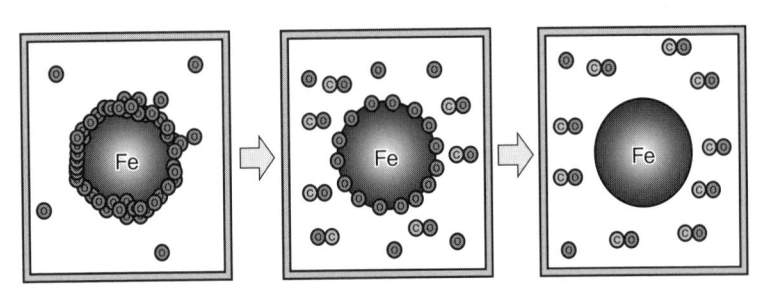

図 4-3　鉄の熱乖離による還元模式図

異なる。

　この酸素のない雰囲気を実現できるのが、大気を真空手段で吸引し炉中を低酸素分圧にする真空炉である。いわば真空も広い意味での雰囲気炉といえる。しかし本書は、炉内が1気圧の雰囲気を取り扱い、真空炉については除外した。

## 4-1-1　平衡酸素分圧

　金属と一口でいっても様々な種類の金属があり、金や銀のように空気中で加熱しても還元する易還元金属（貴金属）もあれば、シリコン（Si）、チタン（Ti）、そしてアルミ（Al）のように還元が難しい難還元金属が存在する。一般には、水素（$H_2$）のように還元力の強い雰囲気ガスは高価である。すなわち還元しやすい金属酸化物（易還元金属）の還元にこの高価な雰囲気ガスを用いれば容易に光輝熱処理ができるがコストが高く割に合わないことになる。そのような理由で、被熱処理金属に最適な雰囲気を選択することは生産技術的に重要なことである。

　そして金属が還元するか酸化するかは、炉中の酸素分圧に左右されることになる。後で述べるが、「中性ガスである窒素は還元力がなく、工業的にはむしろ酸化性ガスである」とか、「窒素ガスは脱炭しないが、アルゴンガスは脱炭しやすい」などと平気で学会などで述べている人を見かけるが、全く本質を理解していない。この現象の本質は窒素ガスあるいはアルゴンガス中に含まれる酸素分圧を考えると、いとも簡単に理解できる。

　一般に金属酸化物 $M_xO_y$ の酸素1モル当たりの生成反応は式4-4のように表すことができる。

　この式の意味は、金属 $M$ が1モルの酸素と化学反応し $M_xO_y$ なる金属酸化物を生成する反応を表している。

$$\frac{2x}{y}M + O_2 = \frac{2}{y}M_xO_y \tag{4-4}$$

この反応の平衡定数は式4-5になる。

$$K_{(4-4)} = \frac{a_{M_xO_y}^{2/y}}{a_M^{2x/y} \cdot P_{O_2}} \tag{4-5}$$

　ただし、a：活量を示す。

　ここで、雰囲気熱処理炉は炉内圧が、ほぼ一気圧で室温以上の処理であるため活量 a は1としてよいので、$a_{M_xO_y}^{2/y}=1$、$a_M^{2x/y}=1$ となる。

すなわち式 4-5 は、式 4-6 のように単純な酸素分圧の逆数になる。

$$K_{(4\text{-}4)} = \frac{1}{P_{O_2}} \tag{4-6}$$

式 4-6 より

$$P_{O_2} = \frac{1}{K_{(4\text{-}4)}} \tag{4-7}$$

ここで $P_{O_2}$ は平衡酸素分圧といわれ、純金属および純粋酸化物と平衡にある酸素の分圧である。

この平衡酸素分圧よりも炉内雰囲気中の酸素分圧が高ければ、式 4-4 の反応は右に進み酸化が進行する。また逆に炉内雰囲気の酸素分圧が式 4-4 の平衡酸素分圧よりも低ければ反応は左に進み金属酸化物は還元することになる。

これらの関係をある金属を例にとり、図 4-4〜図 4-6 に模式的に示した。

図 4-4 では炉内の酸素分圧と、式 4-6 の金属―金属酸化物平衡酸素分圧がちょうど釣り合っており、この状態では式 4-4 において反応は左にも右にもいかない。すなわち酸化も還元もしない平衡状態を表している。

図 4-5 は炉内の酸素分圧が、式 4-6 の金属―金属酸化物平衡酸素分圧よりも高くこの状態では金属は酸化する雰囲気である。すなわち式 4-4 において反応は右に進むことになる。

一方、図 4-6 は炉内の酸素分圧が、式 4-6 の金属―金属酸化物平衡酸素分圧

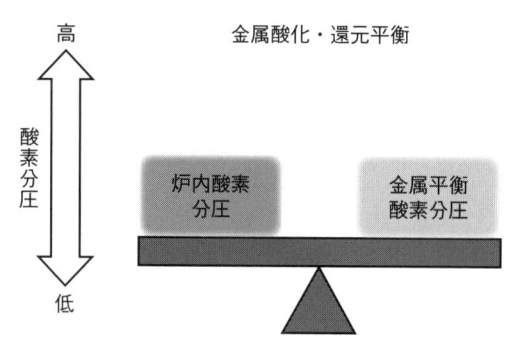

図 4-4　酸化・還元平衡状態の模式図

よりも低く、この雰囲気では金属は還元する。すなわち式 4-4 において反応は左に進むことになる。

また、前章で述べたファントホッフの式

$$\Delta G_x^o = -RT \ln K_x \quad は、$$

$$\Delta G_x^o = -RT \ln \frac{1}{P_{O_2}} \tag{4-8}$$

となり

$$\Delta G_x^o = RT \ln P_{O_2} \tag{4-9}$$

と重要な式が導き出せる。

ここで $P_{O_2}$ はある純金属―純酸化物 x との平衡酸素分圧である。

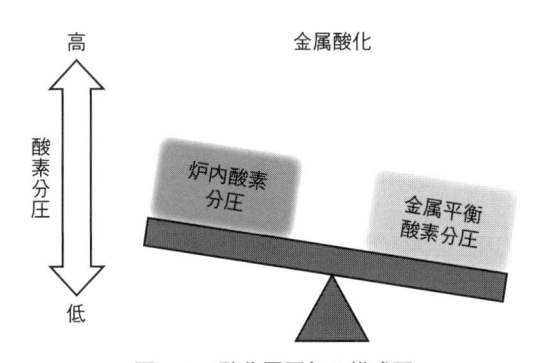

図 4-5 酸化雰囲気の模式図

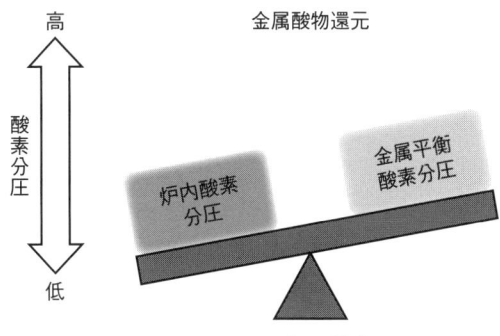

図 4-6 還元雰囲気の模式図

金属酸化物上の平衡酸素圧は乖離圧と呼ばれ、その乖離圧より低い雰囲気中の酸素分圧の場合は金属が安定で、逆に乖離圧より高い雰囲気中の酸素分圧の場合では金属は酸化し酸化物が安定になる。

式 4-9 より各金属の $\Delta G_x^0$ の値がわかれば、様々な金属の酸化・還元平衡酸素分圧を見積もることができる。

## 4-1-2　$\Delta G_x^0$ の求め方

$\Delta G_x^0$ を求めることは、平衡定数を特定でき、ある温度での平衡酸素分圧を求めることができる大変重要な作業である。

$\Delta G_x^0$ の求め方にはいろいろな方法がある。たとえば、

① 種々の熱力学データに掲載されている $(G_T^0 - H_0^0)/T$ の形の数値を利用し求める。

② 種々の熱力学データに掲載されている標準生成自由エネルギ $\Delta G^0$ から求める。

③ 比熱などの値から求める。

④ 種々の熱力学データから $\Delta H^0$ および $S^0$ を読み取り、$\Delta G_x^0 = \Delta H^0 - T\Delta S^0$ の式で求める方法。

以上のような様々な方法があるが、①および②の方法では、すべての金属のデータは網羅されてなく不便である。また、③の方法は計算がやや煩雑になる。しかし精度はよいという利点もある。

本書では最も簡単で計算も安易な方法④を採用する。精度的には①～③と比較すると劣るが、著者は熱処理雰囲気を見積もり判定するにはこの方法で充分であると考えている。

他の方法にも興味がある読者のために熱力学データが記載されている参考文献を挙げておく[2-10]、[4-2]、[4-3]。著者が最も参考にしているデータ集は、JANAF[4-1]である。

次にこの方法を述べる。ギブスの自由エネルギは、反応熱と反応系のエントロピの変化で、次のように表せる。

$$\Delta G_x^o = \Delta H^o - T\Delta S^o \tag{4-10}$$

ここで、各物質の $\Delta H^o$ および $S^o$ の値はいろいろな便覧などに出ているので計算で式4-10の左辺 $\Delta G_x^o$ は求めることができる。

すなわち、この章で最も重要な式は式4-9と式4-10なので再度下記に示す。

$$\Delta G_x^o = RT\ln P_{O_2} \tag{4-9}$$

$$\Delta G_x^o = \Delta H^o - T\Delta S^o \tag{4-10}$$

以上の二式はゆめゆめ忘れないでほしいし使いこなしてほしい。

式4-9と式4-10を用いて様々な金属の平衡酸素分圧を求める方法を数例、熱力学データの表（**表4-1～4-7**）を用いて説明する。この表は様々な熱力学データが一目瞭然でわかり、雰囲気熱処理用に使いやすいようにまとめて工夫をしたものである。他の興味がある金属についても、この表に基づき数値を入れていけばどのような金属でも求めることができるので、表計算ソフトを利用し読者自身のデータベースを作成しておくことをお勧めする。その他雰囲気熱処理に必要な熱力学データを別表1～24に載せてあるので参照のこと。

**【例1】** $2Fe + O_2 = 2FeO$

代表的な鉄の酸化物であるFeOについて表4-1に示す。ここでは最初の例題でもあるので、表の見方を説明する。

上段の表は、熱力学データの $\Delta H^0$ と $S^0$ から、反応のギブスエネルギを算出するものである。ここで $\Delta H^0$ は生成のエンタルピ変化である。求めた、生成系—反応系の $\Delta H^0$ と $\Delta S^0$ の変化からギブスエネルギ $\Delta G_o$ を求め、その結果が上段の下の $\therefore$ に示してある。

下段の表は、求めた $\Delta G_o$ 関数に代表的温度を代入し、各温度での $\Delta G_o$ を求め、そして式4-10より、$K$（平衡定数）および $P_{O_2}$（酸素分圧）を求めたものである。

具体例として、900℃における平衡酸素分圧の求め方を詳細に述べる。

$$2Fe + O_2 = 2FeO \tag{4-11}$$

式4-11の平衡定数は下式で示される。

表 4-1 $2Fe+O_2=2FeO$ 反応の熱力学データ

| | | 係数 | $\Delta H^0$ [kJmol$^{-1}$] | 係数 | $\Delta S^0$ [JK$^{-1}$mol$^{-1}$] |
|---|---|---|---|---|---|
| 生成系 | FeO | | −272 | | 608 |
| | | 2 | −544 | 2 | 121.6 |
| | | | | | |
| 反応系 | O$_2$ | | 0 | | 205 |
| | | 1 | 0 | 1 | 205 |
| | Fe | | 0 | | 27.3 |
| | | 2 | 0 | 2 | 54.6 |
| 生成系−反応系 | kJmol$^{-1}$ | | −544 | | −0.138 |
| | Jmol$^{-1}$ | | −544 000 | | −138 |

∴ $\Delta G° = -544\,000 + 138T$ [Jmol$^{-1}$]

| 温度 [℃] | $K$（平衡定数） | $\Delta G°$ [Jmol$^{-1}$] | $P_{O_2}$ [atm] 酸素分圧 |
|---|---|---|---|
| 500 | $3.57 \times 10^{29}$ | −437 326 | $2.80 \times 10^{-30}$ |
| 600 | $2.20 \times 10^{25}$ | −423 526 | $4.55 \times 10^{-26}$ |
| 700 | $9.92 \times 10^{21}$ | −409 726 | $1.01 \times 10^{-22}$ |
| 800 | $1.88 \times 10^{19}$ | −395 926 | $5.31 \times 10^{-20}$ |
| 900 | $1.04 \times 10^{17}$ | −382 126 | $9.62 \times 10^{-18}$ |
| 1 000 | $1.30 \times 10^{15}$ | −368 326 | $7.69 \times 10^{-16}$ |
| 1 100 | $3.08 \times 10^{13}$ | −354 526 | $3.25 \times 10^{-14}$ |

$$K_{(4-11)} = \frac{a_{FeO}^2}{a_{Fe} \cdot P_{O_2}} \tag{4-12}$$

ここで、a は活量であり、a$_{FeO}$、a$_{Fe}$ は 1 になる。
すなわち

$$K_{(4-11)} = \frac{1}{P_{O_2}} \tag{4-13}$$

$$P_{O_2} = \frac{1}{K_{(4\text{-}11)}} \tag{4-14}$$

ここで鉄の酸化の反応式 4-11 の反応標準ギブスエネルギ変化（$\Delta G^o$）を求める。反応標準ギブスエネルギ変化の求め方はいろいろあるが、ここでは最も簡易的方法である標準エンタルピ変化 $\Delta H^o$ と標準エントロピ変化 $\Delta S^o$ とを用い、式 4-15 により算出することとする。

$$\Delta G^o = \Delta H^o - T\Delta S^o \quad (\text{J}\cdot\text{mol}^{-1}) \tag{4-15}$$

$\Delta H^o$ および $S^o$ の値は、各種熱力学データに記載されているが、著者は JANAF[4-1] からのデータを利用している。このデータ集から表 4-1 のようなデータシートを作成し、式 4-15 を求めると

$$\Delta G^o_{(1)} = -544\,000 + 138T \quad (\text{J}\cdot\text{mol}^{-1}) \tag{4-16}$$

となる。また、平衡定数とギブスエネルギには、

$$\Delta G^o = -RT\ln K \tag{4-17}$$

なる関係があり、式 4-17 より

$$K = \frac{-\Delta G^o}{RT} \tag{4-18}$$

となり

$$K = \exp\left(\frac{-\Delta G^o}{RT}\right) \tag{4-19}$$

が成り立つ。

式 1-18 に式 4-15 と $T = 1\,173$（900 ℃）、$R = 8.314$ [J·mol$^{-1}$] を代入し、900 ℃における $K_{(1173)}$ を求めると

$K_{(1173)} = 1.04 \times 10^{17}$　　となり、

これから、$P_{O_2} = 9.62 \times 10^{-18}$ [atm] が求まる。

すなわち炉内の酸素分圧が $P_{O_2} = 9.62 \times 10^{-18}$ [atm] よりも大きければ反応は右に進み鉄は酸化鉄が安定になる。

また、炉内の酸素分圧が $P_{O_2} = 9.62 \times 10^{-18}$ [atm] よりも小さければ反応は左に進み酸化鉄は還元され鉄が安定になる。

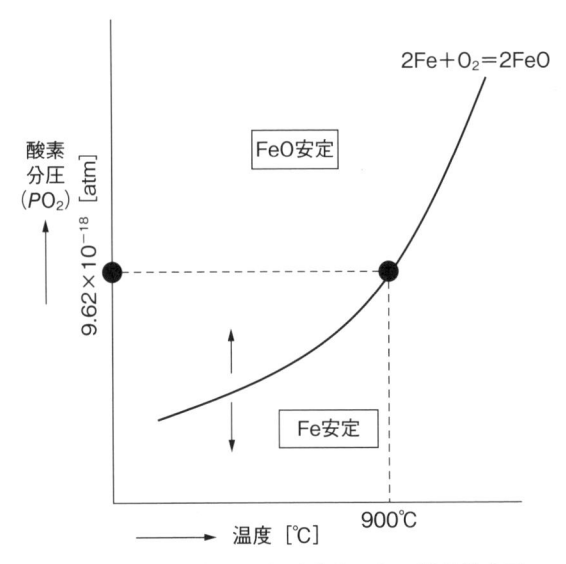

図 4-7　鉄の酸化還元と酸素分圧との関係模式図

この関係を模式図にすると図 4-7 のようになる。

そのほかの金属についても数例を下記に掲げる。ここではすべての反応の酸素の係数を 1 とした、係数を 1 に統一することにより、すべての金属における平衡酸素分圧の比較が可能になる。

【例 2】 $4Cu+O_2=2Cu_2O$

銅は還元しやすい金属であり水蒸気中で加熱しても酸化物は還元する。

熱処理力学データを表 4-2 に示す。この表によると、900℃における平衡酸素分圧は $6.15\times10^{-8}$ [atm] である。易還元金属であるため、人類が発見した金属の歴史から見ても鉄よりも古い金属である。

【例 3】 $2Ni+O_2=2NiO$

ニッケルも還元しやすい金属である。

熱処理力学データを表 4-3 に示す。表によると、900℃における平衡酸素分

表4-2 $4Cu+O_2=2Cu_2O$ 反応の熱力学データ

| | | 係数 | $\Delta H^0$ [kJmol$^{-1}$] | 係数 | $\Delta S^0$ [JK$^{-1}$mol$^{-1}$] |
|---|---|---|---|---|---|
| 生成系 | Cu$_2$O | | −170.7 | | 92.4 |
| | | 2 | −341.4 | 2 | 184.8 |
| | | | | | |
| 反応系 | O$_2$ | | 0 | | 205 |
| | | 1 | 0 | 1 | 205 |
| | Cu | | 0 | | 33.2 |
| | | 4 | 0 | 4 | 132.8 |
| 生成系−反応系 | kJmol$^{-1}$ | | −341.4 | | −0.153 |
| | Jmol$^{-1}$ | | −341 400 | | −153 |

∴ $\Delta G^\circ = -341\,000 + 153T$ [Jmol$^{-1}$]

| 温度 [℃] | $K$（平衡定数） | $\Delta G^\circ$ [Jmol$^{-1}$] | $P_{O_2}$ [atm] 酸素分圧 |
|---|---|---|---|
| 500 | $1.20\times10^{15}$ | −223 131 | $8.35\times10^{-16}$ |
| 600 | $2.73\times10^{12}$ | −207 831 | $3.67\times10^{-13}$ |
| 700 | $2.17\times10^{10}$ | −192 531 | $4.61\times10^{-11}$ |
| 800 | $4.25\times10^{8}$ | −177 231 | $2.35\times10^{-9}$ |
| 900 | $1.63\times10^{7}$ | −161 931 | $6.15\times10^{-8}$ |
| 1 000 | $1.04\times10^{6}$ | −146 631 | $9.62\times10^{-7}$ |
| 1 100 | $9.92\times10^{4}$ | −131 331 | $1.01\times10^{-5}$ |

圧は $2.50\times10^{-12}$ [atm] である。

【例4】 $4/3Cr+O_2=2/3Cr_2O_3$

　ステンレス鋼に含有されるクロムは難還元金属の一種である。ステンレス鋼が錆ないのは、このクロムの緻密な酸化物が表面に形成され酸素が中に拡散していかないことが大きな要因として挙げられる。

表 4-3　$2Ni+O_2=2NiO$　反応の熱力学データ

| 　 | 　 | 係数 | $\Delta H^0$ [kJmol$^{-1}$] | 　 | 係数 | $\Delta S^0$ [JK$^{-1}$mol$^{-1}$] |
|---|---|---|---|---|---|---|
| 生成系 | NiO | 　 | −241 | 　 | 　 | 38 |
| 　 | 　 | 2 | −482 | 　 | 2 | 76 |
| 反応系 | $O_2$ | 　 | 0 | 　 | 　 | 205 |
| 　 | 　 | 1 | 0 | 　 | 1 | 205 |
| 　 | Ni | 　 | 0 | 　 | 　 | 29.9 |
| 　 | 　 | 2 | 0 | 　 | 2 | 59.8 |
| 生成系−反応系 | kJmol$^{-1}$ | 　 | −482 | 　 | 　 | −0.1888 |
| 　 | Jmol$^{-1}$ | 　 | −482 000 | 　 | 　 | −188.8 |

∴　$\Delta G^\circ = -482\,000 + 188.8T$　[Jmol$^{-1}$]

| 温度 [℃] | $K$（平衡定数） | $\Delta G^\circ$ [Jmol$^{-1}$] | $P_{O_2}$ [atm] 酸素分圧 |
|---|---|---|---|
| 500 | $5.12\times 10^{22}$ | −336 058 | $1.95\times 10^{-23}$ |
| 600 | $9.52\times 10^{18}$ | −317 178 | $1.05\times 10^{-19}$ |
| 700 | $1.03\times 10^{16}$ | −298 298 | $9.67\times 10^{-17}$ |
| 800 | $4.01\times 10^{13}$ | −279 418 | $2.50\times 10^{-14}$ |
| 900 | $4.00\times 10^{11}$ | −260 538 | $2.50\times 10^{-12}$ |
| 1 000 | $8.25\times 10^{9}$ | −241 658 | $1.21\times 10^{-10}$ |
| 1 100 | $2.99\times 10^{8}$ | −222 778 | $3.34\times 10^{-9}$ |

　熱処理力学データを表 4-4 に示す。この表によると、900 ℃における平衡酸素分圧は $6.87\times 10^{-25}$ [atm] である。

【例5】 $2Mn+O_2=2MnO$
　マンガンも鋼の合金元素としては重要な成分であり、機械的特性向上の目的で多用されている。しかし難還元性金属の一種でありマンガンの酸化はしばし

表 4-4　$4/3Cr + O_2 = 2/3Cr_2O_3$　反応の熱力学データ

| | | 係数 | $\Delta H^0$ [kJmol$^{-1}$] | 係数 | $\Delta S^0$ [JK$^{-1}$mol$^{-1}$] |
|---|---|---|---|---|---|
| 生成系 | $Cr_2O_3$ | | $-1\,134.7$ | | 81.2 |
| | | 0.67 | $-756.5$ | 0.67 | 54.1 |
| | | | | | |
| 反応系 | $O_2$ | | 0 | | 205 |
| | | 1 | 0 | 1 | 205 |
| | $Cr$ | | 0 | | 23.6 |
| | | 1.33 | 0 | 1.33 | 31.5 |
| 生成系―反応系 | kJmol$^{-1}$ | | $-756.5$ | | $-0.1823$ |
| | Jmol$^{-1}$ | | $-756\,467$ | | $-182.3$ |

∴ $\Delta G^0 = -756\,467 + 182.3T$ [Jmol$^{-1}$]

| 温度 [℃] | $K$（平衡定数） | $\Delta G^0$ [Jmol$^{-1}$] | $P_{O_2}$ [atm] 酸素分圧 |
|---|---|---|---|
| 500 | $3.93 \times 10^{41}$ | $-615\,523$ | $2.54 \times 10^{-42}$ |
| 600 | $5.49 \times 10^{35}$ | $-597\,290$ | $1.82 \times 10^{-36}$ |
| 700 | $1.22 \times 10^{31}$ | $-579\,056$ | $8.18 \times 10^{-32}$ |
| 800 | $2.01 \times 10^{27}$ | $-560\,823$ | $4.98 \times 10^{-28}$ |
| 900 | $1.45 \times 10^{24}$ | $-542\,590$ | $6.87 \times 10^{-25}$ |
| 1 000 | $3.29 \times 10^{21}$ | $-524\,356$ | $3.04 \times 10^{-22}$ |
| 1 100 | $1.80 \times 10^{19}$ | $-506\,123$ | $5.55 \times 10^{-20}$ |

ば光輝熱処理や浸炭の粒界酸化の現象で問題になる案件でもある。

　熱処理力学データを表 4-5 に示す。この表から 900 ℃における平衡酸素分圧は $3.11 \times 10^{-27}$ [atm] でありクロムより酸化物が安定である。

**【例6】** $2Ti + O_2 = 2TiO$

　チタンは難還元性金属の代表である。最近ではステンレス鋼中にチタンを

表 4-5 2Mn+O₂=2MnO 反応の熱力学データ

| | | 係数 | $\Delta H^0$ [kJmol$^{-1}$] | 係数 | $\Delta S^0$ [JK$^{-1}$mol$^{-1}$] |
|---|---|---|---|---|---|
| 生成系 | MnO | | −385 | | 59.8 |
| | | 2 | −770 | 2 | 119.6 |
| | | | | | |
| 反応系 | O₂ | | 0 | | 205 |
| | | 1 | 0 | 1 | 205 |
| | Mn | | 0 | | 31.8 |
| | | 2 | 0 | 2 | 63.6 |
| 生成系−反応系 | | kJmol$^{-1}$ | −770 | | −0.149 |
| | | Jmol$^{-1}$ | −770 000 | | −149 |

$$\therefore \Delta G^\circ = -770\,000 + 149T \quad [\text{Jmol}^{-1}]$$

| 温度 [℃] | K（平衡定数） | $\Delta G^\circ$ [Jmol$^{-1}$] | $P_{O_2}$ [atm] 酸素分圧 |
|---|---|---|---|
| 500 | 1.78×10$^{44}$ | −654 823 | 5.62×10$^{-45}$ |
| 600 | 1.95×10$^{38}$ | −639 923 | 5.13×10$^{-39}$ |
| 700 | 3.59×10$^{33}$ | −625 023 | 2.79×10$^{-34}$ |
| 800 | 5.04×10$^{29}$ | −610 123 | 1.98×10$^{-30}$ |
| 900 | 3.21×10$^{26}$ | −595 223 | 3.11×10$^{-27}$ |
| 1 000 | 6.50×10$^{23}$ | −580 323 | 1.54×10$^{-24}$ |
| 1 100 | 3.25×10$^{21}$ | −565 423 | 3.08×10$^{-22}$ |

数％含有し、耐熱性および強度を向上させた材料が出回っている。このような材料で注意が必要なことは表面の光輝性であり、雰囲気中の酸素分圧を充分下げないと酸化してしまうことである。また、チタンおよびチタン合金を熱処理する場合、チタンが水素を吸収するので水素雰囲気は使用できない。そしてチタンは酸素を多く固溶するので、見かけ上光輝であっても固溶酸素量が多いと伸び特性が劣化する。また、一度母材中に固溶した酸素は還元理論で追い出す

表4-6 2Ti＋$O_2$＝2TiO 反応の熱力学データ

| | | 係数 | $\Delta H^0$ [kJmol$^{-1}$] | 係数 | $\Delta S^0$ [JK$^{-1}$mol$^{-1}$] |
|---|---|---|---|---|---|
| 生成系 | TiO | | −542.7 | | 38 |
| | | 2 | −1 085.4 | 2 | 76 |
| 反応系 | $O_2$ | | 0 | | 205 |
| | | 1 | 0 | 1 | 205 |
| | Ti | | 0 | | 29.9 |
| | | 2 | 0 | 2 | 59.8 |
| 生成系−反応系 | kJmol$^{-1}$ | | −1 085.4 | | −0.197 |
| | Jmol$^{-1}$ | | −1 085 400 | | −197 |

∴ $\Delta G^0 = -1\,085\,400 + 197T$ [Jmol$^{-1}$]

| 温度 [℃] | $K$（平衡定数） | $\Delta G^0$ [Jmol$^{-1}$] | $P_{O_2}$ [atm] 酸素分圧 |
|---|---|---|---|
| 500 | $1.14 \times 10^{63}$ | −933 119 | $8.77 \times 10^{-64}$ |
| 600 | $4.52 \times 10^{54}$ | −913 419 | $2.21 \times 10^{-55}$ |
| 700 | $9.56 \times 10^{47}$ | −893 719 | $1.05 \times 10^{-48}$ |
| 800 | $3.54 \times 10^{42}$ | −874 019 | $2.82 \times 10^{-43}$ |
| 900 | $1.11 \times 10^{38}$ | −854 319 | $9.02 \times 10^{-39}$ |
| 1 000 | $1.77 \times 10^{34}$ | −834 619 | $5.65 \times 10^{-35}$ |
| 1 100 | $1.01 \times 10^{31}$ | −814 919 | $9.91 \times 10^{-32}$ |

ことは不可能である。

　チタンの熱処理力学データを表4-6に示す。この表から900℃における平衡酸素分圧は$9.02 \times 10^{-39}$ [atm] であり、マンガンより酸化物が安定している。

**【例7】** $4/3Al + O_2 = 2/3Al_2O_3$

　アルミも難還元金属の代表格である。人類がアルミを発見できたのは、高々

100年ほど前のことである。銅や鉄に比較し発見が遅れたのは炭（炭素）を用いて還元できなかったからである。山師という鉱山を見つけることを生業としている人がいる。この人たちは、山に入り採掘した鉱石と炭を混ぜ百草(もぐさ)と火吹き竹でその混合物を加熱し、金属光沢のある物質を探し求めた。この原理は炭を還元剤として用いたもので、昔の山師は現在の冶金技術者である。以前は、この技をもってしてもアルミは還元できなくて発見が遅れたのである。

表4-7　$4/3Al+O_2=2/3Al_2O_3$　反応の熱力学データ

| | | 係数 | $\Delta H^0$ [kJmol$^{-1}$] | 係数 | $\Delta S^0$ [JK$^{-1}$mol$^{-1}$] |
|---|---|---|---|---|---|
| 生成系 | Al$_2$O$_3$ | | $-1\,675.7$ | | 51.0 |
| | | 0.67 | $-1\,117.1$ | 0.67 | 34 |
| | | | | | |
| 反応系 | O$_2$ | | 0 | | 205 |
| | | 1 | 0 | 1 | 205 |
| | Al | | 0 | | 28.3 |
| | | 1.33 | 0 | 1.33 | 37.7 |
| 生成系－反応系 | | kJmol$^{-1}$ | $-1\,117.1$ | | $-0.2087$ |
| | | Jmol$^{-1}$ | $-1\,117\,133$ | | $-208.7$ |

∴ $\Delta G^\circ = -1\,117\,133 + 208.7T$ [Jmol$^{-1}$]

| 温度 [℃] | $K$（平衡定数） | $\Delta G^\circ$ [Jmol$^{-1}$] | $P_{O_2}$ [atm] 酸素分圧 |
|---|---|---|---|
| 500 | $3.88\times10^{64}$ | $-955\,782$ | $2.58\times10^{-65}$ |
| 600 | $8.73\times10^{55}$ | $-934\,909$ | $1.15\times10^{-56}$ |
| 700 | $1.18\times10^{49}$ | $-914\,036$ | $8.49\times10^{-50}$ |
| 800 | $3.03\times10^{43}$ | $-893\,162$ | $3.30\times10^{-44}$ |
| 900 | $7.00\times10^{38}$ | $-872\,289$ | $1.43\times10^{-39}$ |
| 1\,000 | $8.65\times10^{34}$ | $-851\,416$ | $1.16\times10^{-35}$ |
| 1\,100 | $3.97\times10^{31}$ | $-830\,542$ | $2.52\times10^{-32}$ |

# 第4章 金属の酸化・還元

アルミの熱処理力学データは表4-7に示す。この表によると900℃における平衡酸素分圧は $1.43 \times 10^{-39}$ [atm]であり、充分酸素分圧を低くしないと還元できないことが理解できる。

次の【例8】では、金属ではないが重要な炭素（現代ではグラファイト）における酸化還元の熱処理力学データを挙げることにする。

表4-8　$2C + O_2 = 2CO$　反応の熱力学データ

| | | 係数 | $\Delta H^0$ [kJmol$^{-1}$] | 係数 | $\Delta S^0$ [JK$^{-1}$mol$^{-1}$] |
|---|---|---|---|---|---|
| 生成系 | 2CO | | −110.5 | | 198 |
| | | 2 | −22 | 2 | 396 |
| | | | | | |
| | | | | | |
| 反応系 | $O_2$ | | 0 | | 205 |
| | | 1 | 0 | 1 | 205 |
| | C | | 0 | | 5.7 |
| | | 2 | 0 | 2 | 11.4 |
| 生成系―反応系 | kJmol$^{-1}$ | | −221 | | 0.18 |
| | Jmol$^{-1}$ | | −221 000 | | 180 |

∴　$\Delta G^0 = -221\,000 - 180T$　[Jmol$^{-1}$]

| 温度 [℃] | $K$（平衡定数） | $\Delta G^0$ [Jmol$^{-1}$] | $P_{O_2}$ [atm] 酸素分圧 |
|---|---|---|---|
| 500 | $2.07 \times 10^{24}$ | −359 831 | $4.83 \times 10^{-25}$ |
| 600 | $4.03 \times 10^{22}$ | −377 791 | $2.48 \times 10^{-23}$ |
| 700 | $1.76 \times 10^{21}$ | −395 751 | $5.67 \times 10^{-22}$ |
| 800 | $1.38 \times 10^{20}$ | −413 711 | $7.24 \times 10^{-21}$ |
| 900 | $1.67 \times 10^{19}$ | −431 671 | $5.98 \times 10^{-20}$ |
| 1 000 | $2.82 \times 10^{18}$ | −449 631 | $3.55 \times 10^{-19}$ |
| 1 100 | $6.16 \times 10^{17}$ | −467 591 | $1.62 \times 10^{-18}$ |

表 4-9　900℃における各種金属・酸化物の平衡酸素分圧

| 反応式 | 900℃における平衡酸素分圧 |
|---|---|
| $4Cu+O_2=2Cu_2O$ | $6.15\times10^{-8}$ |
| $2Ni+O_2=2NiO$ | $2.50\times10^{-12}$ |
| $2Fe+O_2=2FeO$ | $9.62\times10^{-18}$ |
| $2C+O_2=2CO$ | $5.98\times10^{-20}$ |
| $4/3Cr+O_2=2/3Cr_2O_3$ | $6.87\times10^{-25}$ |
| $2Mn+O_2=2MnO$ | $3.11\times10^{-27}$ |
| $2Ti+O_2=2TiO$ | $9.02\times10^{-39}$ |
| $4/3Al+O_2=2/3Al_2O_3$ | $1.43\times10^{-39}$ |

【例8】 $2C+O_2=2CO$

　グラファイトの酸化・還元の反応式で、熱力学的データを**表 4-8**に示す。この表によれば、900℃における平衡酸素分圧は $5.98\times10^{-20}$ [atm] である。

　これまでの鉄を含めた表 4-1 から表 4-8 までの 900℃における平衡酸素分圧を大きい順に表すと、**表 4-9** のようになる。

　表 4-9 から 900℃においてグラファイトの平衡酸素分圧より大きい解離圧を持つ鉄、ニッケル、銅はグラファイトを還元剤として還元でき、逆にグラファイトより小さな解離圧を持つクロム、マンガン、チタンおよびアルミはグラファイトを還元剤として用いることは成立しないということがわかる。

　そしてさらに重要なことは、酸化クロムはチタンで還元できる可能性があるということである。すなわちチタンがクロム酸化物の酸素を受け取り酸化チタンとなり酸化クロムを還元できるという下の式 4-20 が成り立つ。

$$1/3Cr_2O_3+Ti=2/3Cr+TiO \qquad (4\text{-}20)$$

## 4-2　エリンガム図

　エリンガム図という言葉を初めて聞く読者もいるかと思うが、この図は

1944年英国の物理学者エリンガム氏が提案作成したもので、精錬などの業界で以前から使われている。ただ熱処理関連業で使われ出したのはつい最近のことではないかと思う。著者が勤務している関東冶金工業㈱のホームページには15年も前からこれを掲載している。当時はまだエリンガム図で検索してもほとんど見当たらなかった。しかし最近ではかなりの件数がヒットするようになった。このことは、エリンガム図の利用価値が大きいことを示しているといえよう。これを読み取り使いこなせれば、雰囲気熱処理関連の技術者にとっては、鬼に金棒である。

式4-4において、$O_2$の係数が常に1になるように反応式をそろえておけば、式4-9の関係が常時使える。そこで$O_2$の係数を1になるようにした場合の反応式に対応する$RT\ln P_{O_2}$、すなわち$\Delta G_x^o$と$T$との関係を図に表したものがエリンガム図である。また、各温度における金属―金属酸化物反応式の平衡線をエリンガム線と呼ぶ。上式の$\Delta G_x^o$の式は

$$\Delta G_x^o = \Delta H^o - T\Delta S^o = b - aT \tag{4-21}$$

であり、Y＝aX＋bの一般的な一次関数の形をしている。すなわち、容易に温度の一時関数の形で表せる。

図4-8に、金属熱処理にとって重要と思われるエリンガム線図を示した[4-4]。この図の外側には酸素分圧（$P_{O_2}$）副尺目盛、COと$CO_2$の分圧比（$P_{CO}/P_{CO_2}$）副尺目盛、および$H_2$と$H_2O$の分圧比（$P_{H_2}/P_{H_2O}$）副尺目盛が記入され、いろいろな雰囲気の下で金属が酸化するか還元するかの判断ができるようになっている。なお、各々の副尺目盛の作り方については、この後に述べる。

次にエリンガム図の見方、使い方について解説する。たとえば、1 000 ℃におけるクロム（Cr）と酸化クロム（$Cr_2O_3$）が平衡する酸素分圧は、$Cr_2O_3$生成ギブスエネルギ上の1 000 ℃の点aと図左上のO点を結び、右側の$P_{O_2}$副尺目盛り軸との交点Aから平衡する酸素分圧$P_{O_2}=10^{-22}$［atm］が求まる。すなわち、1 000 ℃ではこの酸素分圧以下ではCrは酸化しないことになる。すなわち無酸化加熱が可能となる。

同様に1 000 ℃で$CO-CO_2$が関与する雰囲気の場合はC点とa点とを結び、

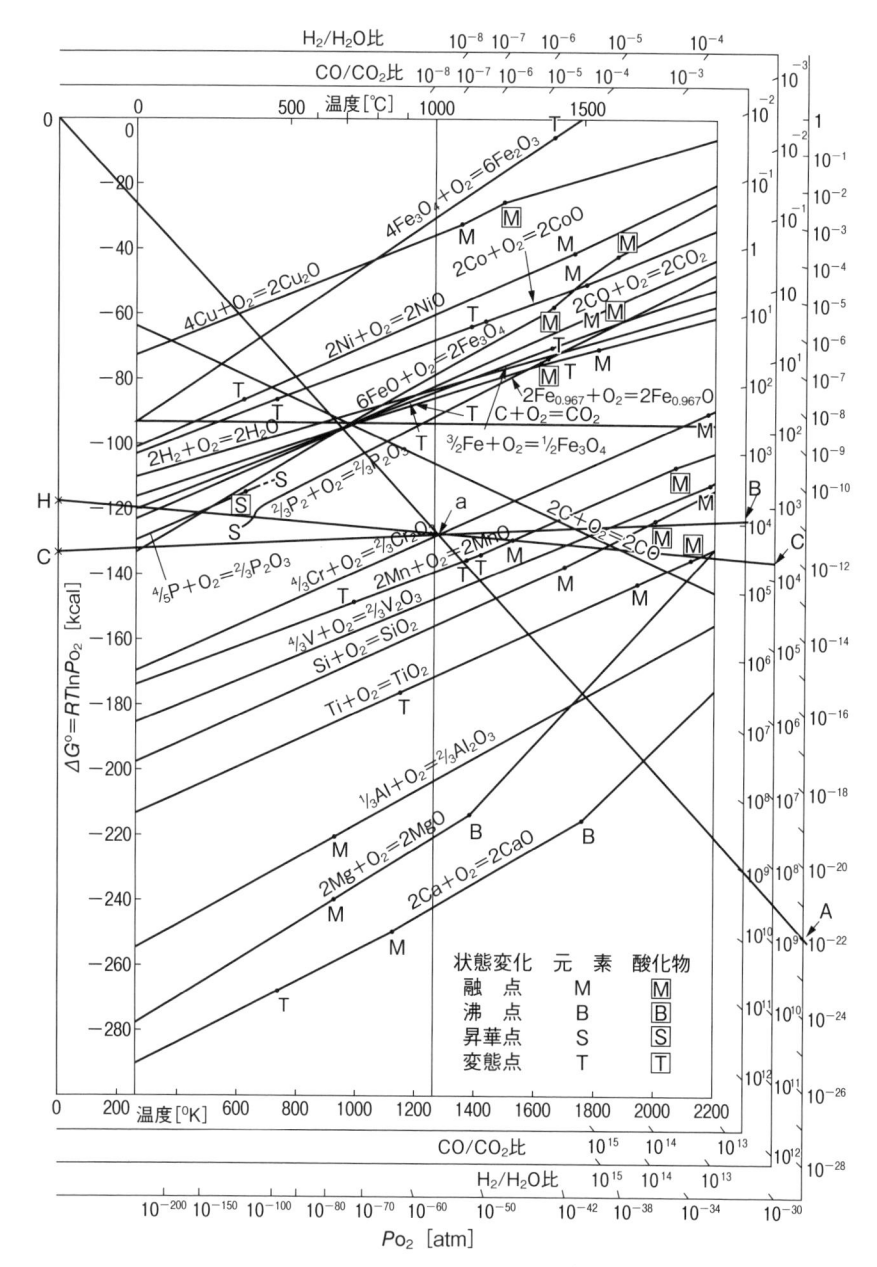

図 4-8　代表的なエリンガム図

分圧比（$P_{CO}/P_{CO2}$）副尺目盛交点 B を読み取り、この分圧比以下であれば Cr は酸化しない。そして $H_2$ と $H_2O$ が関わる雰囲気の場合は H 点と a 点とを結び分圧比（$P_{H2}/P_{H2O}$）副尺目盛の交点 C を読み取り同様に判定することができる。最近では様々な熱力学や物理化学の書籍にエリンガム図が掲載されているので参考にするとよい。代表的なものを参考文献に挙げた。ここで注意を要することは元の熱力学データが書籍により若干相違するので、その値も少しずれる図も見受けられるが、熱力学的平衡論で酸化・還元の概算の値を見積もるのに若干の相違は問題にならない。

## 4-2-1 副尺

（1） $P_{O_2}$ 目盛

ある温度での平衡解離圧 $P_{O_2}$ を求めるには、その温度と交わるエリンガム線の左縦軸の値 $RT\ln P_{O_2}$ を読み取り、計算より求めることができるが、副尺として、$P_{O_2}$ 目盛りがあると直接読み取ることができて便利である。

$P_{O_2}=1$ [atm] の線は $(R\ln 1)\times T \Rightarrow RT\ln P_{O_2}=0$

$P_{O_2}=10^{-1}$ [atm] の線は $(R\ln 10^{-1})\times T$
$\Rightarrow RT\ln P_{O_2}=-1\times 19.14T=-19.14T$ [J/mol]

$P_{O_2}=10^{-2}$ [atm] の線は $(R\ln 10^{-2})\times T$
$\Rightarrow RT\ln P_{O_2}=-2\times 19.14T=38.28T$ [J/mol]

$P_{O_2}=10^{-3}$ [atm] の線は $(R\ln 10^{-3})\times T$
$\Rightarrow RT\ln P_{O_2}=-3\times 19.14T=57.42T$ [J/mol]

というように、次々と Y 軸を $\Delta G°=RT\ln P_{O_2}$、X 軸を $T$ とした一次式の直線がそれぞれの酸素分圧（$P_{O_2}$）に見合って引けることになる。この関係を図 4-9 に示す。また、$P_{O_2}$ 目盛の副尺を図 4-10 に示した。この場合の原点は図左軸の O 点になる。

（2） $P_{CO}/P_{CO2}$ 目盛

同様に次式から $P_{CO}/P_{CO2}$ 目盛を作ることができる。

$$2CO+O_2=2CO_2 \tag{4-22}$$

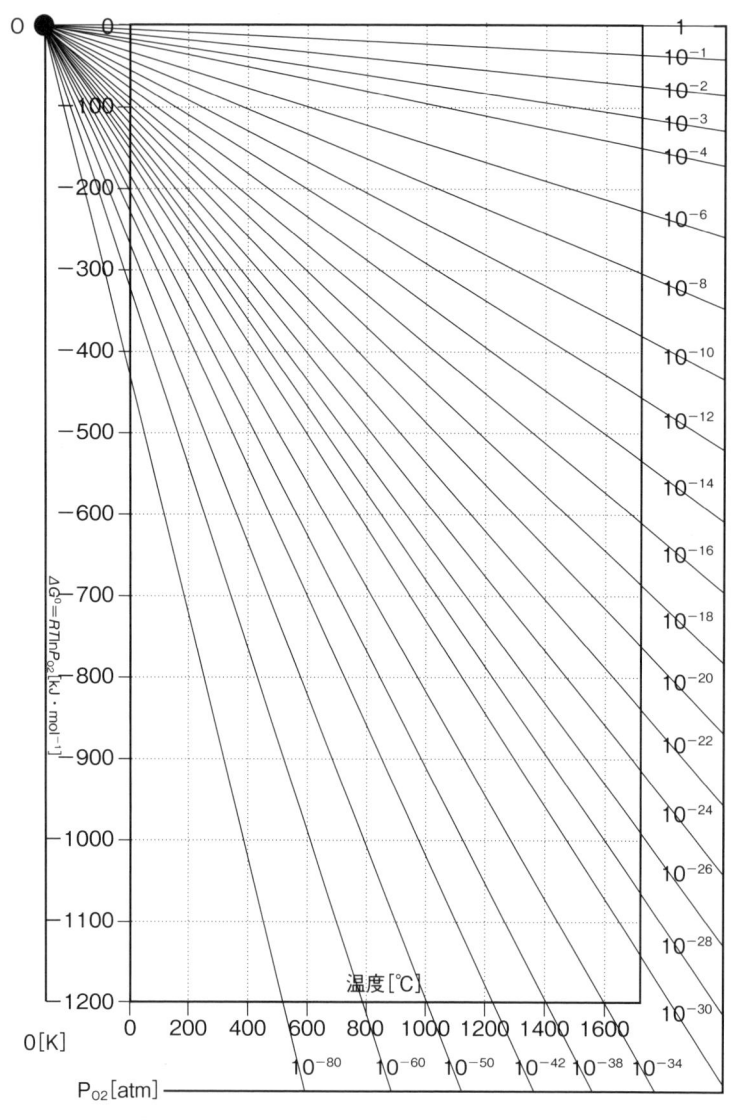

図 4-9 エリンガム図 $P_{O_2}$ 目盛作成図

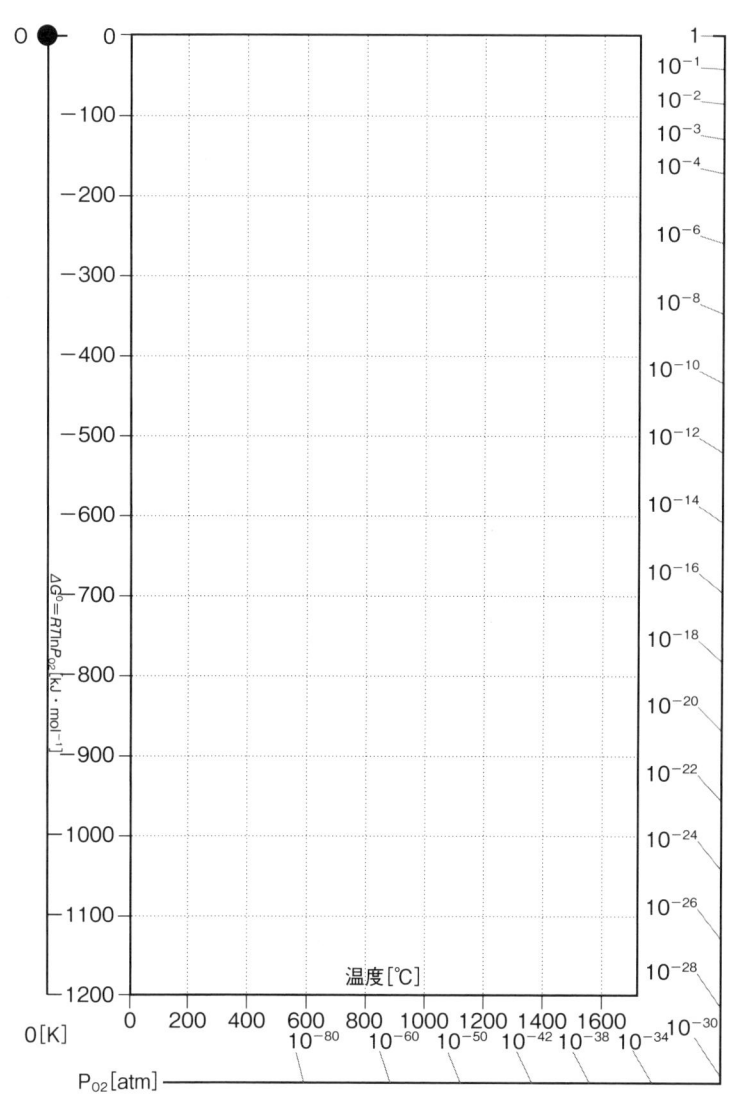

図 4-10　エリンガム図 $P_{O_2}$ 目盛副尺

表 4-10　2CO＋O$_2$＝2CO$_2$　反応の熱力学データ

| | | 係数 | $\Delta H^0$ [kJmol$^{-1}$] | 係数 | $\Delta S^0$ [JK$^{-1}$mol$^{-1}$] |
|---|---|---|---|---|---|
| 生成系 | CO$_2$ | | −393.5 | | 214 |
| | | 2 | −787 | 2 | 428 |
| | | | | | |
| 反応系 | CO | | −110.5 | | 198 |
| | | 2 | −110.5 | 2 | 396 |
| | O$_2$ | | 0 | | 205 |
| | | 1 | 0 | 1 | 205 |
| 生成系−反応系 | kJmol$^{-1}$ | | −566 | | −0.173 |
| | Jmol$^{-1}$ | | −566 000 | | −173 |

∴　$\Delta G^\circ = -566\,000 + 173T$　[Jmol$^{-1}$]

| 温度（℃） | $K$（平衡定数） | $\Delta G^\circ$ [Jmol$^{-1}$] |
|---|---|---|
| 500 | 1.63×10$^{29}$ | −432 271 |
| 600 | 6.76×10$^{24}$ | −414 971 |
| 700 | 2.24×10$^{21}$ | −397 671 |
| 800 | 3.29×10$^{18}$ | −380 371 |
| 900 | 1.47×10$^{16}$ | −363 071 |
| 1 000 | 1.54×10$^{14}$ | −345 771 |
| 1 100 | 3.14×10$^{12}$ | −328 471 |

熱力学データ**表 4-10** により

$$\Delta G^\circ = -560\,000 + 173T \tag{4-23}$$

式 4-22 の平衡定数は $K_{(4\text{-}12)} = \dfrac{P_{CO2}^2}{P_{CO}^2 \cdot P_{O2}}$ であり、

$\Delta G^\circ = -RT\ln K$　の関係より

$$\Delta G^\circ = 2RT\ln\left(\frac{P_{CO}}{P_{CO2}}\right) - RT\ln P_{O2} \qquad \text{ゆえに}$$

$$RT\ln P_{O2} = \Delta G^\circ - 2RT\ln\left(\frac{P_{CO}}{P_{CO2}}\right) \tag{4-24}$$

式 4-24 の左辺は、まさにエリンガム線図の Y 軸になることがわかる。そして式 4-24 に様々な $\left(\frac{P_{CO}}{P_{CO2}}\right)$ 比の値を代入することにより、$T$ の関数 $RT\ln P_{O2}$ の一次式の直線が引けることになる。この関係を**図 4-11** に示し、その副尺を**図 4-12** に掲げた。この場合の原点は図左軸の C 点になる。

(3) $P_{H2}/P_{H2O}$ 目盛

同様に次式から $P_{H2}/P_{H2O}$ 目盛も作成することができる。

$$2H_2 + O_2 = 2H_2O \tag{4-25}$$

熱力学データ（**表 4-11**）により

$$\Delta G^\circ = -483\,600 + 89\,T \tag{4-26}$$

式 4-26 の平衡定数は $K = \dfrac{P_{H2O}^2}{P_{H2}^2 \cdot P_{O2}}$ であり、

$\Delta G^\circ = -RT\ln K$ の関係より

$$\Delta G^\circ = 2RT\ln\left(\frac{P_{H2}}{P_{H2O}}\right) - RT\ln P_{O2} \qquad \text{ゆえに}$$

$$RT\ln P_{O2} = \Delta G^\circ - 2RT\ln\left(\frac{P_{H2}}{P_{H2O}}\right) \tag{4-27}$$

式 4-27 の左辺は、エリンガム線図の Y 軸になることがわかる。そして式 4-27 に様々な $\left(\frac{P_{H2}}{P_{H2O}}\right)$ の値を代入することにより、$T$ の関数である $RT\ln P_{O2}$ の一次式の直線が引けることになる。この関係を**図 4-13** に示し、その副尺を**図 4-14** に掲げた。この場合の原点は図左軸の H 点になる。

以上 (1)、(2) および (3) に述べた副尺をすべて記入したものが**図 4-15** になる。

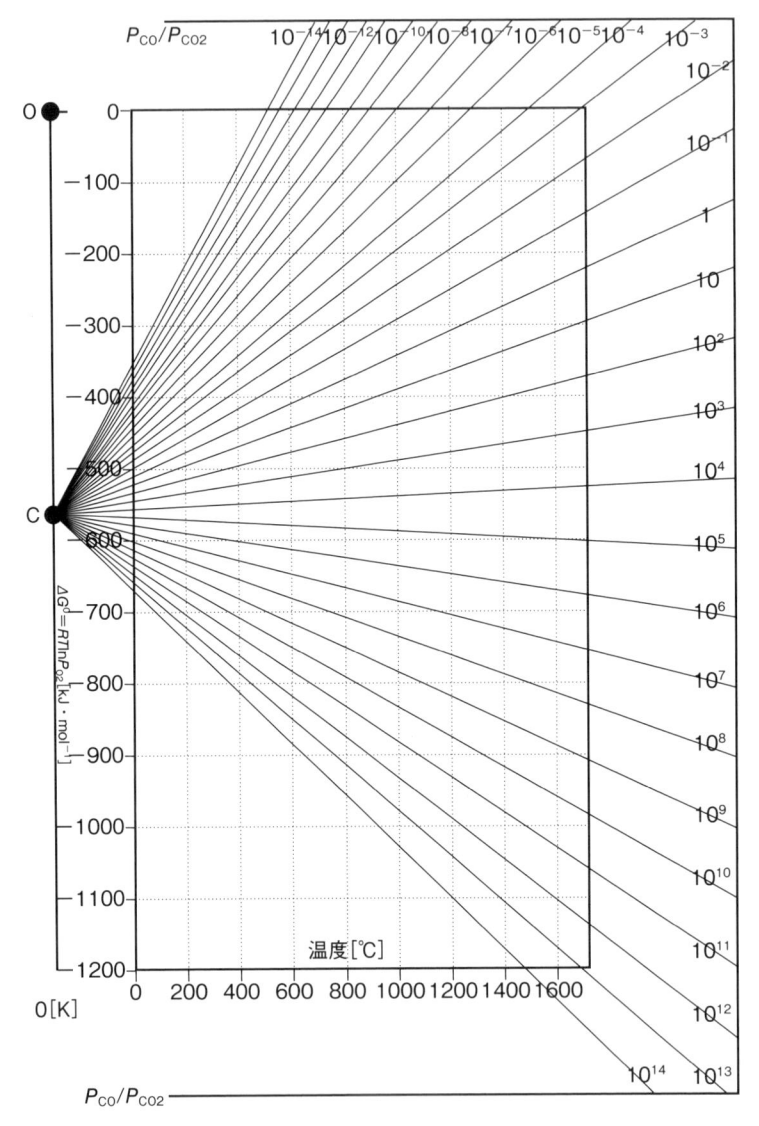

図 4-11　エリンガム図 $P_{CO}/P_{CO2}$ 目盛副尺作成図

第4章　金属の酸化・還元

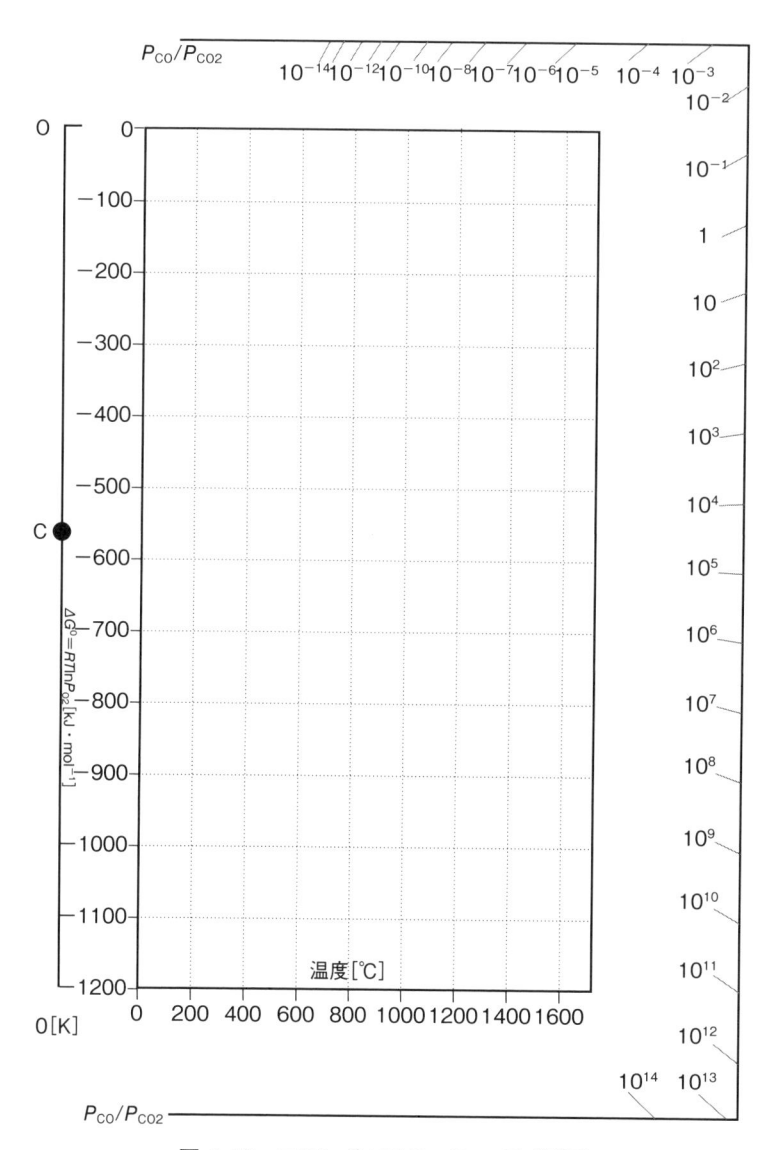

図4-12　エリンガム図 $P_{CO}/P_{CO2}$ 目盛副尺

表 4-11　$2H_2 + O_2 = 2H_2O$　反応の熱力学データ

|  |  | 係数 | $\Delta H^0$ [kJmol$^{-1}$] | 係数 | $\Delta S^0$ [JK$^{-1}$mol$^{-1}$] |
|---|---|---|---|---|---|
| 生成系 | $H_2O(g)$ |  | −241.8 |  | 189 |
|  |  | 2 | −483.6 | 2 | 378 |
|  |  |  |  |  |  |
| 反応系 | $H_2$ |  | 0 |  | 131 |
|  |  | 2 | 0 | 2 | 262 |
|  | $O_2$ |  | 0 |  | 205 |
|  |  | 1 | 0 | 1 | 205 |
| 生成系−反応系 |  | kJmol$^{-1}$ | −483.6 |  | −0.089 |
|  |  | Jmol$^{-1}$ | −483 600 |  | −89 |

∴　$\Delta G^\circ = -483\,600 + 89T$　[Jmol$^{-1}$]

| 温度（℃） | $K$（平衡定数） | $\Delta G^\circ$ [Jmol$^{-1}$] |
|---|---|---|
| 500 | $1.07 \times 10^{28}$ | −414 803 |
| 600 | $1.94 \times 10^{24}$ | −405 903 |
| 700 | $2.06 \times 10^{21}$ | −397 003 |
| 800 | $7.83 \times 10^{18}$ | −388 103 |
| 900 | $7.71 \times 10^{16}$ | −379 203 |
| 1 000 | $1.57 \times 10^{15}$ | −370 303 |
| 1 100 | $5.62 \times 10^{13}$ | −361 403 |

## 4-3　金属材料の無酸化熱処理

　以上述べてきたように、金属材料を無酸化で加熱を行うためには、雰囲気中の酸化性ガスの分圧をその温度で平衡する金属酸化物の解離圧以下に保つ必要がある。そのためには、炉内を真空または還元性ガスで置換し、その中の酸化性ガスの分圧を平衡する酸化物の解離圧以下に下げる必要がある。真空炉を使

第4章　金属の酸化・還元

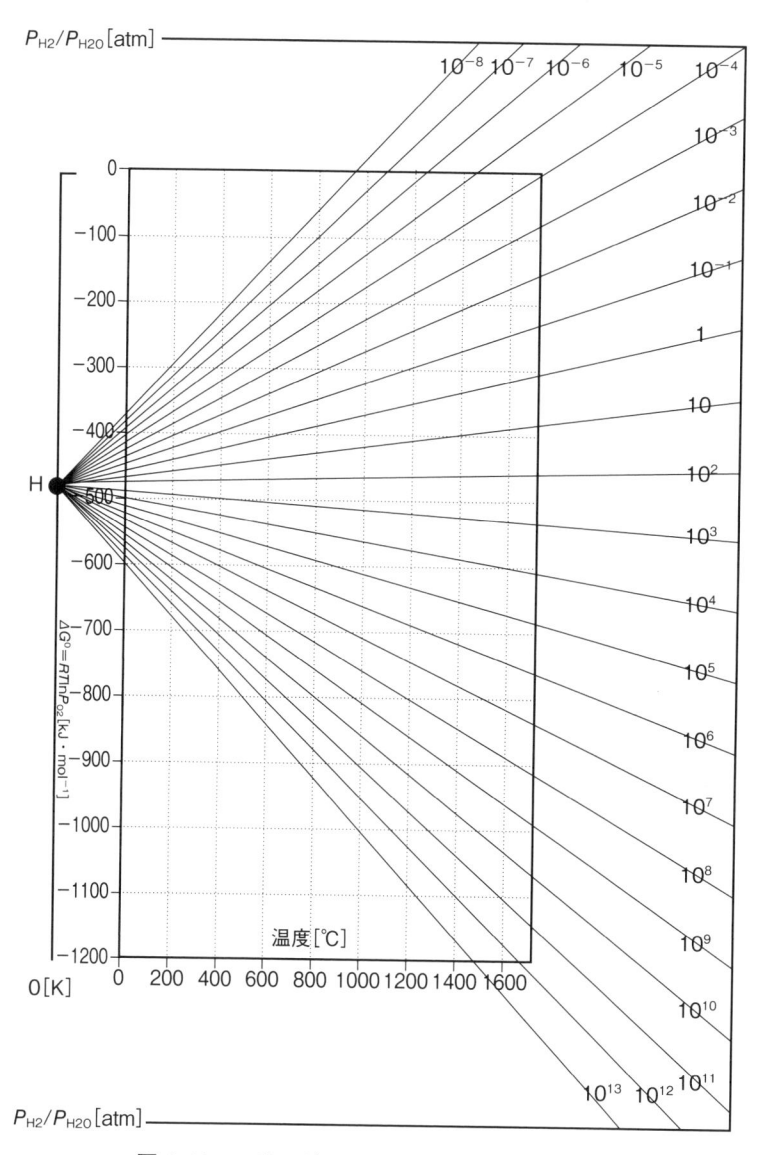

図4-13　エリンガム図 $P_{H2}/P_{H2O}$ 目盛副尺作成図

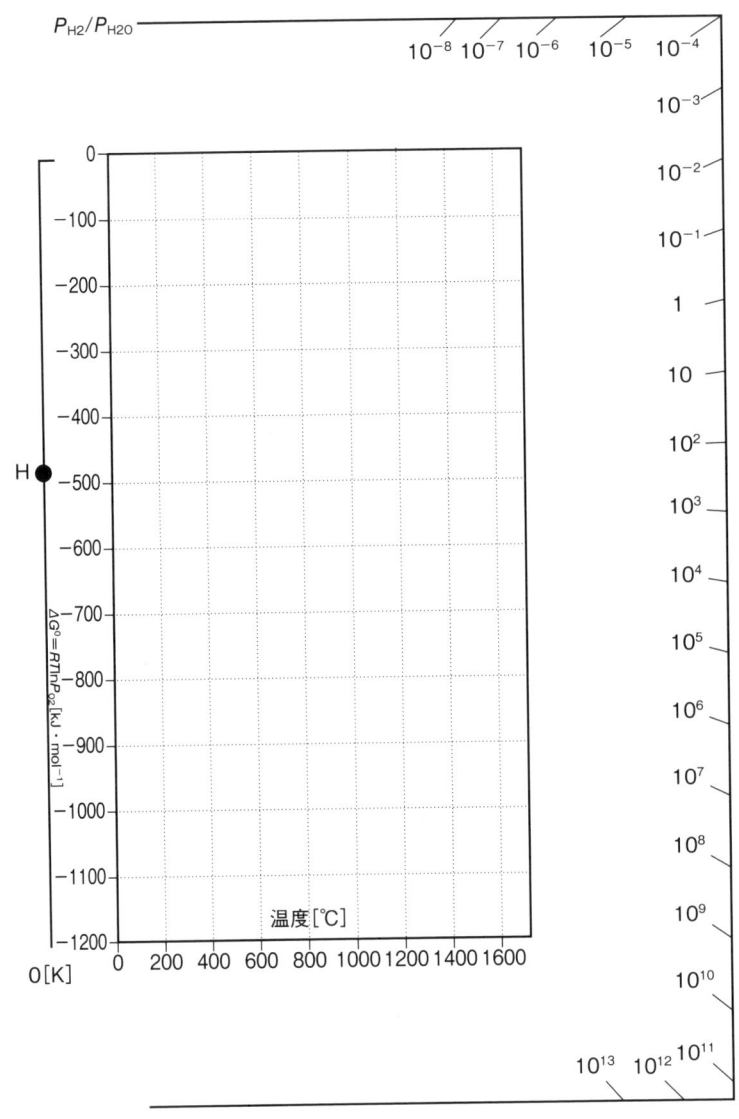

図 4-14 エリンガム図 $P_{H2}/P_{H2O}$ 目盛副尺

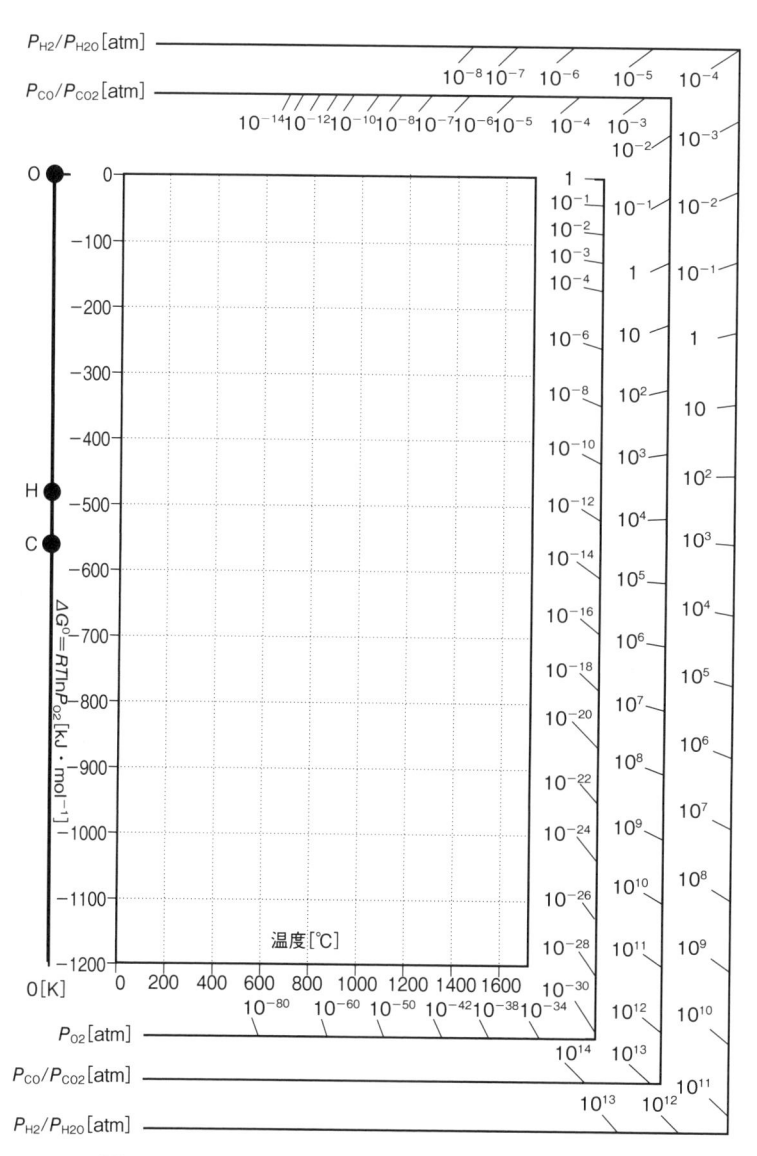

図4-15 エリンガム図目盛副尺をすべて記入図(原図)

用する場合、真空炉内をなるべく純度の高い中性ガスで置換し、酸素分圧を下げた状態にしてから真空ポンプを稼働させる必要がある。

そして、微量に残存する酸素（$O_2$）はエリンガム図の下位に位置し、ケイ素（Si）、チタン（Ti）、マグネシウム（Mg）など、酸素（$O_2$）との親和力の強い金属を炉内に酸素のゲッター材として挿入し、残存酸素と事前に反応させて除去する操作を実施する場合もある。

中性ガスを使用する場合にも全く同様であるが、熱処理炉の金属製レトルトあるいはマッフルに機密性の高いものを使用することは当然であり、この中性ガス中に水素（$H_2$）を添加する方法もとられるが、この水素が金属製レトルトやマッフルの表面の酸化物との還元反応から水蒸気（$H_2O$）を発生し、エリンガム図の下位に位置する金属の無酸化加熱に必要な酸素分圧が得られず、目的を達することができないので注意が必要である。

還元性ガスの水素またはアンモニア（$NH_3$）の分解ガスも上に述べた注意は必要である。ただエリンガム図の上位に位置する金属の処理では平衡酸素分が比較的高いので水素を添加する熱処理も多く行われている。なお、還元性ガスである一酸化炭素（CO）を含む変成ガスは、浸炭・脱炭現象に注意が必要である。

以上述べた、水素や一酸化炭素を含む雰囲気ガスの欠点を克服したのが、著者らが開発した、オキシノン炉®である[4-5]。これは炉内雰囲気に中性ガスのみを使用し、レトルトやマッフルをグラファイト製にし、外乱として混入する酸素を一酸化炭素に改質し、中性ガスとともに炉外に排出することにより炉内の酸素分圧を真空炉と同等あるいはそれ以下で稼働できる無酸化熱処理炉である。

以下にその詳細を述べる。

### 4-3-1　オキシノン炉の雰囲気理論

オキシノン炉の無酸化処理性は、水素や一酸化炭素ガスの還元性作用という従来の概念とは全く異なった原理を利用している。本炉を運転する際には炉内

の酸素分圧を知る必要があるが，酸素分圧の大きさは$10^{-15}$［Pa］以下と極めて低いため直接これを計測することは不可能である。そこで以下に述べる手法を用いて計測の容易な炉内の一酸化炭素分圧の測定値を用いてこれで推測する。

本炉の炉内構造物である断熱材および耐火物はすべてグラファイトで構築されている。その結果として，不活性ガス中の微量酸素および外乱として混入してくる酸素は赤熱したグラファイト（C）と反応し一酸化炭素（CO）に改質される。その関係は式4-28による。

$$C + 1/2 O_2 = CO \tag{4-28}$$

ただし，式4-28に関わる平衡定数$K_1$は次式で見積もられる。

$$K_{(4-27)} = \frac{P_{CO}}{<C> \cdot P_{O_2}^{1/2}} \tag{4-29}$$

ここで，$<C>$は固体炭素の活量を表し，$<C>=1$となる。$P_{CO}$と$P_{O_2}$はそれぞれ一酸化炭素と酸素の分圧（気圧）である。また$K_1$と絶対温度$T$とは次の関係にある。

$$\ln K_{(4-27)} = (13\,290/T) + 10.8 \tag{4-30}$$

式4-30から$K_{(4-27)}$が求まるので，この値を用いて式4-29から$P_{O_2}$を具体的に求めることができる。すなわち，測定により一酸化炭素分圧$P_{CO}$がわかれば，この一酸化炭素分圧$P_{CO}$と平衡する酸素分圧$P_{O_2}$が式4-28より得られる。表4-12に式4-29、式4-30に基づいて得られる炉内一酸化炭素分圧$P_{CO}$とそ

表4-12 炉内酸素分圧と一酸化炭素分圧との関係

| $P_{CO}$ \ $T$ | 1 273K（1 000 ℃） | 1 473K（1 200 ℃） | 1 673K（1 400 ℃） |
|---|---|---|---|
| | 炉内CO分圧と$O_2$分圧の関係 | | |
| 1 Pa | $3.9 \times 10^{-24}$ | $6.6 \times 10^{-23}$ | $5.6 \times 10^{-22}$ |
| 3 Pa | $3.5 \times 10^{-23}$ | $5.9 \times 10^{-22}$ | $5.1 \times 10^{-21}$ |
| 10 Pa | $3.9 \times 10^{-22}$ | $6.6 \times 10^{-21}$ | $5.6 \times 10^{-20}$ |
| 100 Pa | $3.9 \times 10^{-20}$ | $6.6 \times 10^{-19}$ | $5.6 \times 10^{-18}$ |
| 1 000 Pa | $3.9 \times 10^{-18}$ | $6.6 \times 10^{-17}$ | $5.6 \times 10^{-16}$ |

れと平衡する炉内酸素分圧 $P_{O_2}$ の計算結果を示す。ただし表中の分圧の単位は Pa である。また記号 $T$ は雰囲気温度を示す。たとえば、炉内温度 1 673K（1 400℃）において炉中一酸化分圧を測定した値が 10 [Pa] の場合、推定される炉内酸素分圧は、$5.6 \times 10^{-18}$ [Pa] と推定できる。

表 4-12 の炉内酸素分圧は、熱力学平衡計算より求めたもので、この値が実際の炉中雰囲気を示しているかを、ジルコニヤ酸素計を炉中に挿入し、この計器の測定限界の 1 273K（1 000℃）にて炉内酸素濃度を測定した。合わせて、炉内 CO 分圧も測定した。

その結果、炉内一酸化炭素分圧が 3 [Pa] でジルコニヤ酸素計は、$6.0 \times 10^{-23}$ を示した。これは CO 分圧から平衡計算より酸素分圧を求めると $3.5 \times 10^{-23}$ となり、酸素計で直読した値とほぼ一致しており、表 4-12 の値はほぼ信頼できる値と判断できる。

以上のことから炉壁をグラファイトのみとすれば、常圧の不活性ガス中において真空法では到達不可能な低酸素分圧の作業環境を達成できることがわかる。このような雰囲気下で金属酸化物が高温で加熱されれば、それらはほとんど酸素と金属に熱乖離する。

この原理を**図 4-16** のエリンガム図により以下に示す。なお、図中の記号 M は金属の融点、Ⓜは金属酸化物の融点、T は金属の変態点、Ⓣは金属酸化物の変態点をそれぞれ表している。また、左の縦軸は自由エネルギを、横軸は温度を示し、さらに $P_{O_2}$ と明示した右の縦軸および横軸は酸素分圧を示す。

図中の破線 A は、高純度の不活性ガスを用い金属製レトルトあるいはマッフル炉の中に高純度の不活性ガスを導入した場合の炉内酸素分圧が $10^{-1}$ Pa の状態を示している。これから明らかなように、高純度の不活性ガスを使用しても 1 200K（927℃）で酸化銅が銅に熱乖離還元する程度で、これよりもギブスエネルギの低い酸化物は全く熱乖離しない。そこで、酸素分圧を低減する手段として真空法が従来多く用いられてきた。また雰囲気炉においては水素や一酸化炭素などの還元性気体を含む雰囲気が用いられてきた。しかしながら、このような方法では上述したような不具合を生じる可能性が極めて高い。

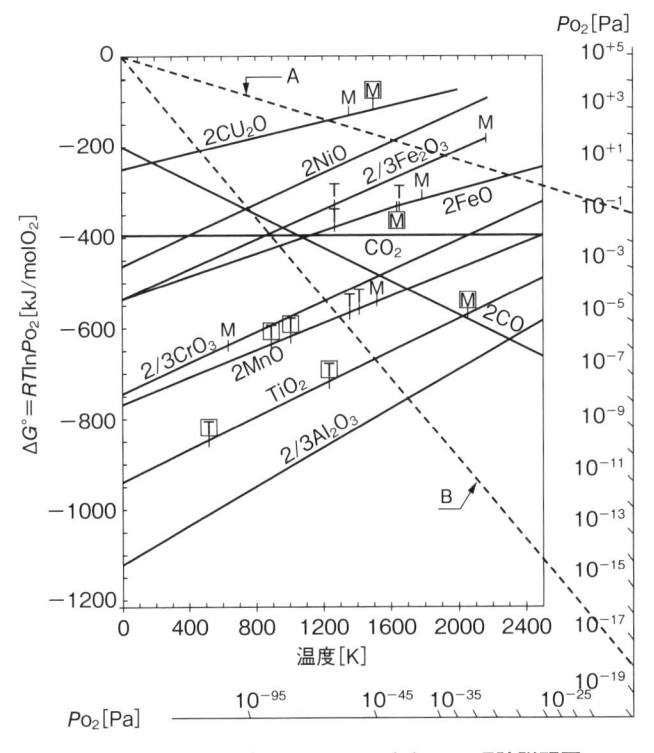

図 4-16 エリンガム図によるオキシノン理論説明図

　これに対し本炉では不活性気体のみの大気圧雰囲気下で、酸素分圧を $10^{-15}$ [Pa] 以下に下げることが可能である。たとえば炉内酸素分圧が $10^{-18}$ [Pa] の場合について考えれば、同図の一点鎖線 B より上にある酸化物はその交点以上の温度ですべて熱乖離して金属に還元することになる。この雰囲気で 1 600 K（1 327 ℃）に加熱された Fe、Cr の酸化物はもちろん Ti のように酸化物が安定な金属まで熱乖離により還元させ得ることがわかる。

　一方、ガスとしての酸素のギブスエネルギは 1 気圧を基準として次式のように変化する。

$$\Delta G^0 = 2.030 RT \log P_{O_2} \qquad (4\text{-}31)$$

ここで、$\Delta G^0$ は標準ギブスエネルギ変化を、$R$ は気体定数を表す。また、

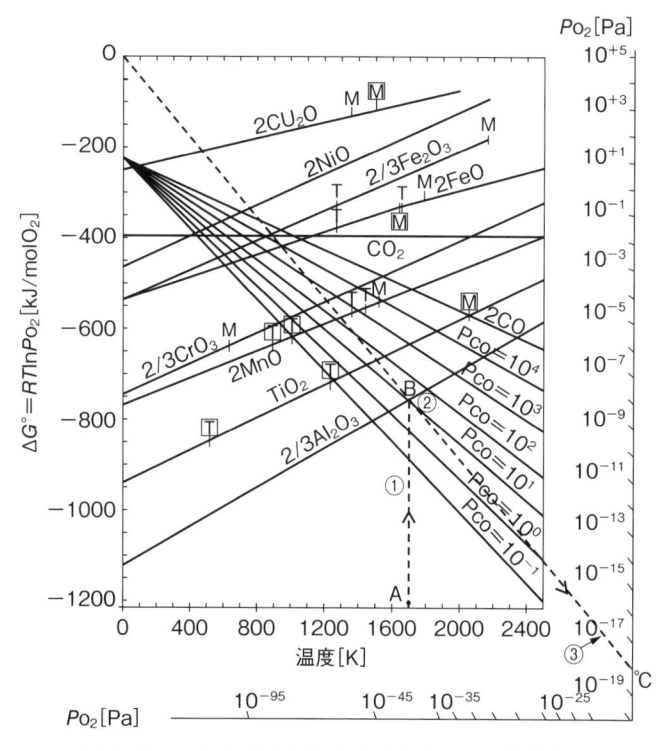

図 4-17 エリンガム図によるオキシノン理論説明図

$P_{O_2}$ は純金属および純粋酸化物と平衡にある酸素の分圧であり、乖離圧と呼ばれ、酸化物の安定性の尺度である。乖離圧が低い金属ほど酸化物が安定で難還元金属と呼ばれる。逆に乖離圧が高い金属ほど還元しやすい易還元金属と呼ばれる。

これをエリンガム図と関連させ、平衡一酸化炭素分圧を一群の線で併記したものが**図 4-17** である。

特定の一酸化炭素分圧と平衡する酸素分圧は、次に示す例示のようにして求めることができる。たとえば炉内の温度を 1 700K（1 427 ℃）として 10 [Pa] の CO と平衡する酸素分圧を知るには、図に示すように点 A（1 700K に相当）から立ち上げた垂線①と $P_{CO}=10^1$ の交点 B ②を求め、さらに原点 O と交点 B

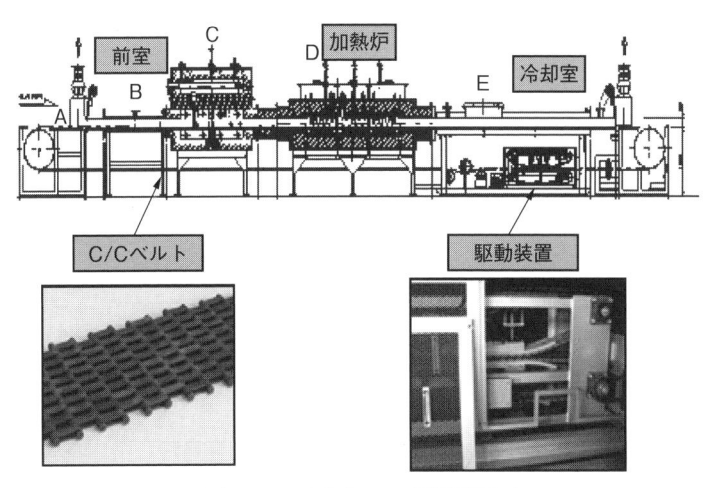

図 4-18 オキシノン炉横断面図

を結ぶ線を延長した線②と $P_{O_2}$ 軸との交点 C ③から $8 \times 10^{-18}$ [Pa] と求められる。

## 4-3-2　連続オキシノン炉の構造

図 4-18 に前述の考えに従って設計・試作した炉の横断面図を示す。

A 部は入口側従動駆動装置および製品積載エリアであり、これにより製品をベルトに載せ炉内に送り込む部分である。

B 部は、炉内雰囲気と外界の空気とを置換する前室と呼ばれる区域である。

C 部は、約 800℃ まで昇温できる予熱室である。

D 部は、加熱炉であり、この炉の場合、最高温度 2 600℃ まで昇温することができる。このため、搬送用ベルトは C/C コンポジット製を用いた。また駆動装置も図に示すように特別なものを使用した。

以上述べたオキシノン炉を使用すると

① 炉内構造物に、酸化物断熱材、酸化物耐火材および金属構造物を一切使用せず、黒鉛系の材料で炉内を構築した。

② 2 873K（2 600℃）以上の高温下でベルト搬送による連続加熱処理が可能

である。

③可爆性のない不活性雰囲気のみで加熱処理できるので安全である。

④不活性雰囲気中で処理するため、被処理品の浸炭・脱炭現象が生じない。

⑤炉圧を常圧稼働できるので、加熱処理金属の蒸発を真空法よりも抑えることができる。

⑥雰囲気制御が不要である。

⑦炉中の酸素分圧を極低圧（$10^{-15}$ [Pa] 以下）に保持できるので、極めて難還元性の金属酸化物を熱乖離させ、金属を無酸化状態で取り扱うことができる。

などの利点があり、新しいタイプの雰囲気炉であるといえる[4-6]～[4-8]。

# 第5章
鋼の光輝熱処理

## 5-1 光輝熱処理

　鋼の光輝熱処理とは、被処理品の表面を金属光沢の無酸化状態に維持し、なおかつ無脱炭、無浸炭などの変質層のない状態を保持する熱処理法である。すなわち

　　　　無酸化＋無脱炭＋無浸炭＋その他無変質層＝光輝熱処理

である。

　外観上目視で観察し金属光沢で熱処理ができていても、表面層に脱炭や浸炭などの変質組織を呈している熱処理は光輝熱処理とは言い難い。この場合、被処理品が光輝熱処理条件を満たしているかを判定する方法は、無酸化については、製品外観を目視で観察し金属表面の色で判断できるが、脱炭および浸炭などの変質層の有無については、被処理品を切断し、表面を顕微鏡で観察しないと判定できない。

　光輝熱処理の目的に用いられる方法には以下のような種々の熱処理法がある。A）熱浴熱処理法、B）粉末パック熱処理法、C）被覆熱処理法、D）真空熱処理法、そしてE）雰囲気熱処理法である。

　A）の熱浴熱処理法は、鉛などの金属を溶融した浴中で鋼を加熱する方法と塩化ナトリウム（NaCl）や塩化バリウム（BaCl）のような中性塩を混合し、目的とする融点に調整して、その溶融塩中で鋼を加熱する方法である。往年盛んに利用された方法であり、設備費も安価で、簡単に熱処理ができ変形が少ないなどの多くの利点がある反面、後処理の洗浄における洗浄水による水質汚染や大気汚染などの公害対策が必要となるため、現在では金型や航空部品などの一部の分野で利用されるのみとなってしまったことは残念である。筆者も学生時代の修士論文研究は、塩浴を利用した表面硬化処理がテーマであった。

　B）の粉末パック熱処理法は、木炭、ダライ粉（鋳物の切削屑）などに製品をパックする方法で、雰囲気炉がなくとも簡易的に無酸化加熱ができる。ダライ粉は、鉄とグラファイトを含む切削屑であり、これに被処理品をパックし加熱することにより、誠に簡単に大気雰囲気中で無酸化加熱ができる。反面作業

環境はダライ粉の粉塵により悪化するという欠点もある。

C）の被覆熱処理法は、被処理品に、硼砂、水ガラス、粘土などを塗布し、表面を保護して無酸化加熱する簡易的な方法である。日本刀の波紋は粘土や味噌などを塗布し、加熱焼入れすることによって発現するものである。現在ではほとんど利用されていないが一部ヤスリなどの製造にこの方法が利用されている。

D）の真空熱処理法は、真空手段を用い炉内の酸素分圧を下げて、無酸化加熱する方法で、現在ではほとんどの光輝加熱方法は、この真空熱処理法と雰囲気熱処理法とで占められているが真空熱処理法は減圧下での加熱であるため、蒸気圧の高い金属の逸脱により表面が変質する場合があるので注意が必要である。真空熱処理も広義な雰囲気といえるが、本書では真空熱処理は除外した。すなわち雰囲気ガスを用い炉内圧が大気圧とほぼ同じ中で熱処理をする方法を雰囲気熱処理と定義した。

以上、本書では、E）の雰囲気熱処理法を用いた鋼の光輝熱処理について述べる。この要求に用いられる雰囲気を保護ガスともいい、酸化膜の原因となる酸化性のガスである酸素（$O_2$）、水蒸気（$H_2O$）そして二酸化炭素（$CO_2$）などの成分分圧を調整する必要がある。また浸炭の原因になる一酸化炭素（CO）およびメタン（$CH_4$）などの浸炭性ガスの成分調整、およびクロムなど窒化しやすい成分を含有する鋼においては窒素（$N_2$）およびアンモニアの分圧も調整しなくてはならない。

鋼の光輝熱処理の種類は、大別すると、①焼ならし、②焼なまし、③焼入れ・焼戻しなどがある。

## 5-2 光輝焼ならし（normalizing）

著者が学生のころは、焼ならしを焼準と呼んでいた。今でもこの言葉を使う人がいるが、JIS用語では"焼ならし"と呼んでいる。このことからもわかるように焼ならしとは、鋼を標準状態（ノーマル）にする熱処理であり前加工の

影響を取り消し、荒れた結晶粒を微細化し機械的特性を向上させる熱処理である。たとえば、熱間鍛造おいて高温で塑性加工された鋼は、結晶粒が粗大化し機械的特性が低下してしまう。これを焼ならしにより、本来の組織にする作業が焼ならしである。焼ならしにより鋼は本来の特性を発揮できることになる。光輝焼ならしはこの熱処理を雰囲気中で行い表面の酸化および浸炭などの変質層のない被処理品を得ることを目的とした熱処理方法である。

　**写真 5-1** は熱間鍛造品の S45C の組織写真であり、1 000 ℃以上の熱間加工で結晶粒が粗大化し荒れているのがわかる。

　**写真 5-2** はこの製品を 860 ℃にて、焼ならし処理した後の顕微鏡写真であり、結晶粒が焼ならしの熱処理により細かくなったことがわかると思う。

　焼ならしは、日常生活にたとえるならば、**写真 5-3** のように荒れたグランドを均一にならして正常な状態にもどす（ならす）作業に類似する。

　焼ならし温度は、亜共析鋼では $A_3$＋約 50 ℃で後述する焼なましと同じであるが、過共析鋼では、焼きなましと相違し $A_{cm}$＋約 50 ℃で熱処理する。**図 5-1** に焼ならしの温度範囲を薄墨で塗り示した。

写真 5-1　S45C 熱間鍛造組織

第5章　鋼の光輝熱処理

　光輝焼ならしの冷却は加熱炉と同じ雰囲気中で行うのが一般的であるが、特殊な例として加熱雰囲気と冷却雰囲気を分ける場合もある。
　一般的なメッシュベルト式光輝焼ならし炉と温度線図を**図** 5-2 に示す。
　ここで炉の構成としては、入口側から炉内搬送用駆動装置、大気と炉内雰囲

写真 5-2　S45C 焼ならし組織

写真 5-3　焼ならし作業のイメージ

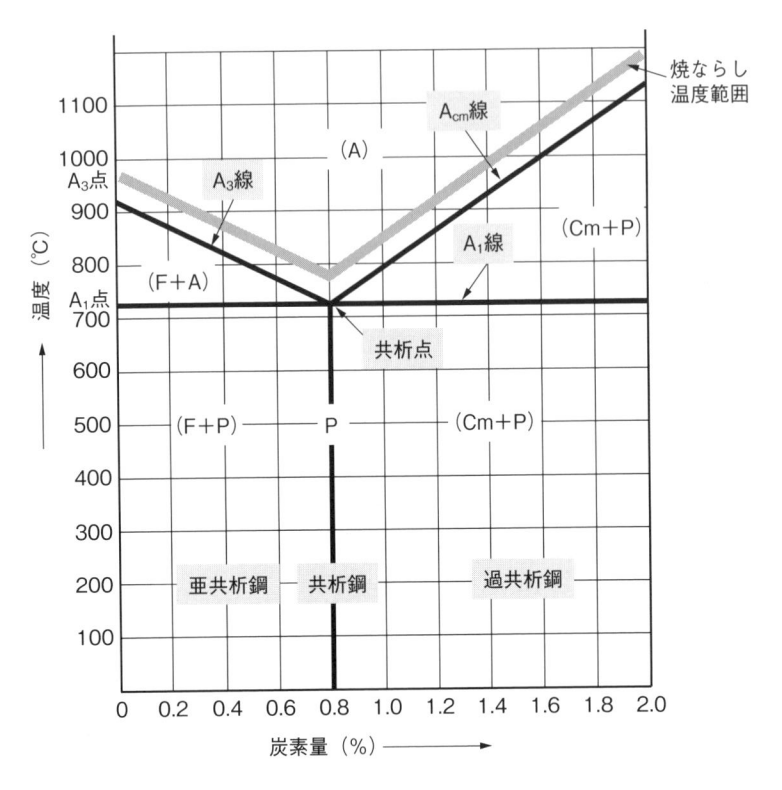

図 5-1 焼ならし温度範囲

気を置換する前室、発熱形変成ガスを発生させるバーナを備えた変成室兼予熱炉、そして加熱炉および冷却室からなっている。非処理品は前室から後室までの間雰囲気ガスにさらされることになる。

冷却室は水冷ジャケットの二重構造になっており、この水冷帯で被処理品は冷却されることになる。冷却速度は、水冷ジャケットの水温およびメッシュベルト速度により決定される。場合により、水冷ジャケットとともに水冷の熱交換器を内蔵させ、より早い冷却速度を得る工夫をする場合もある。このように焼ならし作業は加熱よりも冷却が重要なポイントとなる。

冷却室を保有する二室式バッチ式の焼きならし炉では冷却室にファンを設

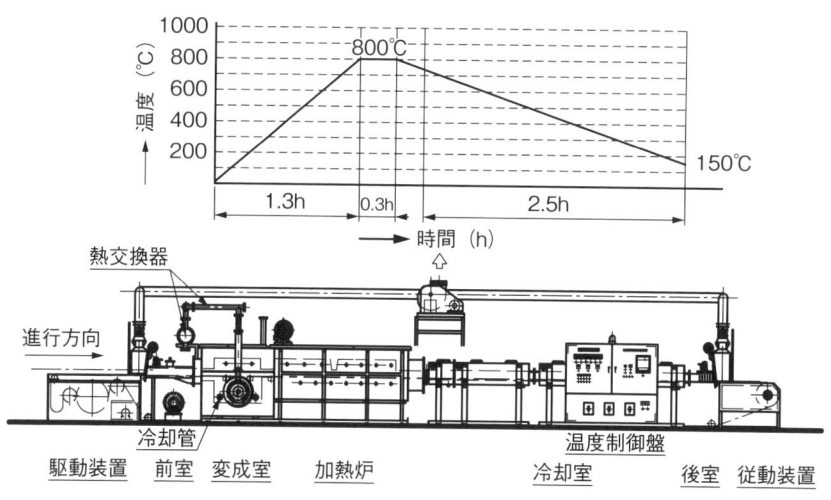

図 5-2 メッシュベルト式光輝焼ならし炉と温度線図

け、そのファンの回転数を変化させて冷却速度をコントロールすることを行う。

焼ならし作業において難しい点は加熱よりも冷却のコントロールであり、被処理品が小さい場合には同じ放冷でも大物の冷却速度に比較して早くなる。つまり部品の大きさにより冷却速度が変化するので注意が必要である。

さらに光輝焼ならしで注意を要する作業に、炉からの取り出し温度がある。炭素鋼および合金鋼においては、雰囲気ガス中から空気に暴露する取り出し温度を約150℃以下にしないと、雰囲気中で冷却された被熱処理品が大気中の酸素と反応して変色してしまい、光輝な表面が得られないという弊害が出てくる。

取り出し温度と鋼の酸化色との関係は、おおよそ

200℃前後；薄い黄色

300℃前後；黄色～紫色

400℃以上；赤色～灰色

である。

取り出し温度による鋼の酸化色は着色温度の目安となる。このときの保持時間は約2分前後である。このとき注意を要する点は、その温度に保持する時間

が長くなると上述した温度より高温側にずれてくるということ。焼戻し後の着色をテンパーカラーといい、保持される時間によっても変化するので、雰囲気炉からの取り出し温度による着色と焼戻し時の長い保持時間とでは着色する色が相違するので注意が必要である。また、ステンレス鋼のように緻密な酸化被膜を形成するクロムを含む鋼では取り出し時の着色温度は以下のようになるので、取り出し温度は 250 ℃以下にするのが望ましい。

300 ℃前後；薄い黄色

400 ℃前後；黄色

500 ℃前後；黄色～赤色

600 ℃前後；赤色～赤紫色

700 ℃以上；青色～灰色

であり、以上はあくまでも目安である。取り出し温度を判定するには、経験を踏むことが大事であり、できる限り取り出し時の製品の温度を携帯表面温度計などで計測することを勧める。最近では非接触で製品の表面温度が測れる赤外線携帯表面温度計も多用されている。

さらに光輝焼ならし作業で注意を要する内容に雰囲気のガス成分によって加熱速度および冷却速度が異なる点がある。すなわち熱伝導率および熱伝達率の大きい水素を含む雰囲気では、水素濃度が高くなるほど冷却速度が速くなる。逆に窒素ガスのように熱伝導率および熱伝達率が小さいガスでは冷却速度は遅くなる。この現象はあまり知られていないが雰囲気熱処理においては重要なことである。ちなみに、標準状態における水素の熱伝導率は 184.47 [mW/(m·K)] であり、窒素においては、25.74 [mW/(m·K)] である。

次に著者らが行った興味ある実験について述べる。

（方法）；**図 5-3** に示す小型管状炉を用いテストピースとして径 15$\phi$ の銅製丸棒を使用し $N_2$ (100 %)、$N_2$ (90 %)＋$H_2$ (10 %) および $N_2$ (10 %)＋$H_2$ (90 %) の各比率の雰囲気中で 1 000 ℃までの昇温速度と 400 ℃までの降温速度を自動記録計で測定した。

（結果）；その結果を図の下部の表に示した。この表の結果より、窒素 100 %

## 第5章 鋼の光輝熱処理

1 測定条件およびテストピース

| 設定温度 | 1 000℃ | テストピース | 鋼丸棒(C1 100) | 熱電対 | Kシース熱電対 |
|---|---|---|---|---|---|
| 雰囲気流量 | 合計0.1m3/Hr | 形状 | φ15×45 | 形状 | φ4.8×700L |

※(上記流量中の窒素、水素のガス比率を変更し試験)

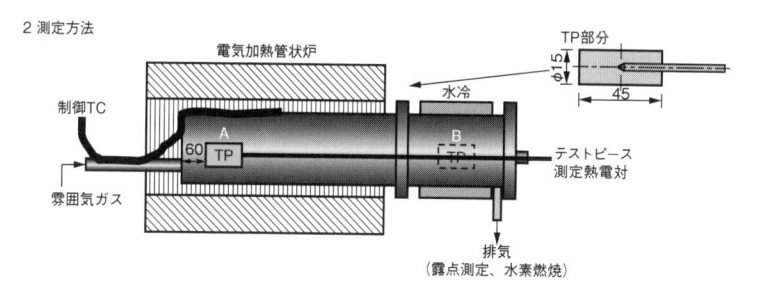

2 測定方法

3 結果

| | 昇温速度測定結果 | | | | 降温速度測定結果 | | |
|---|---|---|---|---|---|---|---|
| 測定項目 | 窒素100%昇温 | 水素10%昇温 | 水素50%昇温 | 測定項目 | 水素10%降温 | 水素50%降温 |
| 開始温度 | 350.0 | 284.1 | 432.9 | 開始温度 | 996.9 | 1035.8 |
| 到達温度 | 980.7 | 998.5 | 1046.5 | 冷却終了温度 | 331.4 | 268.6 |
| 500℃→900℃平均速度 | 64.9℃/min | 72.1℃/min | 105.2℃/min | 900℃→500℃平均速度 | −55.0℃/min | −91.0℃/min |
| 300→400昇温速度 | ---- | 126.0℃/min | ---- | 1000→900降温速度 | −97.2℃/min | −154.5℃/min |
| 400→500昇温速度 | 98.8℃/min | 118.6℃/min | ---- | 900→800降温速度 | −82.8℃/min | −129.5℃/min |
| 500→600昇温速度 | 93.3℃/min | 103.7℃/min | 141.3℃/min | 800→700降温速度 | −62.8℃/min | −102.2℃/min |
| 600→700昇温速度 | 76.1℃/min | 83.5℃/min | 116.5℃/min | 700→600降温速度 | −44.9℃/min | −77.0℃/min |
| 700→800昇温速度 | 56.1℃/min | 62.8℃/min | 94.8℃/min | 600→500降温速度 | −29.5℃/min | −55.2℃/min |
| 800→900昇温速度 | 34.3℃/min | 38.4℃/min | 68.2℃/min | 500→400降温速度 | −15.7℃/min | −35.5℃/min |

**図 5-3 雰囲気による加熱冷却速度の相違**

の雰囲気に比較して水素が添加されると、昇降温速度は速くなり、水素 50 % 添加で、約 1.6 倍速くなることがわかる。

　この実験でもう一つ重要なことが判明した。それは設定温度が同一の 1 000 ℃にかかわらず最高到達温度は水素添加雰囲気のほうが高くなるということである。

　以上のことは、雰囲気熱処理において充分考慮する必要がある。

　光輝焼ならしの方法には、冷却方法の違いにより以下の三種類に分けられる。これらの熱処理作業線図を**図 5-4** に示す。

図 5-4 焼ならしの種類

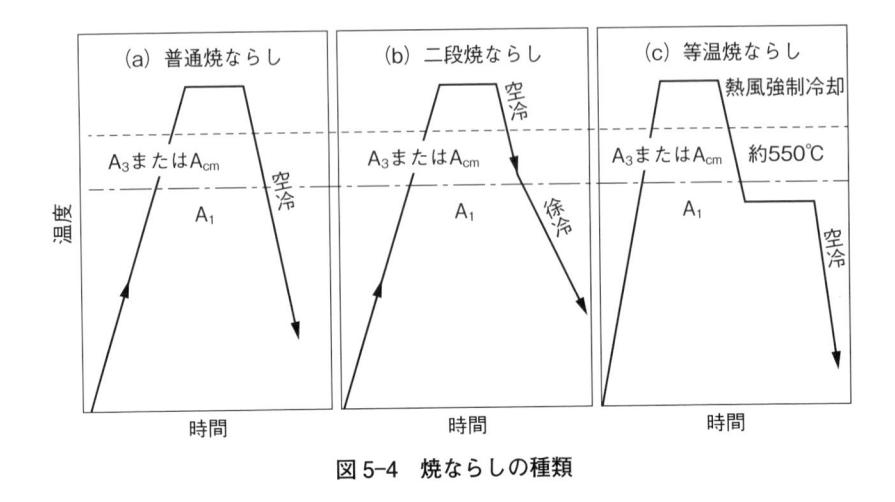

## 5-2-1 普通焼ならし

一般に多く用いられている焼ならし方法で、所定の温度から常温まで雰囲気中で放冷する方法である。冷却速度は、各鋼種の連続冷却変態図から目的とする硬度になるような冷却速度にする。普通焼ならしにより鋼は結晶粒が微細になり機械的性質を向上させることができる。反面、合金鋼のように放冷の遅い冷却速度であってもベイナイトなどの硬い組織が一部析出し硬くなってしまう場合がある。このときは $A_1$ 以下に再加熱して焼戻しを行い硬さを調整する。この焼ならし―焼戻し処理をノルマテンパー（ノルテン）と呼ぶこともある。

## 5-2-2 二段焼ならし

フェライト結晶粒が微細になる $A'r$ 変態点までを目的とする冷却速度で、それ以下を徐冷する方法で主に変形を嫌う大物製品に適用される。

## 5-2-3 等温焼ならし

サイクルアニーリングともいい、S 曲線を利用した熱処理処理方法である。すなわちオーステナイト状態に加熱した後、$A_1$ 変態直下の約 550 ℃まで急冷し、その温度に保持することで製品のフェライト＋パーライト析出を表面と内

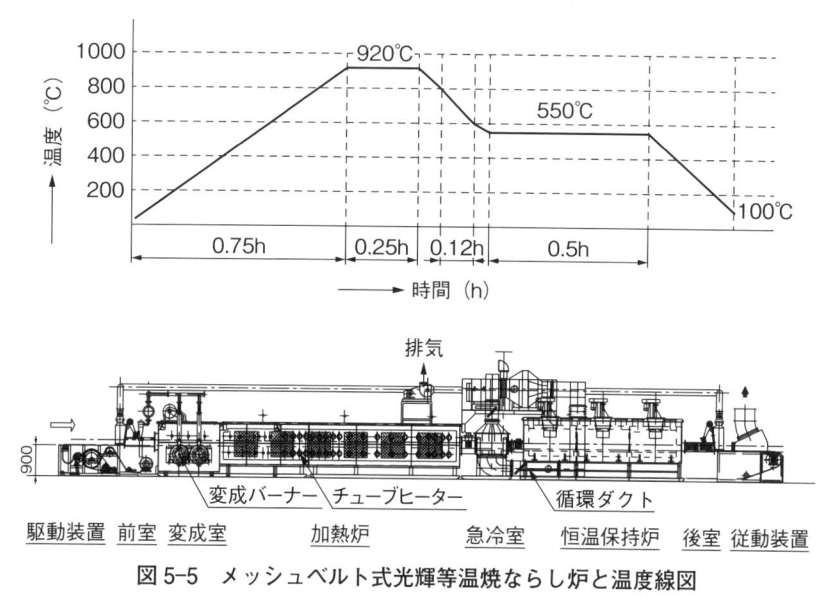

図 5-5 メッシュベルト式光輝等温焼ならし炉と温度線図

部の差がなく同時に起こさせて製品全体の組織を均一化できる。この表面・内部の組織の均一化を図り被切削性を向上できる焼きならし方法である。主に自動車部品の鍛造品、たとえばクランクシャフトなどに適応されている。

図 5-5 は、メッシュベルト連続炉を例に、この焼きならし温度線図を示した。等温焼きならし炉のポイントは、オーステナイト域から 550℃ までをいかに早く冷却させるかであり、急冷室の構造が重要ポイントとなる。

## 5-3 光輝焼ならしに用いられる雰囲気

焼ならしの加熱保持条件は、オーステナイト状態にすることであり、加熱保持中に酸化・脱炭雰囲気に被処理品が曝されないことが重要である。この目的のための雰囲気は、変成ガス雰囲気と単純ガス雰囲気が挙げられる。

変成ガス雰囲気は、一般に $CO+CO_2+H_2+H_2O+N_2$ の混合成分ガスである。単純ガス雰囲気は、通常、窒素ガスに数％の水素を添加し使用される。

## 5-4 光輝焼なまし

　焼なまし熱処理作業は以前、焼鈍（しょうどん）と呼ばれていた。この言葉から想像できるが、焼なましは焼入れとは正反対の熱処理作業である。すなわち鋼の応力を除去し、鋼の組織を調整し柔らかくする熱処理であり、$A_{C3}$変態温度以上で行う焼なましと$A_{C3}$変態温度以下で行う焼なましとに大別できる。以下に各種焼なましについて解説する。

### 5-4-1 完全焼なまし

　焼なましというと、一般にはこの完全焼なましをいう。加熱温度範囲は、**図5-6**に示すように、亜共析鋼の場合は$A_3$線、共析鋼の場合は$A_1$線以上約

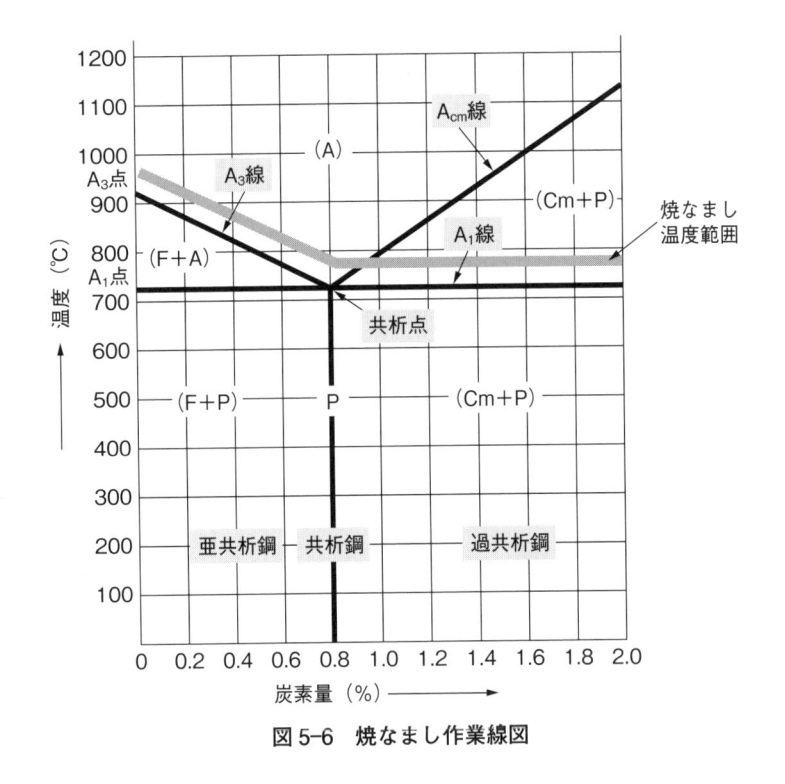

**図5-6 焼なまし作業線図**

50℃高い温度に加熱し、約20℃～100℃／時間で約450℃まで徐冷または炉冷する熱処理作業である。

組織は亜共析鋼ではフェライトとパーライト共析鋼においてはパーライト、過共析鋼の組織はセメンタイトなどの球状化炭化物とパーライト組織になり、概ね状態図の室温での組織になる。

完全焼なましの作業線図を**図 5-7**に示す。

炭素を含む鋼の雰囲気熱処理において、完全焼なましに$CO-CO_2-H_2-H_2O-N_2$系の変成型雰囲気を使用する場合、注意を有するのが脱炭の問題である。とくに$CO-CO_2$の平衡において鋼の中の炭素濃度と雰囲気のカーボンポテンシャルを合わせながら徐冷することは、不可能に近い。言葉を変えるとカーボンポテンシャルは温度の関数であり、ゆっくり冷却される温度とともにカーボンポテンシャルを追従させることが困難であるということである。

このため、COガスを少なくし炭素平衡型の雰囲気ではなく、窒素ベース系の雰囲気にすべきであるが、この場合は、露点すなわち水蒸気量または炉内酸素分圧をコントロールする必要がある。

以上述べたように変成型雰囲気を用い高温から徐冷もしくは炉冷する光輝完全焼なましは、脱炭・浸炭を防ぐことが難しい熱処理であり、この雰囲気にはカーボンポテンシャルを制御する必要のない窒素ベース型雰囲気を用いること

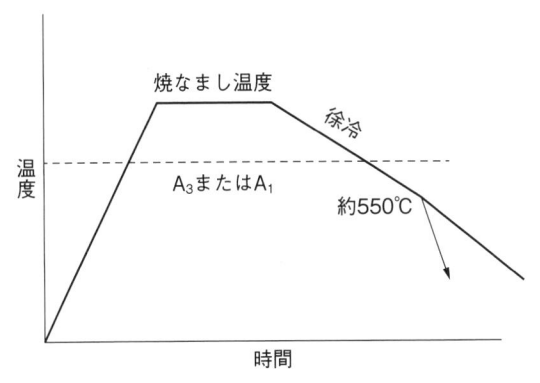

図 5-7 完全焼なまし作業図

が多い。

## 5-4-2　等温焼なまし

TTT 曲線（等温変態線図）を利用した焼なましで処理時間の短縮が図れる。つまり、$A_{r1}$ 変態温度直下で恒温保持しパーライト変態させる方法であり、熱処理作業線図を図 5-8 に示す。

## 5-4-3　球状化焼なまし

球状化焼なましとは、網目状や独立に析出した炭化物を球状化させ機械的性質や加工特性を向上させる熱処理の一つである。この方法には、製品の材質、大きさ、球状化の程度などにより様々な方法があり、そのヒートパターンが特許になっている場合も多い。図 5-9 に代表的な球状化焼きなまし方法を示した。

①の方法は、$A_{c1}$ 以下の温度で長時間加熱する方法であまり実用的ではないが、すでに球状化処理がなされている材料が圧延、押し出しなどの冷間加工により加工硬化してしまった中間製品の応力を除去し軟化させて後工程に流す熱処理に用いられることが多く、残留応力のエネルギにより球状化組織が促進さ

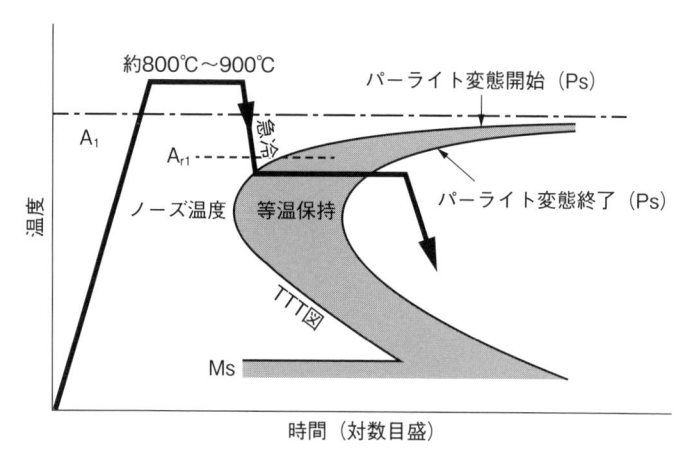

図 5-8　等温焼なまし作業図

れる。この方法が多用されているのが冷間鍛造品業界で、中間焼なましと呼ばれている。この場合の保持時間は1mm当たり2分から5分程度である。

②の方法は、$A_1$〜$A_3$あるいは$A_{cm}$点間の二層混合組織状態に加熱保持し、その後$A_1$点直下に急冷して保持することを数回繰り返す方法で、加熱冷却法と呼ばれる。この方法は少量を実験室的に行うには比較的短時間で球状化処理ができるが、処理量が多くバッチ炉のように大量にバスケットに入れて処理をする場合、バスケットの内部と外部の温度差が大きいことから、全体をこの加熱パターンで均一に加熱するのは困難であり実際問題不可能に近い。また連続炉の場合も炉内構造が複雑になることから、工業的にはあまり用いられていない。

③の方法は徐冷法と呼ばれ、一般的に用いられている方法である。方法としては、②と同様に、$A_1$〜$A_3$あるいは$A_{cm}$点間の二層混合組織状態に加熱保持し、その後600℃前後まで5℃〜20℃/時間程度の冷却速度で徐冷する。最も時間のかかる方法ではあるが、多量に熱処理する場合、ばらつきの少ないという特徴がある。この方法のポイントは必要な温度域をゆっくり冷却することであり、各社はその方法にノウハウを持っている。

④の方法は、③の方法の欠点である長時間処理を解消するための方法で、加

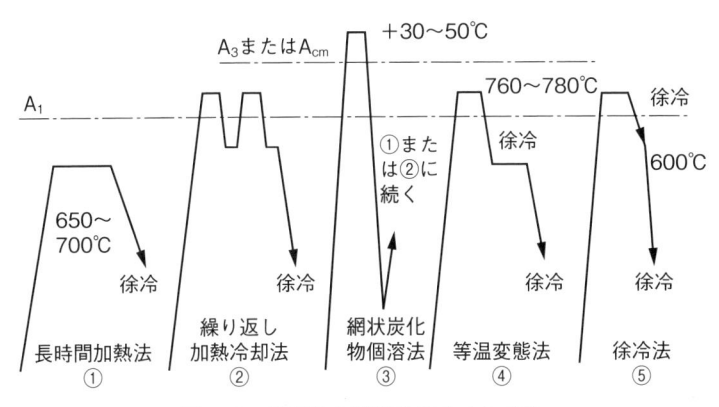

図5-9 代表的な球状化焼なまし方法

熱保持方法は③と同じく $A_1$〜$A_3$ あるいは $A_{cm}$ 点間の二層混合組織状態に加熱保持し、その後 $A_1$ 点直下に急冷して保持するもので、等温変態法と呼ばれている。この方法は徐冷区間がなく球状化に要する処理時間を短縮できる利点があるが、バッチ処理のようにある量全体を均一に等温変態域に急冷することが難しく、一部メッシュベルト式連続炉などの連続炉で使用されている。

　球状化焼なましは、古くから共析鋼あるいは過共析鋼の工具鋼や軸受鋼などを対象に行われてきた熱処理である。これら材料の球状化焼なましの目的はセメンタイトを主に、合金鋼の場合は複合炭化物を球状化し、耐磨耗性や耐衝撃性を向上させるために行われる。著者は昔、近所の工場のオヤジさんから相談を受けたことがある。ビールの王冠を作る金型がドイツ製で高価であるため硬さが同一の日本製に変えたが、その寿命が半分になってしまって困っている、という内容であった。早速内部の組織を顕微鏡にて観察したところ、ドイツ製の金型は過共析で球状化炭化物とマルテンサイトの二相組織であり、日本製のものは構造用合金鋼の亜共析鋼焼入れ組織のマルテンサイトのみの一相組織であった。これからもわかるように同じ硬さであっても内部組織により型の寿命が格段に相違する。

　ここで軸受鋼（SUJ2 相当）の球状化処理の実例を述べる。

　ここで取り上げた製品は軸受鋼のパイプである。

　**写真 5-4** は球状化処理前の組織であり、パーライトと結晶粒界にセメンタイトが見られる。これを **図 5-10** の熱処理パターンで球状化焼なましを行った組織が **写真 5-5** である。

　このように熱処理により組織がガラリと変化することが熱処理の冥利である。熱処理は外観が変化することなく内部の組織が変化するため、直ちに効果を確認することが難しい熱加工処理ともいえる。金属の組織を人の手相になぞられ金相と呼ぶこともあり、熱処理学とは金相を変える金相学といっても過言ではない。

　以上述べた球状化焼なましは、過共析鋼の網状セメンタイトを球状化する焼なましである。工具鋼や型鋼などの過共析鋼の球状化焼なましはほとんど製鋼

写真 5-4　球状化処理前組織

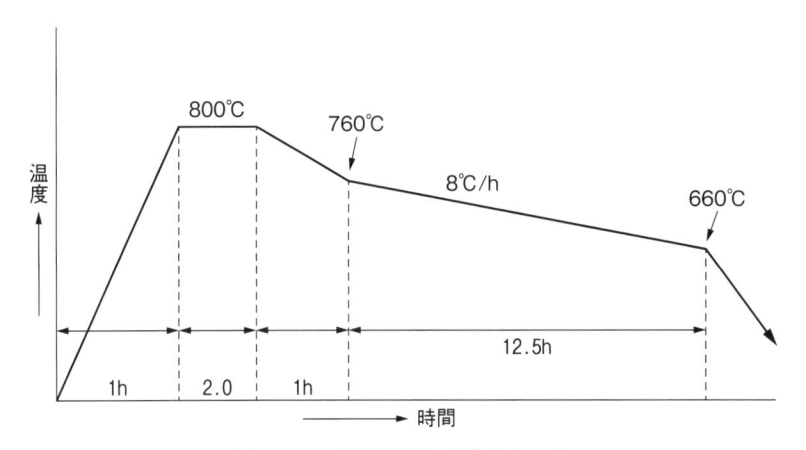

図 5-10　球状化熱処理線図の一例

メーカーで熱処理されて供給されるのが一般的であり、熱処理専業社が熱処理に供することはほとんどない。

これに対し、亜共析鋼の球状化焼きなましは、熱処理専業社が委託加工として取り扱う機会が増えている。これは省エネルギの観点から冷間鍛造や温間鍛

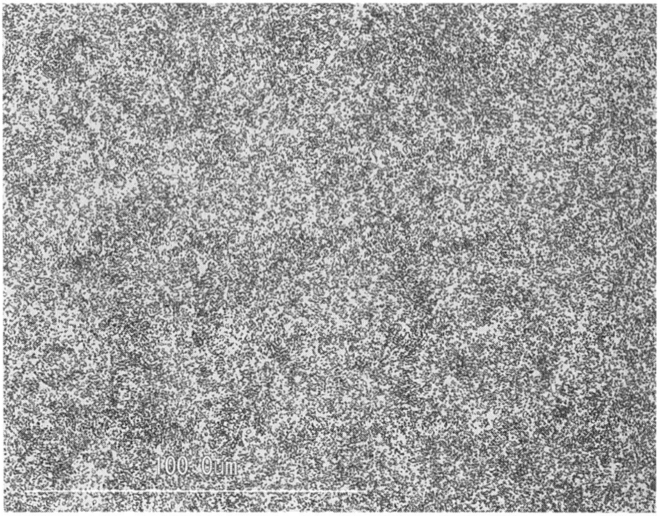

**写真 5-5　代表的球状化組織**

造が多用されているからで、低炭素鋼を含め冷間鍛造性を高めるために球状化焼きなましを行う。この場合、もし球状化焼なましにおいて浸炭してしまうと冷間鍛造性が極端に悪くなり、最悪の場合は表面に割れが発生してオシャカになってしまう。反対に脱炭が発生すると冷間鍛造後ほとんど切削加工工程がないため、脱炭は製品の品質を維持できない大きな欠点となるので注意が必要である。

**図 5-11** に冷間鍛造品の一連工程別解説図を掲げた。

この材料 A は SCM420 で、素材の組織はパーライト＋フェライトである。素材を B の熱処理条件で球状化処理をした組織が C であり、この状態で冷間鍛造をした製品が D となる。

## 5-4-4　応力除去焼なましおよび中間焼なまし

室温加工や溶接などにより発生した内部応力を除去するための焼なましを応力除去焼なましという。また、複雑な製品形状の何工程にも及ぶ冷間鍛造（室

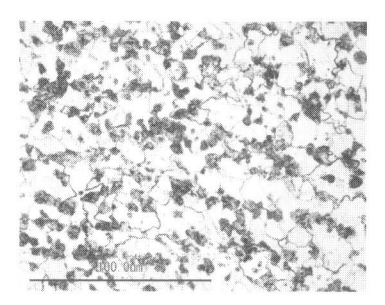

A 冷間鍛造品素材と組織

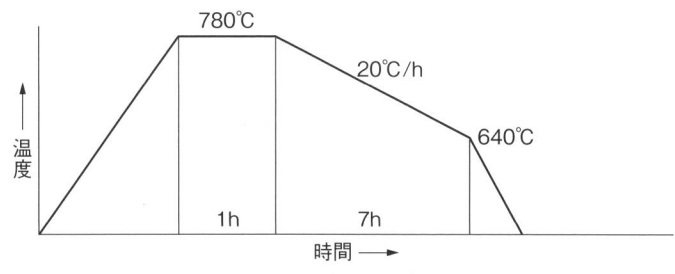

B 球状化熱処理条件

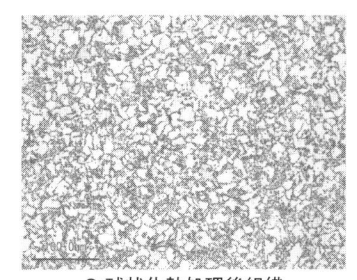

C 球状化熱処理後組織　　D 製品切断品

図 5-11　冷間鍛造品工程別解説図

温で加工するため冷間鍛造という）では、加工硬化で硬くなってしまった中間製品を柔らかくする目的で行う焼なましを中間焼なましと呼ぶ。いずれも加熱温度は再結晶温度の約 450 ℃以上 $A_1$ 以下の温度範囲で行う**図 5-12** のパターンをとる熱処理である。

　ここで再結晶温度とは、冷間加工により変形し歪んだ結晶粒が元の歪みのな

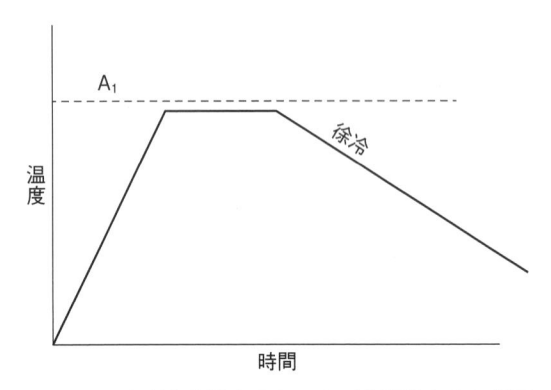

図 5-12　応力除去焼なましおよび中間焼なまし線図

い結晶粒に戻る最低の温度である。一般金属の再結晶温度は、次式によって見積もることができる。

　　　一般金属の再結晶温度 $[K]=0.4\times$ 溶融温度 $[K]$

すなわち、鋼の場合溶融温度を 1 500 ℃として計算すると

　　　鋼の再結晶温度 $=0.4\times(1\,500+273)\fallingdotseq 709\,[K]$

となり、436 ℃で約 450 ℃となる。

### 5-4-5　磁気焼なまし

　自動車分野をはじめ各種制御部を持つ電気機器部品に磁気材料が多用されている。なかでも保持力が小さく透磁率が大きいことを特徴とする軟磁性材料は近年使用量が増加している。軟磁性材料の代表例として純鉄に代表される鉄系、モータなどに用いられるケイ素鋼、そして高ニッケル材料であるパーマロイなど、様々な種類の材料が世の中に出回っている。

　磁気特性を最大限に引き出す加工が熱処理であり、その目的は①加工歪など材料が残存した歪を可能な限り除去する、②結晶粒を粗大化させる、ことが低い保持力および高い透磁率特性を得るための主目的である。このときに用いられる熱処理が磁気焼なましである。加熱温度は鉄系、ケイ素鋼については、780〜900 ℃程度、パーマロイについては、1 000〜1 200 ℃に加熱保持されるこ

写真 5-6　磁気焼なまし処理前組織

とが多い。

　次に純鉄を例にとり熱処理状条件と組織変化について述べる。

　用いた製品は約直径 28.5×高さ 40mm、肉厚 1.2mm の部品である。代表的な材料成分は C;0.003、Mn；0.39、残りは Fe である。

　熱処理前の組織は**写真 5-6** のように冷間加工され結晶粒が押しつぶされている組織を呈している。このときの保持力は約 500 [A/m] 程度である。

　**図 5-13** に示す熱処理条件にて磁気焼なましを行った処理後の顕微鏡組織を**写真 5-7** に示す。このときの保持力は 76.7 [A/m] 程度まで低下し、磁気材料として使用できるようになる。この熱処理の応用として 10％前後の加工率が粗大結晶粒を誘発する現象を利用すると、**写真 5-8** の顕微鏡組織のように一部巨大結晶粒が発現し保持力も 38.5 [A/m] と低下し特性が向上する。

　磁気焼なましに用いられる雰囲気は、水素、窒素＋水素そしてアルゴン＋窒素などのガスである。浸炭現象があると著しく磁気特性を低下させるため、一般的には変成ガス雰囲気は用いない。

熱処理条件

|  | 処理時間 (h) | 累計 (h) | 温度 (℃) |
|---|---|---|---|
| ― | 0 | 0 | 0 |
| 昇温 | 1.5 | 1.5 | 850 |
| 保持 | 3 | 4.5 | 850 |
| 徐冷 | 3.5 | 8 | 500 |
| 急冷 | 1 | 9 | 0 |

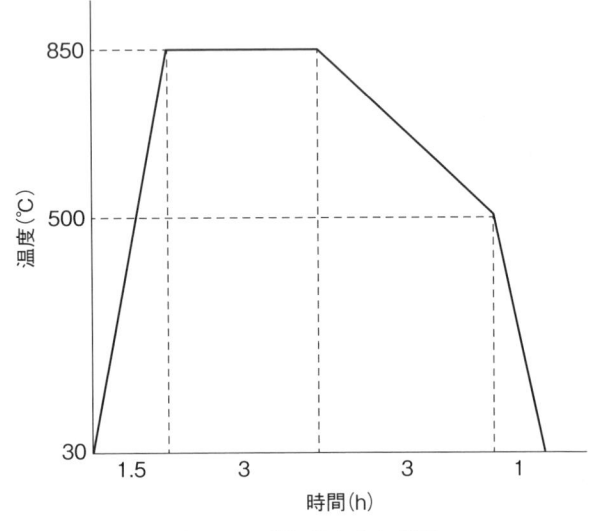

図 5-13　磁気焼なまし線図

写真 5-7　光輝磁気焼なまし処理後組織

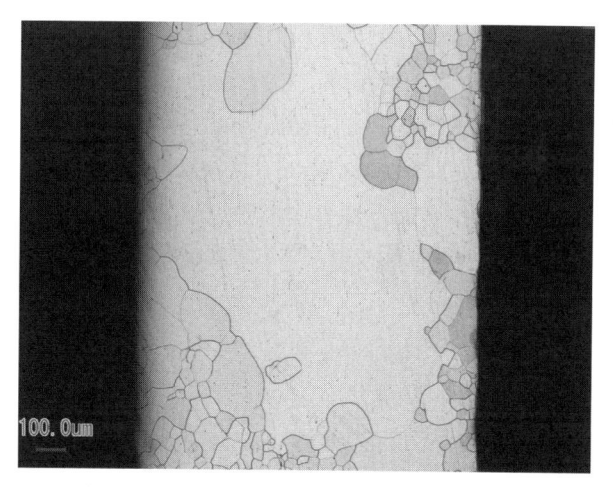

写真5-8 光輝磁気焼なまし処理後粗大結晶粒組織

硬質磁気材料である、永久磁石には磁気焼なましは使用しない。

## 5-5 焼入れ・焼戻し

### 5-5-1 焼入れ

　焼入れとは鋼を硬くし強度や耐磨耗性を向上させる熱処理である。そして焼入れを行ったものは、必ず目的に合わせて150℃～650℃の範囲で焼戻しを行うことが必要条件となっている。すなわち、焼入れ・焼戻しは対の熱処理作業なのである。250℃以下での焼戻しは耐磨耗性重視に用いられる部品で、500℃～650℃での焼戻しを行う部品は靭性を重視した熱処理であり調質処理と呼ばれる。

　焼入れに供する鋼の炭素量は、0.3％以上といわれている。その中でも0.45％程度の炭素が含有される炭素鋼や合金鋼の製品の高強度化および高靭性化付与を目的とした熱処理に多用されている。

　焼入れ硬さは炭素量（C％）に依存しクロム、マンガン、ニッケル、モリブデンなどの合金元素にはほとんど関係しない。合金元素の役割はいかに深くま

で焼きを入れるかである。焼入れで硬くなるのはマルテンサイト組織が出現するからで、マルテンサイト量と炭素量との間には次式の関係がある。

$$①約90\%マルテンサイト：HRC = 30 + 50 \times \%C \quad (5-1)$$

$$②約50\%マルテンサイト：HRC = 20 + 50 \times \%C \quad (5-2)$$

しかし実際の焼入れ作業ではマルテンサイトはほとんど出現せず、焼入れ組織が微細パーライトになるいわゆるパーライト焼入れも焼入れと呼ばれている。このときの焼入れ硬度はおおよそ次式で表せる。

$$無マルテンサイト（微細パーライト）：HRC：10 + 50 \times C\% \quad (5-3)$$

最大の機械的特性を得るためには、式5-1の硬さが得られる90％以上のマルテンサイト組織を得なくてはならない。そして次に重要な作業は焼戻しである。いくらよい焼入れをしても次工程の目的にあった焼戻しをしなくては元も子もないことになる。

## 5-5-2 焼戻し

焼戻し温度は大きく三種類に分別される。すなわち、

① 150～250℃程度の焼戻しにより、硬さを優先し、高強度および耐磨耗性を付与する目的のために行う。組織は焼戻しマルテンサイトである。

② 400℃前後で焼戻すことにより硬く強い性質を得ることができる。顕微鏡組織的にはトルースタイト組織と呼ばれる。

③ 焼入れ後550℃～620℃程度に焼戻しにより、高靭性を付与する目的のために行うもので、この処理を別名、調質と呼ぶ。そのときの組織はソルバイトである。この場合、焼戻し後の冷却を徐冷すると脆くなる焼戻し脆性が起きる場合があり、一般的には焼戻し後急冷脆化を抑制している。

焼戻し脆化にはその他300℃前後で起こる300℃脆性があり、この温度での焼戻しは避けるべきである。

以上説明した焼入れを無酸化・無脱炭で行う熱処理が光輝焼入れで、250℃以下での焼戻し雰囲気には通常大気を使用し、400℃以上の場合には雰囲気を用いる雰囲気焼戻しを行う場合が多くなってきている。

たとえば、乗用車の世界では AT（自動変速機）に代わって CVT（無段変速機）仕様の車が増えてきている。この CVT の部品のベルトに炭素量約 0.8 % 程度の合金鋼が使われている。このような部品や製品を無脱炭・無浸炭で焼入れする熱処理が光輝焼入れ処理である。この場合、被熱処理品の含有炭素量と加熱炉の雰囲気のカーボンポテンシャルを合わせる必要がある。このための雰囲気として吸熱形変成ガス（RX ガス）が多用されている。

図 5-14 に、メッシュベルト式光輝連続調質炉の外観と熱処理パターンを示す。

ここで、

① はバーンオフ炉で製品に付着している加工油を大気中約 450 ℃にて蒸発させ、負圧バーナにてその蒸気を吸い込み 850 ℃以上で燃焼させる部屋である。このため化学洗浄などの前処理はいらない。

② は前室と呼ばれ、大気と炉内雰囲気とを置換させるいわゆるパージ室である。

③ は焼入れ加熱炉で雰囲気は吸熱変成ガスで、発生装置は加熱炉内部の ④ に

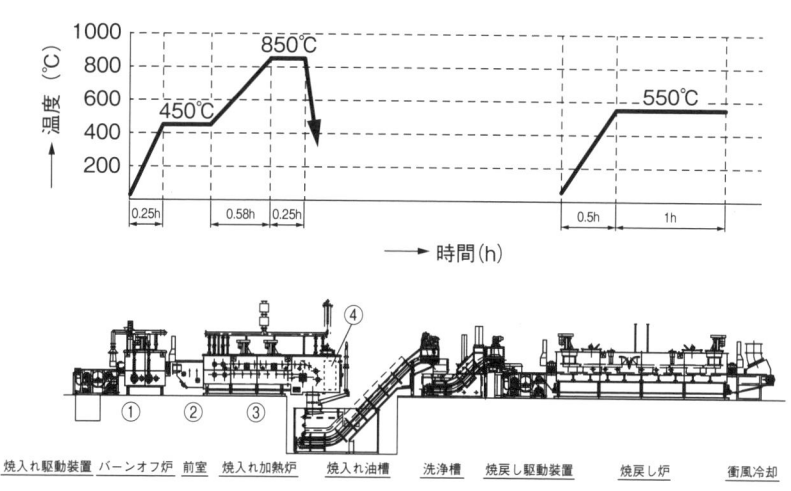

図 5-14　メッシュベルト式光輝調質炉と温度線図

内蔵されている。

④は吸熱変成ガス発生装置である。

## 5-6　鋼の光輝熱処理に用いられる雰囲気ガスの種類

　第3章でも述べたが改めて光輝熱処理用雰囲気の種類の概要を図 5-15 に示す。すなわち、雰囲気ガスは単純ガス、変成ガス、そして分解ガスに大別でき、それぞれ一長一短がある。

　この中で、変成ガスとはガス発生機で人為的に作られたガスであり、制御ガスとも呼ばれる。

　単純ガスとは、ガス体あるいは液体で供給され蒸発器でガス化して変成処理をしないで直接単独あるいは数種類を混合して炉中に導入し雰囲気として用いるガスのことであり、水素や窒素ベースの雰囲気がその代表である。また、分解ガスとはアンモニア、メタノールなど液体原料を熱分解し単純ガスの混合物として用いるガス体のことである。

　変成ガスについて説明を加えると、主に炭化水素系の原料ガスと空気とを混合し高温で反応させ水分などを除き、発生した混合ガス組成を調整し使用するものである。雰囲気成分としては、$CO-CO_2-H_2-H_2O-N_2$ 系であり、この中の各分圧を調整して用いる。この代表例として発熱形変成ガス（DX）、窒素形変成ガス（NX）、そして吸熱形変成ガス（RX）がある。この中で、鋼の光輝熱処理に用いられる雰囲気ガスの重要な要因は、酸化性ガスである酸素、水蒸気および二酸化炭素の総量と還元性ガスの水素、一酸化炭素などの総量の比率である。すなわち図 5-16 のように酸化性ガスと還元性ガスの比率により鋼が

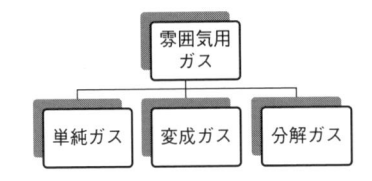

図 5-15　光輝熱処理用雰囲気種類の概要

第 5 章　鋼の光輝熱処理

酸化するか還元するかが決定される。

変成ガスの種類と製造方法については第 3 章を熟読することを勧め、ここでは概略を述べる。

発熱形変成ガスは DX ガスとも呼ばれ、炭化水素系ガスと空気とを混合させ燃焼させて燃焼排ガス中の蒸気量を脱水し所定の割合にして用いる。燃焼混合比を完全燃焼から完全燃焼比率 60 % 程度までの範囲の発熱領域で変成させるので、この名前が付けられている。この雰囲気ガスは脱炭性であるため、低炭素鋼の光輝加熱および光輝焼戻しなどに利用されている。

吸熱形変成ガスは、DX ガスよりも混合空気比率を下げてほぼ 100 % 不完全燃焼させ、ほとんどの成分が一酸化炭素（CO）と水素（$H_2$）とからなる雰囲気であり、RX ガスと呼ばれることが多い。この反応は 1 000 ℃ 程度に加熱されたニッケル触媒中で変成され吸熱反応であるため吸熱形変成ガスと呼ばれる。この雰囲ガスは中・高炭素鋼の光輝熱処理や浸炭処理用の雰囲気に用いられる。

窒化形変成ガスは、最近では単純ガスである窒素が安価に入手できるようになったことから、あまり利用されなくなっているが、窒素ガスのみでは得られない特性を有しているため、現在でも一部使用されている。このガスを NX ガスと呼ぶことが多い。製造方法は DX ガス中の水分および二酸化炭素（$CO_2$）を吸着剤にて吸着除去して得ている。鋼の光輝熱処理一般に使用できる。ここ

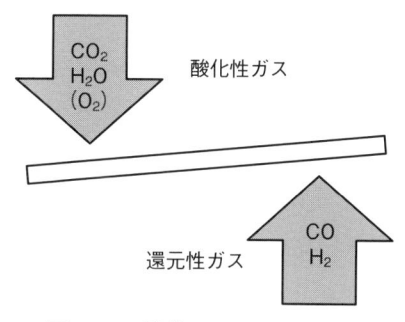

図 5-16　酸化・還元のバランス

で、DX、RX および NX ガスという名称が出てきたが、これらはすべてアメリカ合衆国オハイオ州に本社を持つ Surface Combustion 社が商標登録している商品名である。商品名である名称が、学協会の講演大会や学術論文に頻出しているが、その理由は現時点で著者にはわからない。読者の方でどなたかおわかりの方がいらっしゃったらお教え願いたい。変成ガス形雰囲気ガスの組成と適用例については第 3 章の図 3-5 を参照のこと。

　鋼の光輝熱処理に用いるガスは単純ガスと変成ガスに大別できると述べたが、二種類のガスの大きな相違は変成ガスにおいては、炭素の化合物である CO および $CO_2$ を必ず含有し、温度との関数である炭素ポテンシャルと酸素ポテンシャルの両方を考慮に入れて熱処理する必要があるということである。これに対し単純ガスの炭素の化合物を含まない雰囲気では、酸素ポテンシャルのみを考慮すればよいことになり、雰囲気熱処理の雰囲気管理の面では煩雑さがない利点があるが、熱処理前の母材がすでに脱炭しているような製品を複炭して光輝熱処理をするようなことはできない。そして一般に空気で変成する変成ガスのほうが単純ガスのコストよりも安価であるといわれている。

## 5-7　鋼の光輝熱処理の原理

### 5-7-1　鉄の酸化

　鉄を 560 ℃以上の大気雰囲気で酸化させると、**図 5-17** に示すように酸素濃度の低い順位に FeO、$Fe_3O_4$ および $Fe_2O_3$ の三相からなるスケールが生成される。ここに出現する三種類の鉄の酸化物の名称は種々の呼び方があり混乱することが多々あるために物性を含めてまとめた。

　すなわち、FeO は一般には酸化第一鉄と呼ばれ、575 ℃以下では不安定で徐冷すると、$\alpha$ 鉄と $Fe_3O_4$ に分解する。酸素濃度（at %）は 0.5 %であり、重量濃度（wt %）では 22.3 %になる。

　$Fe_3O_4$ は四酸化三鉄と呼ばれ、黒錆である。この黒錆は、ち密で安定な酸化物であるため、防錆のため鋼の表面にわざわざ四酸化三鉄を生成させる熱処理

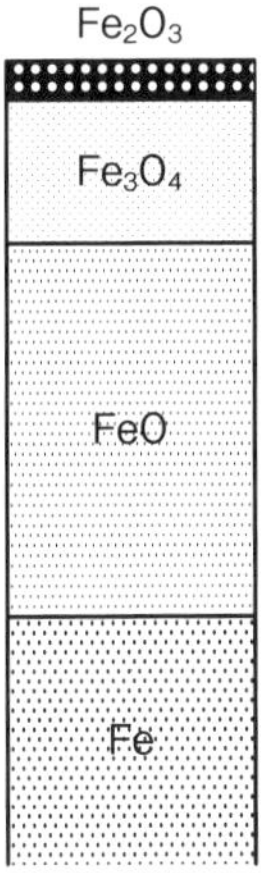

| 化学式 | FeO | Fe₃O₄ (FeO・Fe₂O₃) | Fe₂O₃ |
|---|---|---|---|
| 名称 | 酸化鉄(Ⅱ) 酸化第一鉄 ウスタイト | 酸化鉄(Ⅲ)鉄(Ⅱ) 四酸化三鉄 マグネタイト 磁鉄鉱 | 酸化鉄(Ⅲ) 酸化第二鉄 ヘマタイト 赤鉄鉱 ベンガラ |
| 密度 | 5.7g/cm³ | 5.17g/cm³ | 5.24g/cm³分解 |
| 融点 | 1 370℃ | 1 957℃ | 1 566℃ |
| 酸素濃度(wt%) | 22.3% | 27.6% | 30% |
| その他 | 発火性 電気を通さない | 黒錆(鋼の水蒸気処理皮膜) 常磁性 | 赤錆 常磁性 |
| 用途 | 鉄棒、中華鍋などの錆止め | 黒色顔料 | 磁気記録 研磨剤 顔料 |

図 5-17　鉄の酸化物と特性

を行う場合もある。これを水蒸気処理またはホモ処理といい、電磁鋼板や鋼管そして精螺部品などの熱処理に利用されている。酸素濃度（at %）は 0.57 %であり、重量濃度（wt %）では 27.6 %になる。

そして最も酸素濃度（at %）が高い 0.6 %を含有する酸化物が $Fe_2O_3$ で、一般に赤錆と呼ばれる酸化第二鉄である。重量濃度（wt %）では 30.0 %になる。そして、酸化膜の色調はそれぞれの酸化膜の厚みによって種々変化する。

## 5-7-2　鉄の酸化反応

鉄の酸化反応を定性的に示せば、

　　①酸素により　　　$Fe + O_2 = FeO, Fe_3O_4, Fe_2O_3$　　　　　(5-4)

　　②炭酸ガスにより　$Fe + CO_2 = FeO, Fe_3O_4, CO$　　　　　　(5-5)

　　③水蒸気により　　$Fe + H_2O = FeO, Fe_3O_4, H_2$　　　　　　(5-6)

これからもわかるとおり、鉄を水蒸気中および炭酸ガス中で酸化させても $Fe_2O_3$ の赤錆は発生しない。

次にこれら鉄の酸化反応を詳細に考察する。

（1） 酸素による鉄の酸化

鉄の酸素による酸化は次の三式に代表される。

$$Fe(s) + O_2(g) = 2FeO(s) \tag{5-7}$$

$$6FeO(s) + O_2(g) = 2Fe_3O_4(s) \tag{5-8}$$

$$4Fe_3O_4(s) + O_2(g) = 6Fe_2O_3(s) \tag{5-9}$$

式 5-7 は、鉄が酸化し酸化第一鉄すなわちウスタイトを生成する反応で、この反応のギブスエネルギがわかると前述した平衡酸素分圧がわかり、どのような条件で反応が右に進むか、左に進むかを判定することができる。すなわち現状の雰囲気によって酸化するか還元するかを見積もることができるのである。

ここで、式 5-7 の熱力学データを表 4-1 に示した。また平衡定数は下式で示される。

$$K_{(5-7)} = \frac{a_{FeO}^2}{a_{Fe} \cdot P_{O2}} \tag{5-10}$$

ここで、a は活量であり、aFeo、aFe は 1 になる。

すなわち

$$K_{(5-7)} = \frac{1}{P_{O2}} \tag{5-11}$$

$$P_{O2} = \frac{1}{K_{(5-7)}} \tag{5-12}$$

式 5-12 の酸素分圧は平衡酸素分圧と呼ばれ、炉内雰囲気中の酸素分圧がこれより低ければ製品は還元するし、高ければ酸化することになる。当然平衡定数 $K_{(5-7)}$ は温度の関数であり処理温度により平衡酸素分圧は変化することになる。

表 4-1 に平衡酸素分圧と温度との関係も示した。

ここで元になるギブスエネルギは表からもわかるように一次式で表した最も簡易的な方法で求めた値であり、厳密には比熱から求めた二次式になる。本書は雰囲気を考察するために書かれたもので、煩雑な計算を避けるために厳密な熱力学的考察は避けた。

（2） 炭酸ガスによる酸化

$$Fe(s)+CO_2(g)=FeO(s)+CO(g) \tag{5-13}$$

$$3FeO(s)+CO_2(g)=Fe_3O_4(s)+CO(g) \tag{5-14}$$

実は、式5-13は次式（5-15）と式5-16から成り立っていると見ることができる。

$$2Fe(s)+O_2(g)=2FeO(s) \tag{5-15}、(5-7)と同じ}$$

$$2CO(g)+O_2(g)=2CO_2(g) \tag{5-16}$$

すなわち、式5-15－式5-16/2＝式5-13になる。

ここで、式5-15の熱力学データ表4-1より

$$\Delta G^0(5\text{-}15)=-544\,000+138T \quad [J\cdot mol^{-1}] \tag{5-17}$$

式5-16の熱力学データ別表8より

$$\Delta G^0(5\text{-}16)=-566\,000+173T \quad [J\cdot mol^{-1}] \tag{5-18}$$

以上の結果より、式5-15－式5-16/2＝式5-13より

$$\Delta G^0(5\text{-}13)=11\,000-17.53T \quad [J\cdot mol^{-1}] \tag{5-19}$$

が導かれた。ここで、

$\Delta G^0(5\text{-}13)=\Delta G^0(5\text{-}15)-\Delta G^0(5\text{-}16)$ であるので

$$\Delta G^0(5\text{-}13)=\left(-RT\ln\frac{1}{P_{O2}}\right)-\left\{-RT\ln\left(\frac{P^2_{CO2}}{P^2_{CO}\cdot P_{O2}}\right)\right\}$$

$$RT\ln P_{O2}=\Delta G^0(5\text{-}13)-2RT\ln(P_{CO}/P_{CO2}) \tag{5-20}$$

ここで、重要なことは式5-20よりP(CO)／P(CO₂)の分圧を測定できれば、間接的に酸素分圧を求めることができるということである。

炭酸ガス（CO₂）による酸化の式（5-13）は突き詰めて考察すると、実は酸素が主役であるという重要なことがわかった。

式5-14においても同様であるのでここでは省略するが、興味のある読者は自身で計算していただきたい。

（3） 水蒸気ガスによる酸化

$$Fe(s)+H_2O(g)=FeO(s)+H_2(g) \tag{5-21}$$

$$3FeO(s)+H_2O(g)=Fe_3O_4(s)+H_2(g) \tag{5-22}$$

この式も酸素分子を含む二酸化炭素（$CO_2$）で考察したと同じく式5－21は、次式から成り立っていると見ることができる。

$$2Fe(s)+O_2(g)=2FeO(s) \quad (5\text{-}23)、(5\text{-}7)、(5\text{-}15)と同じ$$

$$2H_2(g)+O_2(g)=2H_2O(g) \quad (5\text{-}24)$$

すなわち、式5-23－式5-24/2＝式5-21になる。

ここで、式5-23は熱力学データ表4-1より

$$\Delta G°(5\text{-}23)=-544\,000+138T \quad [\text{J}\cdot\text{mol}^{-1}] \quad (5\text{-}25)$$

式5-24の熱力学データ別表12より

$$\Delta G°(5\text{-}24)=-483\,600+89T \quad [\text{J}\cdot\text{mol}^{-1}] \quad (5\text{-}26)$$

以上の結果より、式5-25－式5-26/2＝$\Delta G°(5\text{-}21)$から

$$\Delta G°(5\text{-}21)=-30\,200+24.5T \quad [\text{J}\cdot\text{mol}^{-1}] \quad (5\text{-}27)$$

が導かれた。

以上の結果より、二酸化炭素のときと同様に式5－28が導きだせる。

$$RT\ln P_{O2}=\Delta G°(5\text{-}21)-2RT\ln(P_{H2}/P_{H2O}) \quad (5\text{-}28)$$

水蒸気による酸化も水素と水蒸気の分圧を測定すれば、雰囲気中の酸素分圧を知ることができる。

水蒸気による酸化においても炭酸ガス同様に酸素が主役であるという重要なことがわかる。式5-22においても同様である。酸化性の雰囲気ガスとしては酸素、炭酸ガスおよび水蒸気が挙げられているが、以上の考察によりすべて酸素分圧に変換できるということに尽きる。

### 5-7-3　鋼の脱炭反応

鋼の脱炭とは、鋼に含有している炭素が母材表面から離脱する現象である。脱炭現象が起きると、母材表面が限りなく純鉄になってしまうので、焼入れをしても表面の硬さが所定の値よりも低くなり、機械的特性が得られないなどの問題を起こす。

脱炭を起こす雰囲気ガスは、酸化のときと同様、酸素、炭酸ガスおよび水蒸気である。これらのガスが炭素を酸化させガスとなって母材表面から離脱する

ことになる。炭素の酸化反応の化学反応は次式（5-29）および式5-30がある。

$$C+O_2=CO_2 \tag{5-29}$$

$$2C+O_2=2CO \tag{5-30}$$

これらの反応の熱力学データを別表1と別表3に示す。

式5-29および式5-30において左側に向かう反応は炭素の還元、右に向かうのが炭素の酸化になる。これらをエリンガム線図で書くと**図5-18**のようになる。

この図で、点線は$2C+O_2=2CO$のエリンガム線、そして一点鎖線は$C+O_2=CO_2$のそれを示す。これらの交点はおおよそ705℃である。

すなわち、705℃までは、$C+O_2=CO_2$が優先し、それ以上の温度では$2C+O_2=2CO$の反応が優先することになる。

二つ以上の反応をエリンガム図に書き、どの反応がその温度で優先するかは、その温度で最もギブスエネルギの値の小さな反応が優先するということをしっかりと覚えてほしい。

これを理解できれば、図5-18において実線で示した反応が各温度における優先反応となることがわかる。

また、FeOの酸化・還元反応のときと同じく炭素の酸化・還元反応の平衡酸素分圧を下記のように求めることができる。たとえば式5-30における平衡定数は、

$$K_{(5-30)}=\frac{P_{CO}^2}{a_C^2 \cdot P_{O_2}} \tag{5-31}$$

式5-31より、

$$P_{O2}=\left(\frac{1}{K_{(5-30)}}\right)\cdot(P_{CO})^2 \tag{5-32}$$

ここで、鋼の最表面での脱炭反応において生成するCO分圧が1とすると式5-32は、

$$P_{O2}=\left(\frac{1}{K_{(5-30)}}\right) \tag{5-33}$$

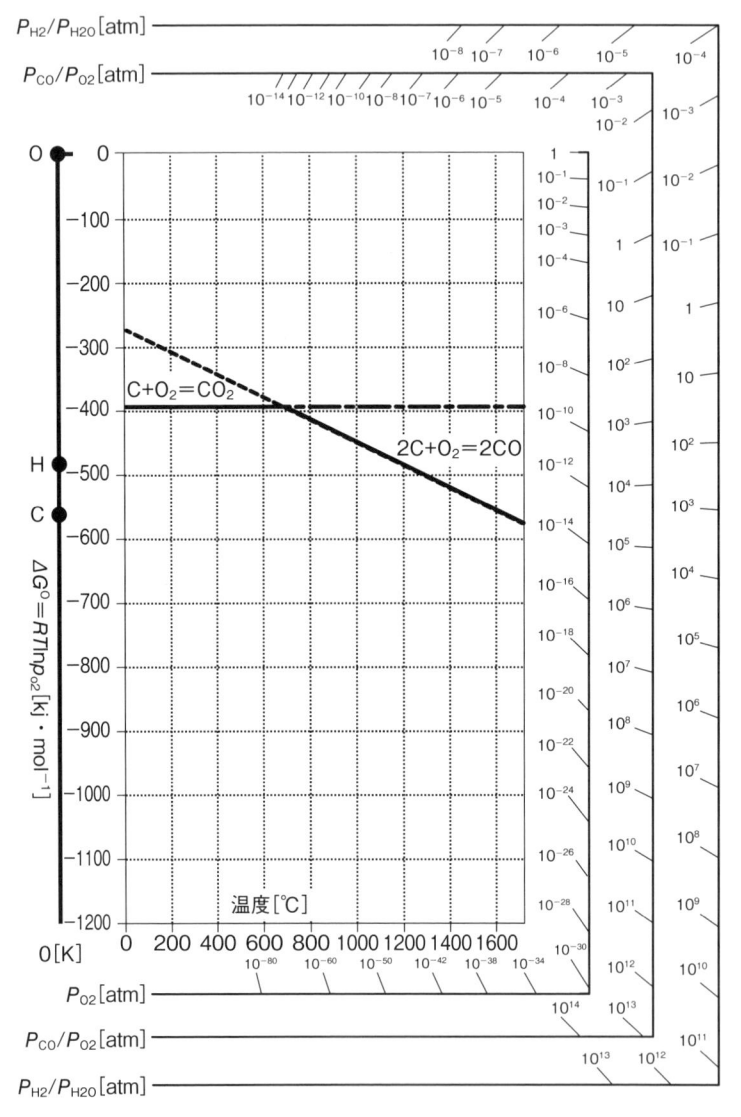

図 5-18 $C+O_2=CO_2$ と $2C+O_2=2CO$ 反応のエリンガム線図

表 5-1　鉄における 705 ℃以上の酸化還元域ケース

| 炉内雰囲気 | $2C+O_2=CO$ 平衡酸素分圧 | $2Fe+O_2=2FeO$ 平衡酸素分圧 | 熱処理後の鋼の表面状態 |
|---|---|---|---|
| ケースⅠ | 高い | 高い | 酸化・脱炭 |
| ケースⅡ | 低い | 高い | 酸化・無脱炭 |
| ケースⅢ | 高い | 低い | 還元・脱炭 |
| ケースⅣ | 低い | 低い | 還元・無脱炭 |

表 5-2　鉄における 705 ℃以下の酸化還元域ケース

| 炉内雰囲気 | $C+O_2=CO_2$ 平衡酸素分圧 | $2Fe+O_2=2FeO$ 平衡酸素分圧 | 熱処理後の鋼の表面状態 |
|---|---|---|---|
| ケース1 | 高い | 高い | 酸化・脱炭 |
| ケース2 | 低い | 高い | 酸化・無脱炭 |
| ― | ― | ― | ― |
| ケース4 | 低い | 低い | 還元・無脱炭 |

となり、平衡酸素分圧は反応式（5-30）の平衡定数の逆数になる。式 5-29 も同様に求めることができる。

そこで、式 5-29 および式 5-30 の炭素の酸化・還元の平衡酸素分圧と前述の反応式（5-7）から求めた鉄の酸化・還元の平衡酸素分圧の式（5-12）とを比較し熱処理炉中の雰囲気の考えられるケースを 705 ℃以上の場合は**表 5-1** に、705 ℃以下の場合を**表 5-2** に示した。

この中でケースⅠは、鋼が酸化し表面は変色し脱炭も進む雰囲気である。

ケースⅡは約 705 ℃以下で起こる現象で、鋼は脱炭しないが酸化するケースである。この温度範囲での炭素の酸化反応は $C+O_2=CO_2$ である。

ケースⅢはよく見かける現象で、鋼の外観は金属光沢で綺麗であるが、内部を観察すると脱炭層がある雰囲気で、この熱処理は光輝熱処理とはいわない。このケースは、鋼の酸化層がないため、酸化被膜のバリアがなく脱炭は急速に進むので最も気を付けないといけない雰囲気である。外観の仕上がり肌にごま

かされてはいけない典型的な例である。

ケースⅣはまさに光輝熱処理の雰囲気で、このケースになるように雰囲気調整をする。ただし、変成ガス雰囲気では炭素の還元のための平衡酸素分圧を下げすぎると煤を発生するので、注意を要する。

以上述べたことをエリンガム図に示すと**図 5-19** のようになる。

### 5-7-4　脱炭現象の実際

**写真 5-9** は SK85 材を 900℃ にて、雰囲気を湿潤水素（wet-$H_2$）中で加熱した光学顕微鏡写真である。表面がフェライトとなっており、フェライト脱炭層は約 0.3mm あり、全脱炭層においては 0.5mm 発生している。このように湿潤水素は強い脱炭性雰囲気であり、これを利用し焼結部品の脱バインダ処理用雰囲気として用いられることも多い。

**図 5-20** は、S30C の約 6m ある鋼管のローラーハース式熱処理炉であり、通常 DX 雰囲気のみで低炭素鋼を焼ならししているが、S30C 程度に炭素量が増加すると脱炭層が顕著に現れる。この製品は外観上、金属光沢を有し良好に思われるが、表面が写真右側のように脱炭している。

これを解決すべく、著者らは加熱室に RX 変成炉を設置し同じ条件で処理をしたところ、写真左のごとく見事に脱炭層がない製品を作ることができた。写真はその実例である。

### 5-7-5　鋼の浸炭

一般に浸炭とは、脱炭とは反対の現象で、浸炭性雰囲気ガスから鋼の表面へ炭素（C）が浸透移行する現象を指す。このため水素や中性ガス雰囲気のように雰囲気中に炭素を含まない雰囲気では浸炭現象は起こらない。しかし雰囲気には含まれないが、被処理品に付着した油分などの炭素分が浸炭に寄与する場合があり注意が必要である。

雰囲気熱処理において炉中に雰囲気以外の有機物などのコンタミが侵入することは避けなければならない。これにより思いもよらないトラブルを引き起こ

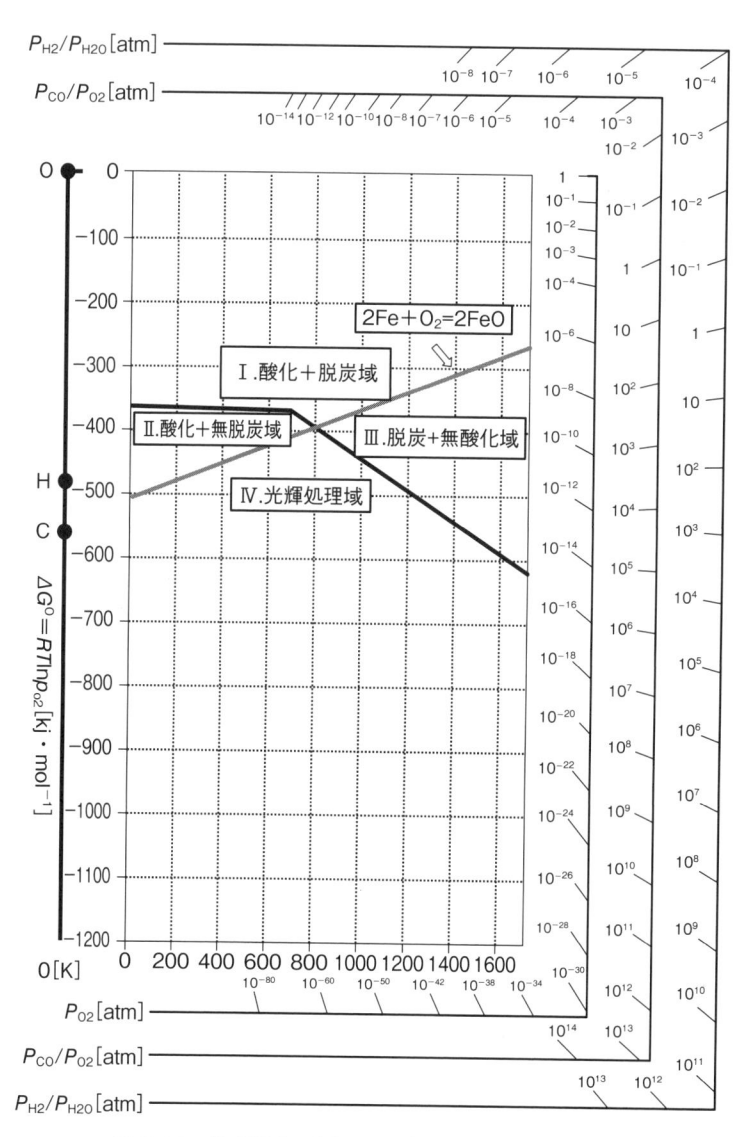

図 5-19 鉄の酸化・還元・脱炭関連のエリンガム図

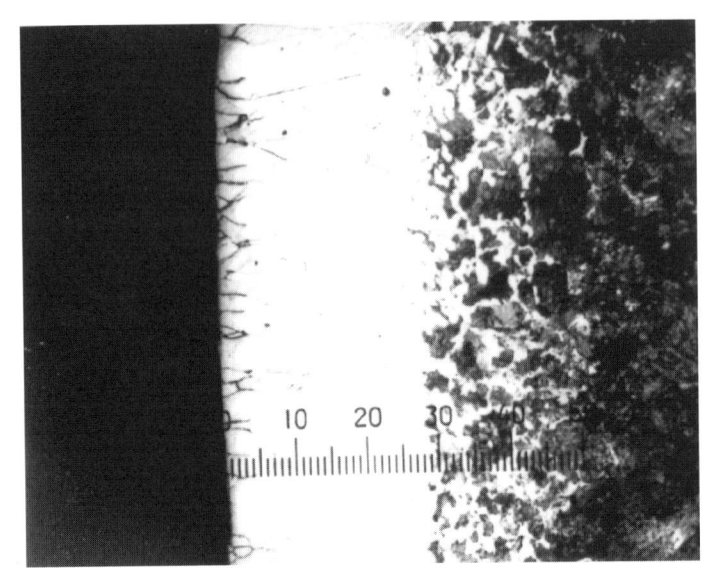

写真 5-9　代表的な脱炭組織

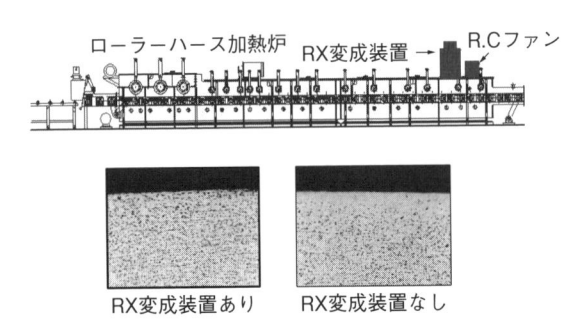

図 5-20　DX 雰囲気炉に RX 発生炉を付帯し脱炭を防いだ実例

すこともある。

　浸炭性雰囲気ガスについては、第 2 章の表 2-2 および表 2-3 と第 3 章の図 3-2 に示したが、一酸化炭素（CO）、プロパン（$C_3H_8$）やブタン（$C_4H_{10}$）などの炭化水素、メタノール（$CH_3OH$）などの有機物である。これらはすべて還元性で浸炭性のガスである。

第5章　鋼の光輝熱処理

　光輝熱処理には浸炭は有害であるが、強制的に浸炭現象を利用するのが表面硬化法としての浸炭処理である。

　鋼は、鉄と炭素との合金である。金属材料には多くの種類があり工業に広く利用されているが、その中でも鉄は"神様からの贈り物"といわれ格段に多く利用されている。その理由の一つとして、鉄には変態点というものがあり、ある温度で結晶構造がガラリと変わり、その結晶構造のもとで、炭素を固溶できるようになるという他の金属にない特徴を持つ特別な金属であり、この特性を生かして硬くも柔らかくもできることが挙げられる。

　第2章でも述べたが、室温から鉄線を加熱していくと熱膨張し、温度の上昇とともに伸びていく。ところが約910℃になると加熱しているにもかかわらず突然昇温および伸びが止まり収縮し始める。さらに加熱し続けていくと、何事もなかったようにまた昇温し膨張し始める。室温から鉄線を加熱し昇温すると膨張し伸びるのは変化であり、910℃で突然収縮するのは急激な変化であり変態という。実は変態は、結晶構造が変化するときに起こる現象である。つまり室温から910℃までは体心立方格子（bcc）の鉄の結晶構造であり、910℃か

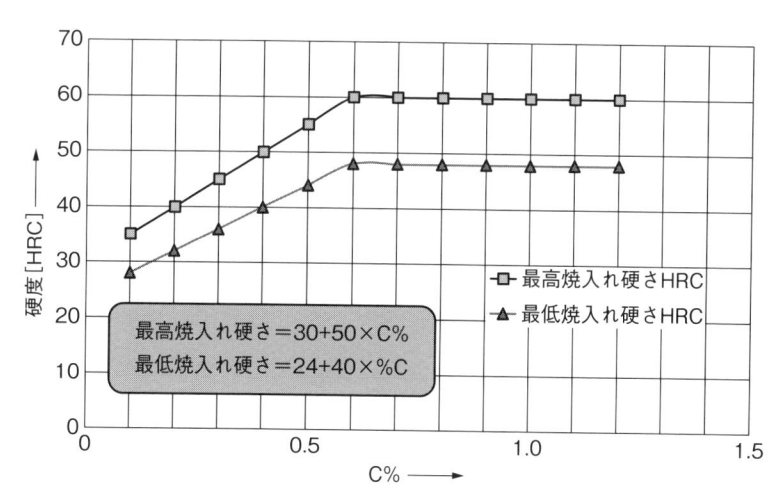

最高焼入れ硬さ＝30+50×C%
最低焼入れ硬さ＝24+40×%C

図5-21　鋼含有炭素量と焼入れ硬さの関係

らは面心立方格子（fcc）に変態するのである。そして図示したように、bcc構造の鉄は炭素を最大0.02％しか固溶できないが、fcc構造になると4.2％も固溶できるようになる。鉄に炭素を固溶し焼入れをすると、図5-21のように炭素の含有量が増加すると0.6％程度までは硬さは上昇する。まさにこの現象は神様がくれた奇跡の金属の由縁であり、他の金属にはこのような現象は見られない。

　以上のような理由から、金属の中で鉄は世界中で最も年間生産高が多く、おおよそ15億トン程度であり世界の人口約71億人とすると年間一人当たり約200kg使用していることになる。

　浸炭処理とは、この鉄がある条件で炭素を固溶する現象を利用したもので、低炭素鋼の表面から炭素を浸透させ表面の炭素量を増加させ焼入れすると、表面のみ硬さが増加する表面硬化処理ができる。これを浸炭（焼入れ）処理という。浸炭（焼入れ）処理を行うと、内部は低炭素の焼入れであるため靱性があり、表面は高炭素の焼入れであるため高い硬さが得られ、硬化層の深さは浸炭時間時より自由に変化させることができる。浸炭処理された鋼は耐摩耗性、耐ピッチング性、耐疲れ強さ、耐焼付き性の向上などの優れた特性の材料を得ることができる。

　この浸炭の原理原則を知り浸炭をコントロールすることは光輝熱処理において大変重要なことである。

　**写真5-10-1**に、S20Cに浸炭処理後徐冷した代表的な浸炭組織を載せた。また、**写真5-10-2**は特殊な浸炭処理の顕微場写真で、材料はSUJ2のベアリング鋼を820℃で浸炭した例であり、もともと母材中に炭化物が存在する製品の表面を浸炭により、より大きく多くの炭化物を発生させ耐摩耗性特性を向上させた実例である。

（1）　吸熱形変成ガスのカーボンポテンシャル[5-1]

　すでに述べた、吸熱形変成炉で製造されたガスは主成$CO$、$H_2$、$N_2$のほかに$CO_2$、$H_2O$、$CH_4$などが微量に含まれ、浸炭処理の場合には、このガスを搬送ガスまたはキャリヤガスと呼ぶ。これらのガス成分の間には、下記の反応に

第 5 章　鋼の光輝熱処理

写真 5-10-1　代表的な浸炭組織

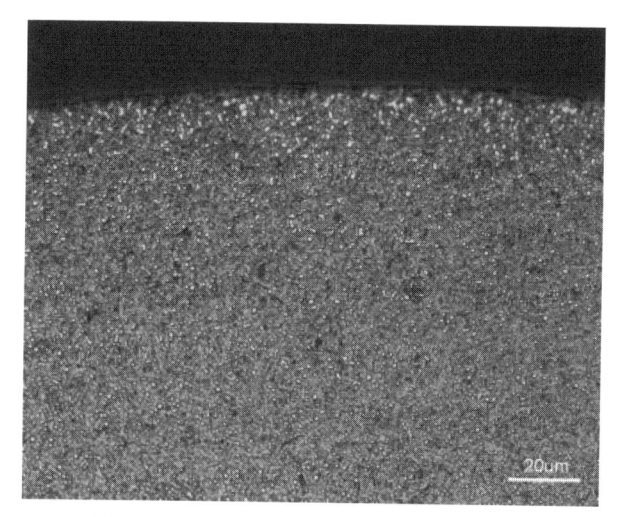

写真 5-10-2　SUJ2 に浸炭処理をした実例写真

おいて、そのときの温度で定まる平衡定数を持つことになる。

$$<C>+CO_2=2CO \tag{5-34}$$
$$CO_2+H_2=CO+H_2O \tag{5-35}$$

また、式 5-34－式 5-35 より

$$<C> + H_2O = CO + H_2 \qquad (5\text{-}36)$$

次にもう一つ浸炭反応で重要な式を下式に示す。

$$<C> + 1/2O_2 = CO \qquad (5\text{-}37)$$

式 5-34 はブードア反応といい，式 5-35 は水性ガスと呼ばれ，その算出方法および平衡定数はすでに述べた。そして式 5-35 において，浸炭温度では反応は右から左に進み浸炭が行われる。すなわち CO と $H_2$ が反応し発生期の炭素を生成し副産物として蒸気を生成する。そのため，浸炭工程が均一安定に進行するためには充分な量の CO と $H_2$ が雰囲気中に存在することが重要である。式 5-36 から浸炭速度は CO50 %，$H_2$50 % のときに最大になることが推測できる。

ここで $<C>$ は発生期のカーボンで活性カーボンとも呼ばれ，このカーボンが鋼の表面から浸透していく。

ここで，式 5-34，式 5-36 および式 5-37 の平衡定数を下記に示す。

$$K(5\text{-}34) = \frac{P_{CO}^2}{a_C \cdot P_{CO_2}} \qquad (5\text{-}34)'$$

$$K(5\text{-}36) = \frac{P_{CO} \cdot P_{H_2}}{a_C \cdot P_{H_2O}} \qquad (5\text{-}36)'$$

$$K(5\text{-}37) = \frac{P_{CO}}{a_C \cdot P_{O_2}^{1/2}} \qquad (5\text{-}37)'$$

上記平衡定数における $P_{CO}$ および $P_{H_2}$ は，吸熱形ガスの原料によって一定の値をとる。

$$\ln K(5\text{-}34) = \frac{-20\,748.14}{T} + 21.21 \qquad (5\text{-}34)''$$

$$\ln K(5\text{-}36) = \frac{-15\,792.64}{T} + 16.15 \qquad (5\text{-}36)''$$

$$\ln K(5\text{-}37) = \frac{-13\,290.83}{T} + 10.8 \qquad (5\text{-}37)''$$

式 5-34′，式 5-36′ および式 5-37′ 中の ac は炭素の活量であり，次式で表す

ことができる。活量とは

$$a_c = \frac{\text{オーステナイトに溶解した炭素量（％）}}{\text{オーステナイトの飽和炭素量（％）}} \tag{5-38}$$

ここで、

分母：ある温度でのオーステナイトの飽和炭素量 ⇒ $A_S$

分子：ある温度でオーステナイトに固溶しうる炭素量 ⇒ $A_C$ ($Cp$)

つまり、分母の $A_S$ とは図 1-9 に示した鉄—炭素系状態図での $A$cm 線上の炭素量であり、分子の $A_C$ とはいわゆるカーボンポテンシャル $Cp$ である。

すなわち、カーボンポテンシャルは日本語では"浸炭能"ともいわれ、鋼を加熱する雰囲気の浸炭能力を示す用語である。ある温度で、そのガス雰囲気と平衡に達したとき、鋼表面の炭素濃度と雰囲気との間には式 5-1、式 5-3 および式 5-4 の関係がある。<C> は鋼に溶けうる炭素のことであり、表面から鋼の内部に向かって固溶していく。ここでの話はすべて平衡論的な考察であるため、無限大の時間その状態を保つと表面の炭素量と同じになるということで、実際の作業とは異なるということを念頭に置く必要があるがおおよその見極めはできる。

ここで、式 5-34 のブードア反応を例にとり説明する。

$K(5\text{-}34) = \dfrac{P_{CO}^2}{a_C \cdot P_{CO2}}$ 式を解説すると

$$\text{その温度での平衡定数} = \frac{\text{圧力} \times \text{CO \%の二乗}}{\dfrac{\text{カーボンポテンシャル } Cp}{\text{その温度での飽和炭素 } As} \times P_{CO2}} \tag{5-39}$$

すなわち 5-34 式におけるカーボンポテンシャル $Cp$ は

$$Cp = \frac{As \cdot P_{CO}^2}{K_{(5\text{-}34)} \cdot P_{CO2}} \tag{5-40}$$

で求まることとなる。

分母：オーステナイトの飽和炭素量⇒鉄—炭素系状態図上でのある温度での $A$cm 線上の炭素量。

分子：オーステナイトに固溶した炭素量⇒雰囲気がある温度で、鋼に供給しうる炭素量で雰囲気の浸炭能力ともいい、いわゆるカーボンポテンシャルである。

実炉操業においては、キャリヤガスのカーボンポテンシャルは低く、そのため浸炭を行うためには炭化水素系ガスである、メタン、プロパン、ブタンを炉内に添加するが、メタンは分解速度が遅くガスの炉中滞在時間が短いメッシュベルト式連続浸炭炉では注意が必要である。この添加ガスをエンリッチガスといい、エンリッチガスにより酸化性のガスである、$CO_2$、$H_2O$、$O_2$の分圧を下げ、結果としてカーボンポテンシャルが上昇する。このためエンリッチガス量を調整しカーボンポテンシャルを一定に制御することになる。

エンリッチガスと酸化性のガスとの反応式についてプロパンを例に下式に示す。

$$C_3H_8 + 3CO_2 = 6CO + 4H_2 \tag{5-41}$$

$$C_3H_8 + 3H_2O = 3CO + 7H_2 \tag{5-42}$$

$$C_3H_8 + \frac{3}{2}O_2 = 3CO + 4H_2 \tag{5-43}$$

式5-41～式5-43によると$CO$、$H_2$の増加を伴うことになるが、キャリヤガスの基本成分である$CO$、$H_2$はともに多量に存在するため、$P_{CO}$および$P_{H_2}$が変動する割合は極めて小さく、エンリッチガスを添加した場合でもこれらのガス組成がそのまま維持されると考えてよい。これに対して、もともと少量しか存在しない酸化性のガスである$CO_2$、$H_2O$、$O_2$はエンリッチガスの添加による分圧の変動割合は非常に大きく、カーボンポテンシャルは実質的には、$CO_2$、$H_2O$、$O_2$の変動によって支配されることになる。

(2) カーボンポテンシャル制御

以上述べてきたようにカーボンポテンシャルは$CO_2$、$H_2O$、$O_2$の変動によって支配されるため、これらの酸化性ガスを測定し制御すればカーボンポテンシャルを管理できることが推定される。

1) $CO_2$分圧測定法

式5-34′により、カーボンポテンシャルを求めるためには、COおよび$CO_2$分圧を求めればよいことがわかるが、CO分圧は原料ガスが決まればほぼ一定の値をとるため、$CO_2$分圧のみを測定すればよいことになる。ただし、COおよび$CO_2$分圧の両方を測定し制御することは、より精度よくカーボンポテンシャルを制御できることはいうまでもない。

$CO_2$分圧の測定法には、以前はオルザット分析法、ガスクロマトグラフ法が用いられていたが、現在では赤外線分析法が用いられている。この方法は異なった原子からなる分子は特定の波長域の赤外線を吸収し、圧力一定のガスは濃度に対応した吸収を示す原理を利用し、測定すべき成分ガスによる赤外線吸収を測定することにより、その成分ガス濃度を連続的に測定できるというものである。この測定値より式5-34′により演算器によりカーボンポテンシャルを演算するか、そのまま$CO_2$の値により浸炭雰囲気を制御管理するものであり、応答性も早く精度も高い。

ここで注意をしなければならないことは、赤外線分析法では、炉内雰囲気を浸炭温度で直接測ることはできないので、サンプリングパイプを炉内に送入し、サンプリングポンプにて炉外に導き分析するため、サンプリングパイプ内の流速が遅いと、$2CO \rightarrow C + CO_2$の反応が起こり、パイプ内にカーボンを置いてきて本来の炉中$CO_2$値と異なった値を示すということである。この対策としては、パイプ内の流速を速くすることと、サンプリングガスを急冷し上記の反応を抑制する工夫をすることである。また、週に一度標準ガス（スパンガス）を用い計器の精度を維持管理することである。

2） $H_2O$分圧測定法

式5-34のブードア反応と式5-35の水性ガス反応とにより式5-36が得られ、その平衡定数は式5-36′で表せることはすでに述べた。式5-36′から吸熱形雰囲気原料ガスが同じであればCOおよび$H_2$は一定になるため、$H_2O$分圧を測定することによりカーボンポテンシャルが導き出せることがわかる。

$H_2O$分圧測定法にはいろいろな方法があり、以前は露点カップ法、霧箱法（アルナー露点計）、冷鏡面法、リチウム法などが用いられていたが、最近では

酸化アルミ相対湿度計が開発され $H_2O$ 分圧測定の主流になっている。この方法はアルミ基盤の片面に電解によって小穴を一様に分布させた酸化アルミの薄膜を作り、その上に金（Au）を蒸着してその蒸気膜とアルミ基盤を電極としてインピーダンス素子を形成する。そのアルミナの細孔中に吸収した水分の量をインピーダンスの変化から測定する。測定も迅速で連続測定も可能である。

　ここで、露点とは空気中の物体を冷却し、表面に露ができはじめるときの表面の温度であり、このとき物体に接している空気は、このときの飽和状態にあるので、その水蒸気の分圧は露点の飽和水蒸気圧に等しい。露点と飽和水蒸気との関係は第3章の表3-2に示してある。また、近似値として式5-44の関係式が存在する。

$$T_D\,[℃] = \frac{5422.18}{(14.7316 - \ln P_{H2O})} - 273.16 \qquad (5\text{-}44)$$

　この方法は、$CO_2$ 分圧測定法と同じくサンプリングポンプにより炉外に分析ガスを導き出すため、サンプリングの注意点は5-3-1項と同様である。

3）$O_2$ 分圧測定法

　式5-37′により、カーボンポテンシャルを求めるためには、CO および $O_2$ 分圧を求めればよいことがわかるが、CO 分圧は原料ガスが決まればほぼ一定の値をとるため、$CO_2$ 分圧のみを測定すればよいことになる。ただし、CO および $O_2$ 分圧の両方を測定し制御することは、より精度よくカーボンポテンシャルを制御できることはいうまでもない。

　$O_2$ 分圧測定法にはいろいろな方法があり、以前はオルザット分析法、ガスクロマトグラフなどが用いられていたが、現在では酸素センサ法が用いられている。この方法はジルコニアセンサによって、大気中の酸素分圧と炉内酸素分圧の差に応じた酸素濃淡電池の起電力 $E\,[V]$ を測定するもので、その値は、式5-45で与えられる。

$$E\,[V] = 4.9593 \times 10^{-5} T \log\left(\frac{P_{O2}}{0.209}\right) \qquad (5\text{-}45)$$

## 5-7-6 鋼の窒化

窒素（N）は炭素（C）やホウ素（B）と同じ原子半径が比較的小さい侵入型元素である。そのため浸炭と同様に原子状の窒素はたやすく鋼の中に侵入していく。

強制的に原子状窒素を発生させこの雰囲気中で鋼を窒化させ表面を硬くさせる表面処理が窒化処理である。この雰囲気に用いられるのがアンモニア（$NH_3$）ガスである。

鋼を約 65％アンモニア（$NH_3$）＋35％水素（$H_2$）混合雰囲気中で約 500℃程度の温度において加熱すると、鋼の表面に主として $\varepsilon$ 相（$Fe_{2-3}N$）が形成される。これは約 10 [wt％] に相当し、この雰囲気が鋼に対し非常に高い窒素ポテンシャルを有することを示している。窒素ポテンシャルとはカーボンポテンシャルと同様な概念であるが浸炭と大きく異なる点は、500℃という鋼の変態点以下の低い温度で窒化できるということである。

この雰囲気では、まず鋼の表面に $NH_3$ の解離した原子状の窒素が吸着・固溶し、表層の固溶窒素量の増加とともに表層に $\gamma'$ 相（$Fe_4N$）が析出し、それが次第に $\varepsilon$ 相に変わっていく。このような経過をたどって窒化は内部へも拡散して鋼の窒化が進行する。この $\gamma'$、$\varepsilon$ 相生成領域（化合物相あるいは白相）は硬くてもろいという特性があり、実用には有害であるといわれている。そのために化合物相に続く、窒素の拡散した固溶領域である拡散相を活用することが考えられた。

しかし窒化した炭素鋼の窒素の拡散相は窒素の固溶硬化程度の 200HV 以下とあまり硬化しない。このため表面硬化処理としての窒化においては、被処理材料の中にアルミ（Al）やクロム（Cr）を含有させ、その窒化物の硬さを利用して表面硬化を実現している。

このように表面硬化処理としての窒化処理は、低温処理であるため被処理品の変形が少ないという利点がある。その反面、処理時間が長くなるという欠点がある。

代表的な窒化組織を**写真 5-11** に示す[5-2]。ここではわかりやすいように

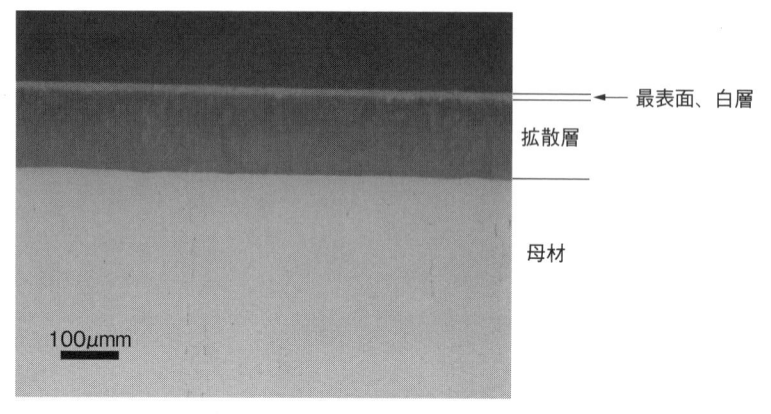

**写真 5-11　代表的窒化組織**

　SAS304 ステンレス鋼を 560℃×25h 窒化処理をしたものを掲げた。表面の白い相が白相で、その内部の黒く見える相が拡散相であり、その下部が母材になる。

　ところが、鋼の光輝熱処理ではときとしてこの窒化現象がマイナスに働き、機械的性質の低下や耐食性劣化の問題が起こる。とくにクロムを含有するステンレスの処理には充分注意が必要である。

　ここでは、第4章で述べたオキシノン炉を用いた実験結果について述べる。

(1)　SUS410 フェライト系ステンレス鋼におよぼす雰囲気の影響[5-3]

　先に述べたオキシノン炉を用い**写真 5-12** に示す種々の窒素雰囲気分圧下で 1 000℃に加熱処理したときの SUS410 板表面のミクロ組織を示す。析出物は窒素比率が高くなるほど多く析出していることがわかる。ここで観察される窒素存在下での析出物を EPMA 分析により観察した結果を**写真 5-13** に示す。この結果よりクロム窒化物であることが確認された。

　**写真 5-14** に SUS410 材の表面の断面のミクロ組織を示す。窒素雰囲気で加熱した SUS410 板では、窒素ガスの割合が増加するほどより内部まで粗大なラス状組織が形成されていることがわかる。また、粗大ラス状組織の内側にはラス状組織と白色の等軸粒が混在した微細粒組織が観察される。このような組

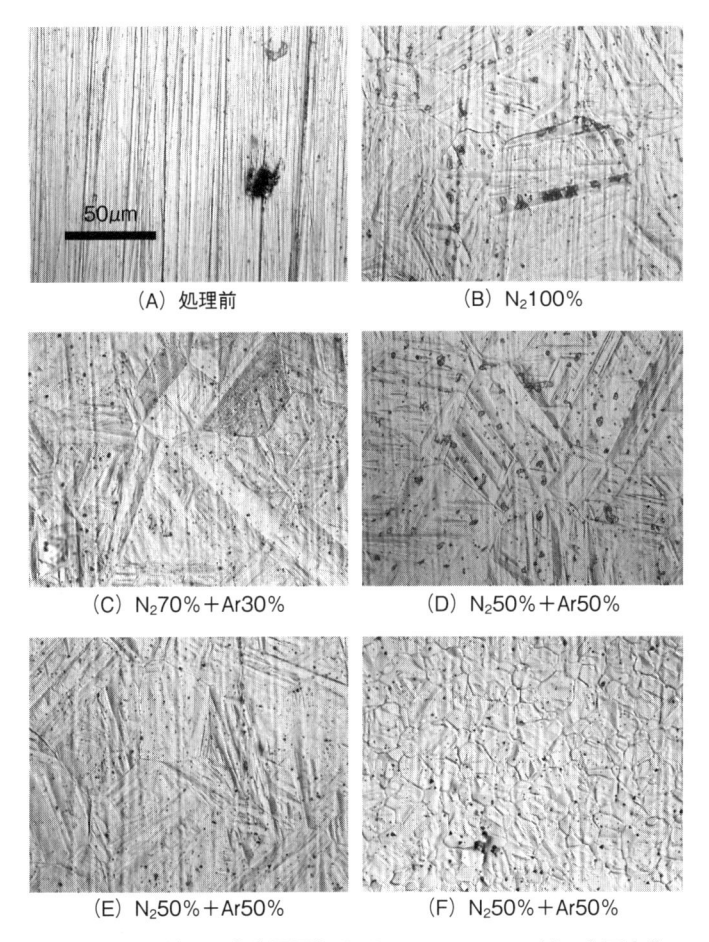

(A) 処理前
(B) N₂100%
(C) N₂70%＋Ar30%
(D) N₂50%＋Ar50%
(E) N₂50%＋Ar50%
(F) N₂50%＋Ar50%

**写真 5-12　種々の窒素雰囲気分圧下での SUS410 材の表面変化**

織変化は窒素が表面から拡散したことに起因すると推測される。

そこで、粗大なラス状組織の形成過程を三元系状態図に基づいて考察する。処理温度の1 000 ℃近傍では、窒素は炭素と同様にオーステナイト安定化元素である。したがって、加熱中に板の表面から窒素が拡散するとフェライト＋オーステナイト混合組織からオーステナイト単相組織へと変化する。オーステナイト単相域ではフェライトの存在による粒成長抑制効果が作用しないので粗

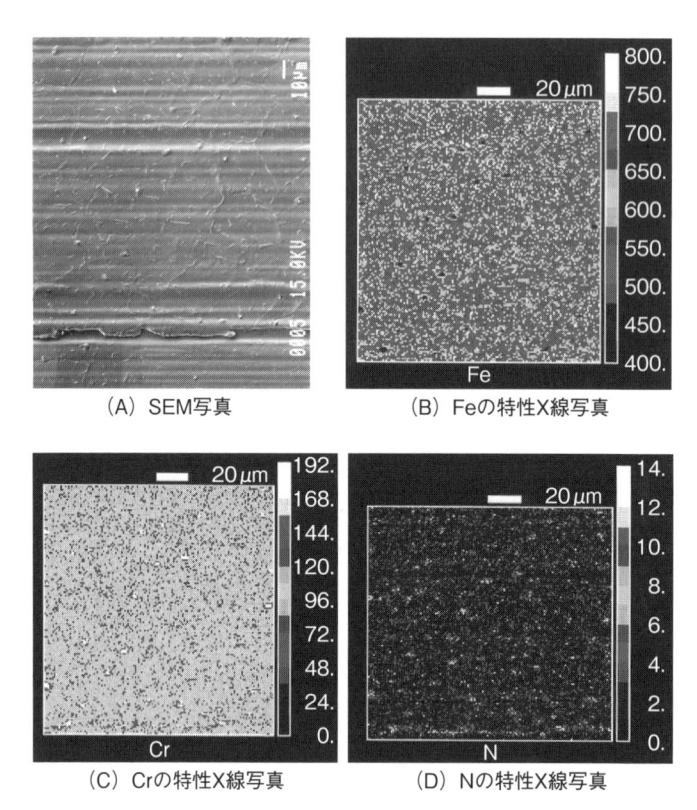

(A) SEM写真　　(B) Feの特性X線写真

(C) Crの特性X線写真　　(D) Nの特性X線写真

写真 5-13　窒素 100 %にて処理された SUS410 材の EPMA による表面分析

大粒組織となる。この粗大オーステナイトが冷却中にマルテンサイト変態する結果、粗大なラス状組織を形成したと考えられる。窒素ガスの割合が高いほど、より内部にまで粗大なラス状組織が観察される理由は、より内部にまで窒素が拡散した結果であると考えられる。表面付近と内部との間には窒素濃度勾配があるので、窒素ガスの割合が高いほど表面近傍での窒素濃度が高くなる。したがって、これに比例して硬さも高い値を示すと考えられる。

しかしながら、図 5-22 に示す硬さ分布の計測結果では、窒素ガスの割合が 50 %の場合に表面近傍での硬さが最も高くなり、それ以上に窒素ガスの割合が増加すると逆に硬さが低下するという興味ある傾向を示している。この原因

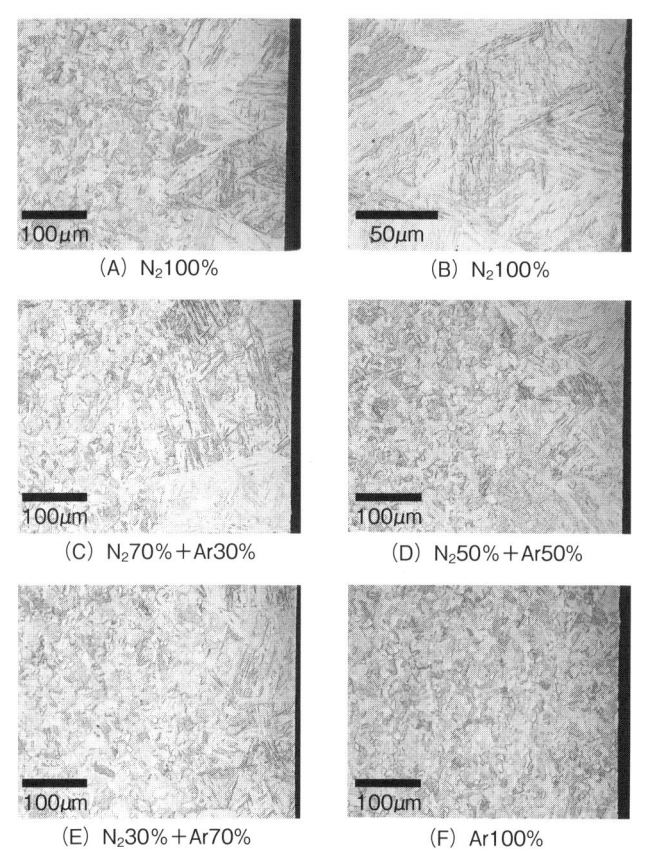

(A) N₂100%
(B) N₂100%
(C) N₂70%＋Ar30%
(D) N₂50%＋Ar50%
(E) N₂30%＋Ar70%
(F) Ar100%

写真5-14　SUS410材の表面断面のミクロ組織

については今後の検討課題であるが、窒素の濃度が高くなると残留オーステナイト量が増加して硬さが低下することなどが原因の一つとして考えられる。

なお、図に示す結果から、表面硬さがビッカース硬さにおいて、HV＝500以上となる窒素ガス50％＋アルゴンガス50％の雰囲気では、フェライト系ステンレス鋼の耐摩耗性向上が期待される。一方、窒素ガス100％の状態では、オーステナイトが出現することから、耐食性の向上が期待される。この現象から、オーステナイト安定化元素のマンガンと組み合わせることにより、ニッケ

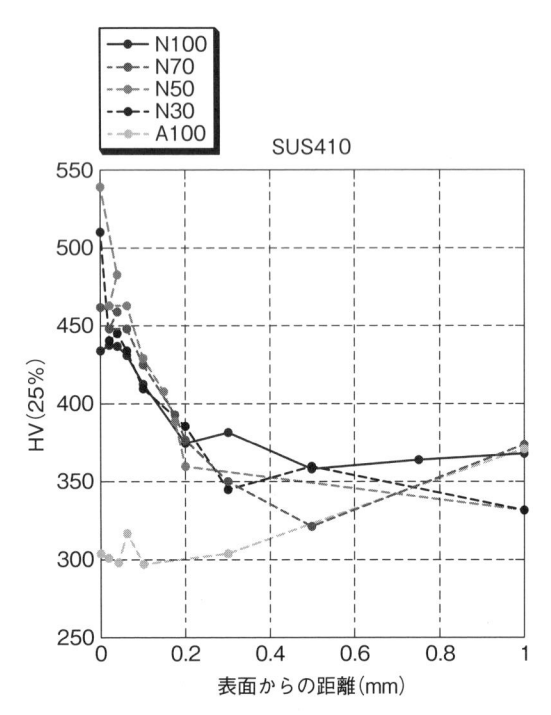

図 5-22　SUS410 材の表面断面からの硬度分布

ルレスのオーステナイト系ステンレス鋼の実現の期待が持てるが今後の課題である。

(2)　SUS304 オーステナイト系ステンレス鋼におよぼす雰囲気の影響[5-3]

次に SUS304 に対する結果について述べる。**写真 5-15** に様々な窒素分圧下で熱処理したときの SUS304 板表面のミクロ組織を示す。写真 5-15 からオーステナイト系ステンレス鋼の場合には、窒素ガス中で熱処理することにより板の表面に析出物が観察される。X 線回折法を用いてこれらの析出物の結晶構造解析を試みたが、析出物からの回折ピーク強度が極めて微弱なために明瞭な回折パターンを得ることができなかった。しかしながら**写真 5-16** の EPMA 分析の結果からこれらの析出物がクロムの窒化物であると確認できる。

**写真 5-17** に断面表面からの光学顕微鏡写真を示す。その結果、これらの析

(A) 熱処理前　　　　　　　　　(B) N₂100%

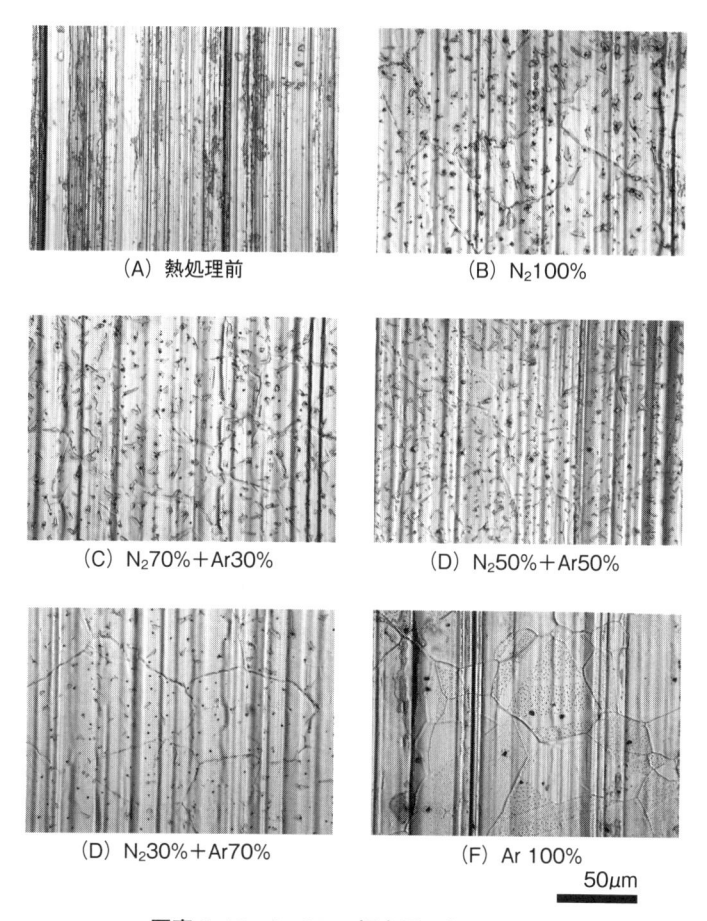

(C) N₂70%+Ar30%　　　　　　(D) N₂50%+Ar50%

(D) N₂30%+Ar70%　　　　　　(F) Ar 100%
50μm

**写真 5-15　SUS304 板表面のミクロ組織**

出物は板の表面に多数観察されるものの板の内部に向かっては、粒界部分にわずかに観察されるのみであった。これは、処理時間と温度に依存すると考える。

**図 5-23** に SUS304 材表面からの硬さ分布を示す。図から板の表面に向かって硬さが増加し、窒素ガスの割合が高いほど高い値を示すことがわかる。析出物や組織の変化がほとんど認められないことから、この硬さの上昇は窒素の固溶強化によるものと考えられる。このことによりステンレス鋼の耐摩耗性向上

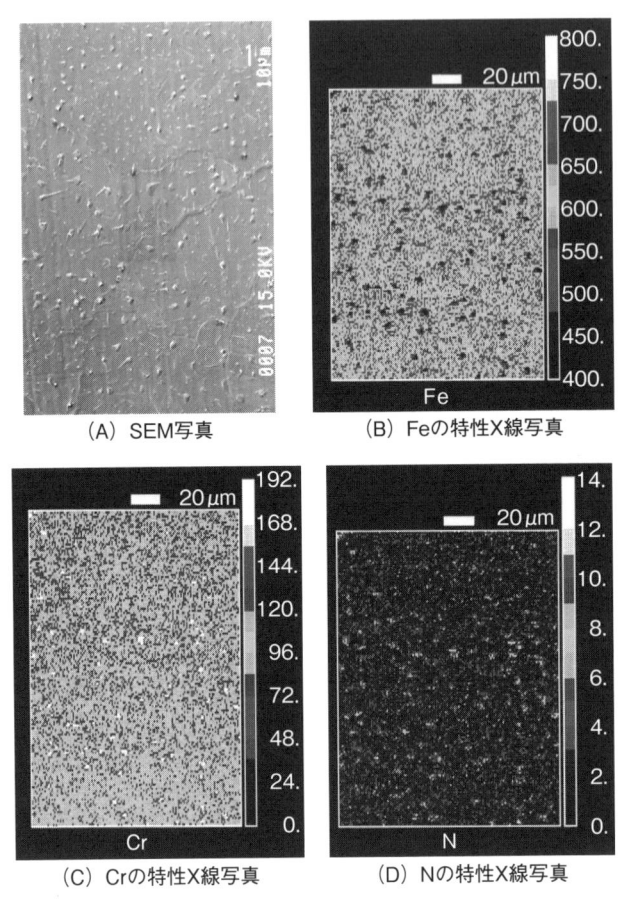

(A) SEM写真　　(B) Feの特性X線写真

(C) Crの特性X線写真　　(D) Nの特性X線写真

**写真 5-16　窒素 100 %にて熱処理された SUS304 材の EPMA による表面分析**

と機械的強度の向上が期待される。

なお、表面の観察と合せて 35 ℃恒温槽における 5 %塩水噴霧試験を 770 時間行った。その結果 100 %アルゴン雰囲気の場合は全く錆が発生していないのに対し、窒素ガスを混合したものは窒素ガスの割合を増すほど錆の発生が多く観察された。

これはオーステナイトステンレス鋼表面での窒化クロム形成によりクロム濃

(a) N₂100%

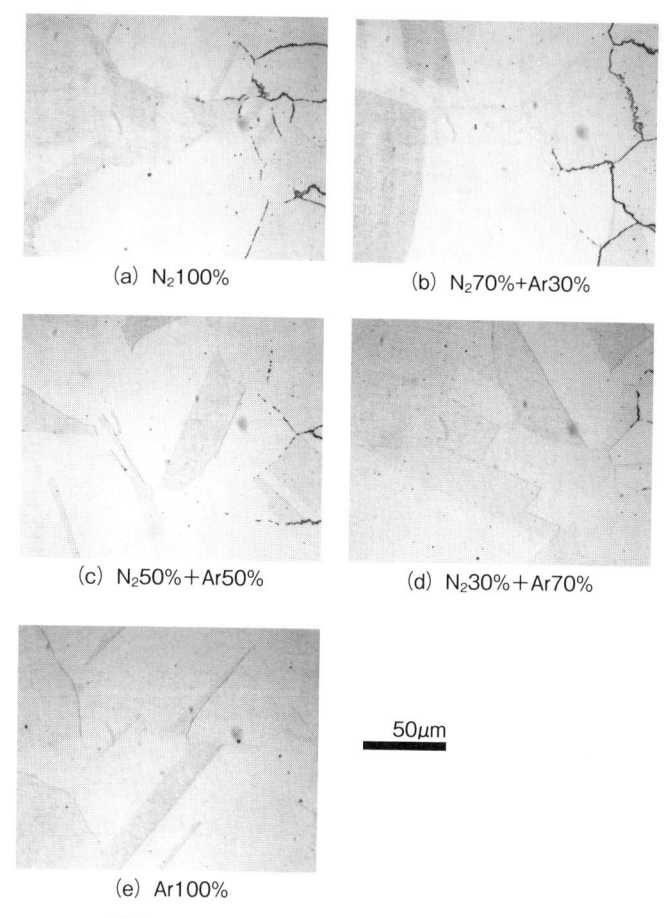

(b) N₂70%+Ar30%

(c) N₂50%+Ar50%

(d) N₂30%+Ar70%

50μm

(e) Ar100%

**写真 5-17　SUS304 板表面断面のミクロ組織**

度が減少したことで耐食性が低下したものと考えられる。これは、写真 5-15 〜写真 5-17 および図 5-23 からの結果からも推察される。これにより、耐食性を要求される製品の雰囲気は、アルゴンガス 100 % が最適であることが判明した。

　以上述べたように鋼の酸化、脱炭、浸炭および窒化現象を巧みにコントロールすることは雰囲気熱処理で最も重要なことである。

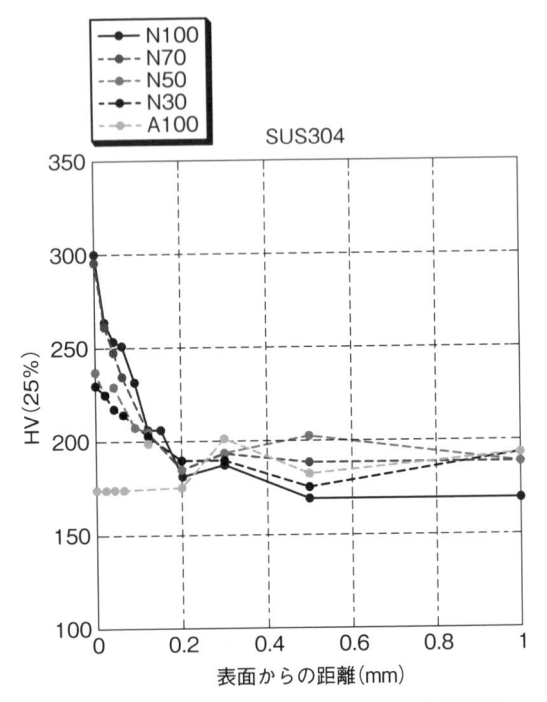

図 5-23　SUS304 材表面断面からの硬度分析

# 第6章
# 雰囲気の見える化と雰囲気管理

光輝熱処理を行う場合、炉内雰囲気中の酸素（$O_2$）分圧が大きな影響を与えることになる。すなわち酸素分圧を下げる効果のある還元性ガスの水素（$H_2$）および一酸化炭素（CO）があり、これに反して酸素分圧を上げる酸化性のガスである水蒸気（$H_2O$）および二酸化炭素（$CO_2$）の両者のバランスにより光輝熱処理が成り立っている。一般に酸化性のガスは、コストが安く、還元性のガスはコストが高い。

光輝熱処理炉に供給されるガスとしては中性ガス、還元性ガスなどの単純ガスおよび変成ガスなどがある。これらの供給ガスが炉内温度で再平衡し所定成分の割合となり雰囲気ガス組成となる。この雰囲気ガスと熱処理温度で被処理品とが反応し表面の特性を付与することとなる。

ここで酸素分圧を下げる作用がある還元性ガスの一種である変成ガスは、成分中の一酸化炭素がスーティングを起こす可能性がある。また同じく還元性ガスである水素を多用するとランニングコスト高となり好ましくない。

一方、酸化性ガスが多いと酸化や脱炭の原因となる。このため熱処理炉内の雰囲気ガス成分を精度よく制御し、炉中雰囲気の状態をリアルタイムに高精度で可視化する必要があるが、熱処理の三大要素である温度および時間は可視化できても、雰囲気については可視化が困難だといわれていた。このため、雰囲気に関しては、作業者の知識と長い経験が必要とされ雰囲気熱処理作業を難しいものとしていた。

この章では、著者が考案した各種光輝熱処理雰囲気の制御とエリンガム図を用いた雰囲気の可視化について述べることとする。

## 6-1　雰囲気熱処理炉の雰囲気制御と可視化の原理

前述したエリンガム図の項目で述べたが、横軸に温度、縦軸に標準ギブスエネルギ変化をとる。ここで縦軸の標準ギブスエネルギ変化は、

$$\Delta G^0 = RT \ln P_{O_2} \tag{6-1}$$

で表せる。

この縦軸の標準ギブスエネルギ変化を標準生成ギブスエネルギといい、$\Delta G_f^o$ で表す場合もある。また、式 6-1 は酸素分圧の関数となっており、これを酸素ポテンシャルと呼ぶこともある。なお、文献によっては標準反応ギブスエネルギと書いてある場合も見かける。

すなわち、縦軸 $\Delta G^o$ の名称は、

①標準ギブスエネルギ

②標準ギブスエネルギ変化

③標準生成ギブスエネルギ

④標準反応ギブスエネルギ

⑤酸素ポテンシャル

以上のようにいろいろな名称で呼ばれているため、読者に混乱を招く結果となっている。著者は、雰囲気熱処理おいては酸素ポテンシャルのほうが的を射ていると考えるが、エリンガム図の解説で多用されている標準ギブスエネルギを使用した。しかし、雰囲気中の $\Delta G^o$ は酸素ポテンシャルと呼ぶことにする。

すなわち、エリンガム図の縦軸は、

$$\Delta G^o = \Delta G_f^o = 酸素ポテンシャル$$

である。

縦軸の標準ギブスエネルギ（$\Delta G^o$）の算出方法について第 4 章の 4-2-1 項で述べたが、再述する。以下に代表的な計算方法を示す。

$$\Delta G^o = RT \ln P_{O_2} \tag{6-2}$$

式 6-1 は炉内の酸素分圧を測定できれば直ちに $\Delta G^o$ が導き出せる。

次に式 6-2 より［$CO$—$CO_2$—$O_2$ 間反応］を見てみると

$$2CO + O_2 = CO_2 \tag{6-3}$$

$$\Delta G^o(6\text{-}3) = -560\,000 + 173T \quad [\text{J} \cdot \text{mol}^{-1}] \tag{6-4}$$

$$RT \ln P_{O_2} = \Delta G^o(6\text{-}3) - 2RT \ln(P_{CO}/P_{CO_2}) \tag{6-5}$$

式 6-3、式 6-4 より $P_{CO}/P_{CO_2}$ の分圧を測定できれば、間接的に酸素分圧を求めることができ、$\Delta G^o$ が導き出せる。

同様に式 6-6 より［$H_2$—$H_2O$—$O_2$ 間反応］を考察すると

$$2H_2 + O_2 = 2H_2O \tag{6-6}$$

$$\Delta G^o(6\text{-}6) = -483\,600 + 89T \quad [\text{J}\cdot\text{mol}^{-1}] \tag{6-7}$$

$$RT\ln P_{O_2} = \Delta G^o(6\text{-}6) - 2RT\ln P_{O_2}(P_{H_2}/P_{H_2O}) \tag{6-8}$$

式6-7、式6-8より $P_{H_2}/P_{H_2O}$ の分圧を測定すれば、間接的に酸素分圧を求めることができ、$\Delta G^o$ が導き出せる。

ここで

$R$；気体定数、　$T$；絶対温度、　$P_{O_2}$；酸素分圧、

$P_{CO}$；一酸化炭素分圧、　$P_{CO_2}$；二酸化炭素分圧、

$P_{H_2}$；水素分圧、　$P_{H_2O}$；水蒸気の分圧である。

上記の式において、式6-2を用いて酸素分圧 $P_{O_2}$ から $\Delta G^o$ を算出することがわかった。

また式6-3は一酸化炭素（CO）と酸素（$O_2$）と二酸化炭素（$CO_2$）間の反応を表し、式6-3はこの反応系における $\Delta G^o$（標準生成ギブスエネルギ）が絶対温度［$T$］の一次関数で表せるが、その導き方を熱力学データ別表8に示す。

そして式6-4から、一酸化炭素（CO）分圧と二酸化炭素（$CO_2$）分圧の分圧比を用いて $RT\ln P_{O_2}$ が算出でき、したがって $\Delta G^o$ を求めることも理解できると思う。

また、式6-6は水素（$H_2$）と酸素（$O_2$）と水蒸気（$H_2O$）間の反応を表し、式6-6はこの反応系における $\Delta G^o$（標準生成ギブスエネルギ）が絶対温度［$T$］の一次関数で算出されることを示しているがその導き方を別表12に示す。

また式6-7から、水素（$H_2$）分圧と水蒸気（$H_2O$）分圧との分圧比を用いて同様に $RT\ln P_{O_2}$ が算出でき、したがって $\Delta G^o$ を求めることが可能なことも理解できるかと思う。すなわち、雰囲気中にCO、$CO_2$、$H_2$、$H_2O$ が存在すると $CO/CO_2$ および $H_2/H_2O$ の比により炉内の $O_2$ 分圧を見積もることができるということである。

以上それぞれの方法で求められた $\Delta G^o$ を縦軸に、そして現在の熱処理温度を横軸にとり、エリンガム図のパネル上に点として表すことにより現在の温度と雰囲気の状態をリアルタイムに可視化できることになる。すなわち、いちい

ち雰囲気中の成分を測定し、エリンガム図の副尺から読みとる煩雑さおよび手間が省け、いつでもパネル上で見ることができるのである。

## 6-2　雰囲気可視化炉の実際（その1）

　これから述べる熱処理装置は、光輝熱処理炉の雰囲気をリアルタイムに見える化した熱処理システムであり、下記の構成を所有する。すなわち
　①処理材料を熱処理する雰囲気熱処理炉。
　②雰囲気ガスを供給するガス供給装置。
　③センサからのセンサ情報をもとにガス供給装置の制御を行う制御システム。
　④センサからの情報を参照し、熱処理炉内の雰囲気の標準ギブスエネルギを算出する標準ギブスエネルギ演算部。
　⑤標準成ギブスエネルギを雰囲気温度に対応してエリンガム図上に表示する表示データ生成部と管理範囲を含む表示データを生成する構成としている。
　そして管理範囲は以下の三管理範囲を持つ。
　第1の管理範囲；熱処理炉の正常運転範囲を示す。
　第2の管理範囲；第1の管理範囲の外側にあって、エリンガム図上の状態が第1の管理範囲を外れ、アラーム出力を行うが継続運転する管理範囲。
　第3の管理範囲；第2の管理範囲の外側にあって、熱処理装置の運転を停止する管理範囲。
　標準ギブスエネルギ演算部には、酸素（$O_2$）分圧、一酸化炭素（CO）分圧と二酸化炭素（$CO_2$）分圧、水素（$H_2$）分圧と露点情報のうちいずれか一組の情報、または複数組の情報を用いて演算することにより標準ギブスエネルギを算出する構成である。
　さらに、標準ギブスエネルギ演算部は、
　①酸素センサからの情報。
　②一酸化炭素分析計と二酸化炭素分析計からの各分析計情報または事前に一

酸化炭素の分圧がわかっていれば二酸化炭素分析計からのみの情報。

③水素センサと露点分析計からの情報または事前に水素の分圧がわかっていれば露点分析計からのみの情報。

以上の各情報のうちいずれか一組の情報、または複数組の情報を用いて演算することにより前記標準ギブスエネルギを算出する構成である。

被処理材料の成分などの情報や熱処理装置の運転に関する履歴情報、そして事故履歴情報などを記録する熱処理用データベースを備える構成としている。また被処理材料に対して複数の評価用プロセス条件を設定し、これらの条件に対してそれぞれ被処理材料を評価し、評価結果から管理範囲を定める構成としている。

被処理材料の状態が順次遷移していく場合、被処理材料のロット番号を指定すると、被処理材料のエリンガム図が順次同一画面または複数の画面上に表示するような構成にもできる。また熱処理用データベースは、炭素鋼、合金元素を含む鋼の被処理材料のリストまたは履歴を記録した被処理材料ファイルと、光輝焼なまし、光輝焼ならしおよび光輝調質などの光輝熱処理のリストまたは履歴を記録したプロセス制御ファイルを備えるように構成できる。

さらに、エリンガム図、熱処理装置の管理パラメータの時間遷移を表すチャートやセンサなどからの情報のうち少なくとも二つ以上を、同時にまたは切り替えて表示する表示装置を備えるようにもできる。

### 6-2-1　発熱形変成ガス雰囲気炉の可視化と実際

図 6-1 は発熱形変成ガス雰囲気（DX 雰囲気）熱処理装置、並びに熱処理システムの概略構成を示すブロック図である。

熱処理炉 (A) に搬入された被処理材料に対して、発熱体（ヒータ）出力信号 (a) により所定の温度に保持された雰囲気炉中で光輝焼なまし、光輝焼ならしおよび調質などの光輝熱処理が行われる。

ここで、(A) は雰囲気熱処理炉、(B) は熱処理炉に供給する雰囲気ガスを発生させるガス供給装置、(C) は各種センサからの信号を受けて熱処理炉の

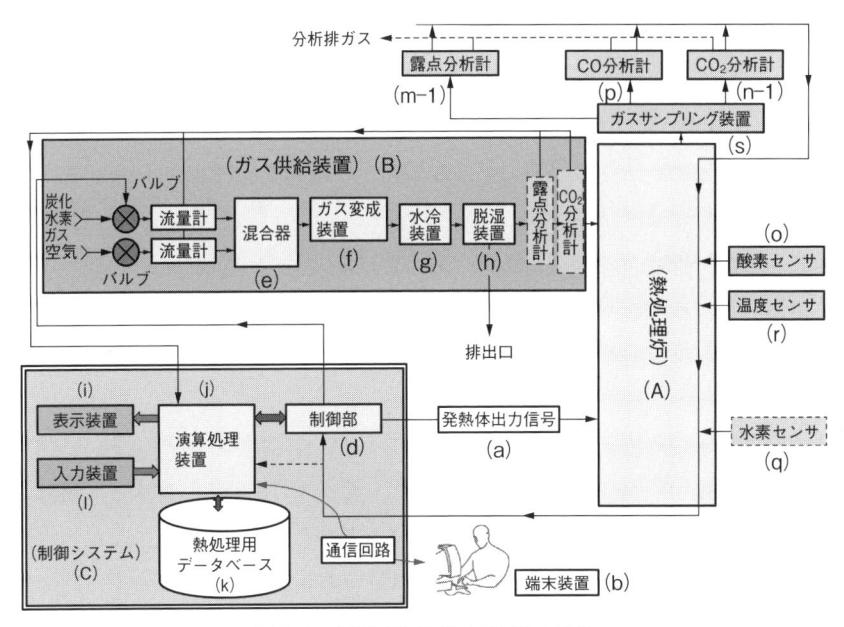

図 6-1　発熱形雰囲気炉の見える化

温度とガス供給装置などを制御する制御システム、(b) は制御システムと通信回線を介して情報を相互に入出力する端末装置である。

　熱処理炉 (A) は各種センサおよび分析計を備えている。ここでいうセンサとは直接炉内に挿入し炉内温度での状態を感知制御する計器を指し、分析計とは炉内の雰囲気をガスサンプリング装置 (s) で吸引し室温で各成分を分析制御する計器と定義した。

　具体的にはセンサは温度を測定する温度センサ (r)、残留酸素分圧を測定する $O_2$ センサ (o)、水素分圧を測定する $H_2$ センサ (q)、などがある。

　分析計としては、一酸化炭素分圧 (p) と、二酸化炭素分圧 (n-1) を赤外線ガス分析計により CO、$CO_2$ 分圧を測定制御し、また露点計で水分を測定制御する計器を備えている。

　ただし、温度センサは必須のセンサであるが、他のセンサに関してはすべて備えている必要はなく、熱処理炉 (A) 内の雰囲気の標準ギブスエネルギ $\Delta G^0$

（酸素ポテンシャル）を算出するための測定方法としては，
(1) CO分析計とCO$_2$分析計とを用いる方法があり，事前にCOの分圧がわかっていればCO$_2$センサのみを用いる方法。
(2) H$_2$センサとH$_2$O分析計とを用いる方法があり，H$_2$の分圧がわかっていれば，H$_2$O分析計のみを用いる方法。
(3) 酸素（O$_2$）センサを用いる方法。
(4) (1)の方法および(3)の方法を組み合わせる方法。

などがあるが，これら(1)〜(4)の方法に合わせて必要なセンサを設ければよい。

またガス供給装置(B)は，制御部(d)の信号によりメタン（CH$_4$），プロパン（C$_3$H$_8$），ブタン（C$_4$H$_{10}$）などの炭化水素ガスの流量を制御する流量調整バルブと，空気流量を制御する流量調整バルブおよび流量調整された炭化水素ガスと空気の流量それぞれを計測する流量計があり，それらを混合する混合器を備えている。

混合器(e)で混合された混合ガスは，ガス変成装置(f)で発熱化学反応を生じて燃焼し，さらに燃焼した高温の変成ガスは水冷装置(g)で約40℃まで水冷される。水冷されたガスは脱湿装置(h)で水分が所定量除去され，一部が露点分析計，CO$_2$分析計を経由し発熱型変成ガス（DX®）として雰囲気炉中に供給される。

また制御システム(C)は，熱処理炉の運転状態，具体的にはエリンガム図における状態を表す点とエリンガム図上に設定した管理範囲などの情報を表示する表示装置(i)を備え，演算処理装置(j)に入力情報を出力するための入力装置(h)とを有する。

さらに，熱処理炉(A)内に設置された各種センサと熱処理炉の外部に設けられたCO分析計，CO$_2$分析計およびH$_2$O分析計からの信号などと熱処理用データベース(k)に格納された情報とを用いて演算処理し，流量調整バルブを制御するための制御信号を制御部(d)に出力する演算処理装置(j)と，演算処理装置(j)からの制御信号を受けて発熱体，流量調整バルブなどの制御

第6章 雰囲気の見える化と雰囲気管理

を行う制御部（d）を有している。

また、被処理材料の材料情報、熱処理に関するプロセス情報、管理範囲に関する情報、熱処理装置の運転に関するログ情報および事故データなどを記憶管理する熱処理用データベース（k）とを備えている。

また温度センサ、$O_2$ センサ、CO センサおよび $CO_2$ センサなどの各種センサと制御部（d）または演算処理装置（j）とは専用のセンサバスまたは汎用バス、または無線 LAN などの通信回線で接続されており、制御部（d）または演算処理装置（j）は各種センサと通信回線が正常に動作しているか否かをリアルタイムで監視するとともに、各種センサからの信号の検波、サンプリング、波形等価、オフセット補正、ノイズ訂正などの処理を行う。

図6-2 は図6-1 の制御システム（C）の詳細説明図である。

演算処理装置（j）は、各種センサからの信号を受けるセンサ（I/F）（インターフェース）（m）と、I/F を介して入力する $O_2$ センサからの信号を参照して熱処理炉（A）内の $O_2$ 分圧を算出する酸素分圧演算部（n）と、CO センサ

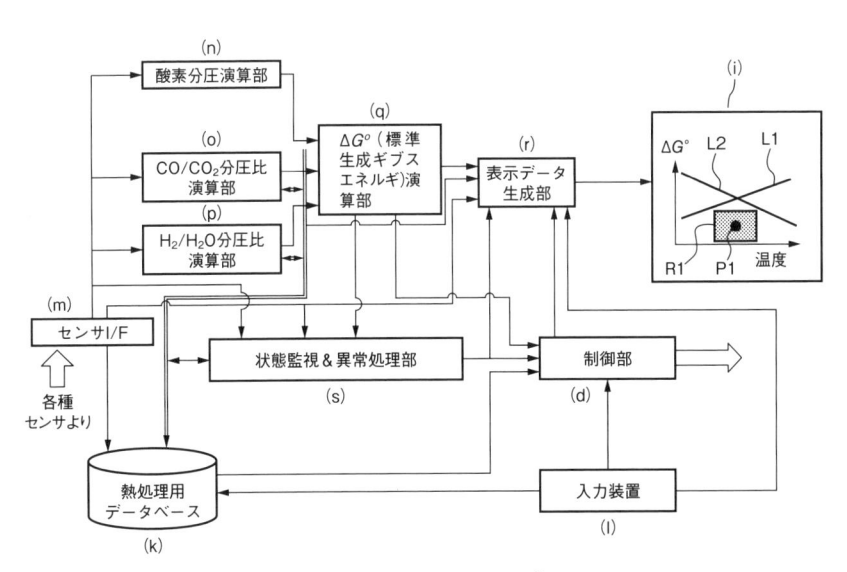

図6-2 制御システムの詳細なブロック図

と$CO_2$センサから入力する信号を参照し$CO/CO_2$分圧比を算出する$CO/CO_2$分圧比演算部（o）と、$H_2$センサからの信号を参照して$H_2$分圧を算出するとともに、露点センサからの信号を参照して分圧比を算出する$H_2/H_2O$分圧比演算部（p）とを有する。

$\Delta G^o$（標準ギブスエネルギ）演算部（q）は、酸素分圧演算部（n）、$CO/CO_2$分圧比演算部（o）、$H_2/H_2O$分圧比演算部（p）でそれぞれ算出された算出結果を参照して運転中の熱処理炉（A）の$\Delta G^o$（標準ギブスエネルギ）を算出し、算出結果を表示データ生成部（r）、制御部（d）、状態監視＆異常処理部（s）に出力する構成となっている。

表示データ生成部（r）は、$\Delta G^o$（標準ギブスエネルギ）演算部（q）から出力された$\Delta G^o$と、センサI/F（m）を介して温度センサから入力する温度情報と、入力装置（l）により指定された被処理材料に対応するエリンガム図およびエリンガム図上の管理範囲の情報などを用いて、表示装置（i）に表示させるための表示データを生成する。

炭素鋼、合金元素を含む鋼など様々な被処理材料に対応する複数のエリンガム図およびこれらのエリンガム図と対応する管理範囲の情報は、熱処理用データベース（k）に蓄積されており、新規の被処理材料並びに管理範囲の情報は定期的、または非定期的に更新される。

表示装置（i）は表示データ生成部（r）から出力された表示データを、横軸に温度、縦軸を$\Delta G^o$とし、被処理材料の各温度における標準ギブスエネルギを近似的な直線L1、$2C+O_2=2CO$の反応における標準ギブスエネルギを近似的な直線L2として表示する。また管理範囲R1と、$\Delta G^o$演算部（q）で算出された熱処理炉（A）における状態P1とを同時にエリンガム図上に表示する。状態P1は各種センサからのサンプリング時間、たとえば1秒ごとに表示画面上で更新される。

熱処理装置のオペレータは表示装置（i）に表示されたエリンガム図から、現在運転中の熱処理炉（A）の状態を二次元的に把握することができる。すなわち、状態P1が管理範囲R1内に入っていれば光輝焼なまし、光輝焼ならし

第 6 章　雰囲気の見える化と雰囲気管理

および調質などの光輝熱処理が正常に処理されていると判断し継続運転を行う。

一方、状態 P1 が管理範囲 R1 を外れた場合は、熱処理炉で何らかの異常が発生していることをリアルタイムで認識することが可能であり、最悪の場合、熱処理装置の運転を停止することにより不良品が大量に発生するのを未然に防止することができる。

状態監視＆異常処理部 (s) は、熱処理炉の温度、$O_2$ 分圧、CO 分圧、$CO_2$ 分圧、$H_2$ 分圧、$H_2O$ 分圧、$CO/CO_2$ 分圧比、$H_2/H_2O$ 分圧比、$\Delta G^o$ などをリアルタイムで監視するとともに、熱処理用データベース (k) から被処理材料に対応する管理範囲 R1 などを読み込み、上記のパラメータが規定の管理範囲を逸脱した場合は異常信号を制御部 (s) に出力する雰囲気の見える化と管理を実現できる構成となっている。

## 6-2-2　発熱形低水分、低二酸化炭素変成ガス雰囲気炉の可視化と実際

第 5 章 5-3-2 項の発熱形編成ガス（DX ガス）から水分および二酸化炭素を除去した変成ガス（NX® ガス）について、図 6-3 を用いて説明する。

図 6-3 に記載した熱処理装置は、図 6-1 に記載の熱処理炉のガス供給装置 (B) の構成のみが異なっており、熱処理炉および制御システムの構成は基本的に同様である。ガス供給装置には、脱湿装置の出力側に $CO_2$ および $H_2O$ 吸着装置を設け、ガス変成装置で発生した変成ガス中の $CO_2$ を吸着装置 (u) で除去し、低水分・二酸化炭素変成ガス（NX ガス）を雰囲気ガスとして熱処理炉に供給する構成となっている。このときの残留 $CO_2$ 分圧は 0.1％程度なので、赤外線 $CO_2$ センサで充分検出することができる。被処理材料表面は低 $H_2O$、低 $CO_2$ 雰囲気下で熱処理されるので、被熱処理は脱炭を防ぐことができかつ光輝処理を効率的に行うことができるという特徴がある。

なお、本炉の演算処理装置の構成および $\Delta G^o$ の算出方法は、図 6-1 と基本的に類似である。

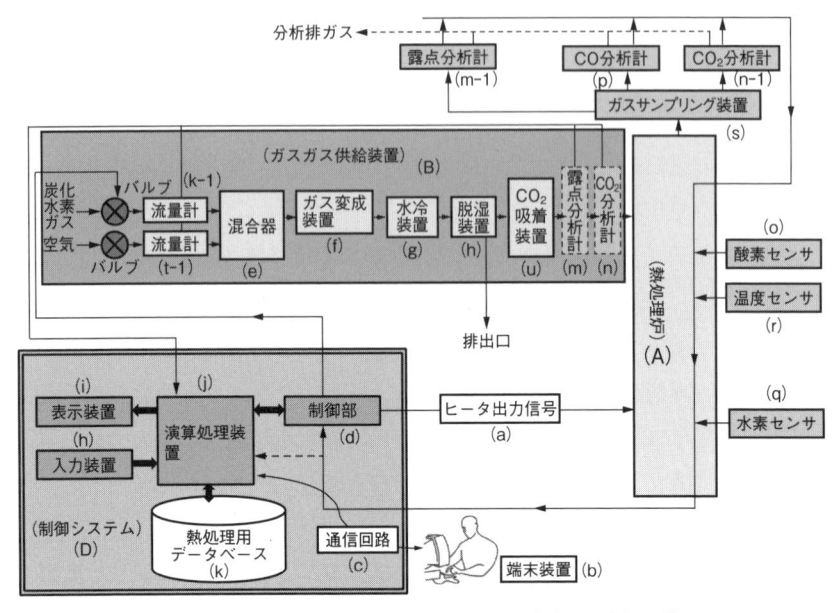

図6-3 低CO、$H_2O$ 組成発熱形雰囲気炉の見える化

## 6-2-3 吸熱形変成ガス雰囲気炉の可視化と実際

図6-4のガス供給装置（B）は、流量調整バルブおよび流量計（k-1）を介して供給される炭化水素ガスと、空気流量調整バルブおよび流量計（t-1）を介して供給される空気とを混合する混合器（e）と、混合器からの混合ガスを燃焼するガス変成装置（f）と、ガス変成装置からの変成ガスの二酸化炭素または露点を測定し、吸熱形変成ガス（RX®ガス）として熱処理炉に供給する$CO_2$分析計、$H_2O$分析計などを有する。またガス供給装置は、流量調整バルブと流量計（k'-1）とを介して炭化水素ガスをエンリッチガスとして熱処理炉に供給する。

このときガス変成装置の化学反応は空気の流量を下げているので吸熱反応となり、触媒を用いて安定して化学反応が生じるように工夫しているがガス変成装置内で反応温度が均一にならず、CO分圧と$CO_2$分圧とが設定値よりも変化してしまう場合がある。またガス変成装置からRXガスを生成するため空気流

第6章　雰囲気の見える化と雰囲気管理

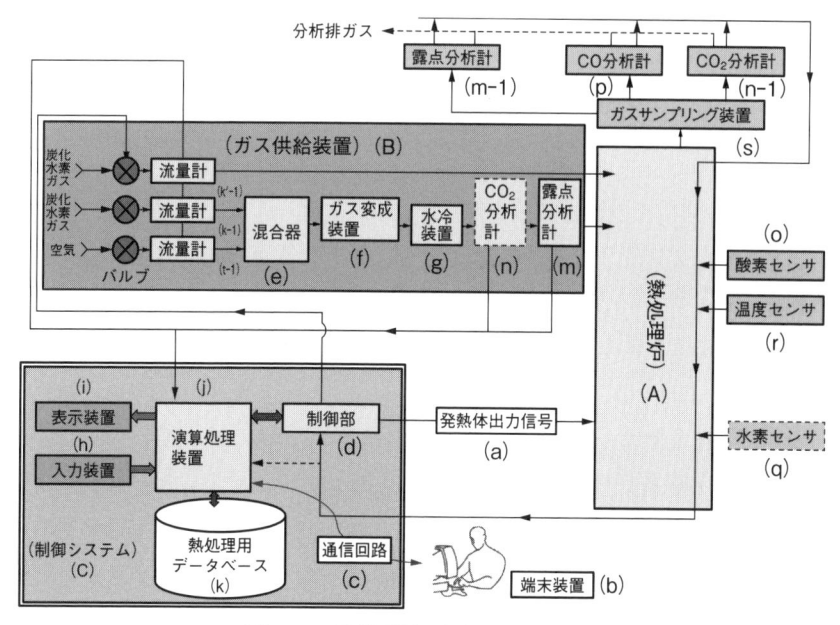

**図6-4　吸熱形雰囲気炉の見える化**

量調整バルブを絞って空気流量を下げるが、空気流量を低くし過ぎると煤が発生し $CO$ 分圧と $CO_2$ 分圧とが設定値よりも大幅に変化してしまう。このため空気流量を適度に保ち、プロパン、ブタンなどの炭化水素ガス（生ガス）をそのまま熱処理炉にガス変成装置で生成した RX ガスとともに供給することにより、熱処理炉内の $CO$ 分圧と $CO_2$ 分圧を安定に保つことができる。

この熱処理装置は、熱処理炉内の雰囲気ガスは $CO$ 分圧が高く $CO_2$ 分圧が低いため還元性の強く浸炭性の雰囲気で被処理材料が熱処理され、炭素鋼の脱炭を防ぐことが可能で光輝処理を効率的に行うことができるという特徴がある。演算処理装置（j）の構成および $\Delta G^0$ の算出方法は、図6-1および図6-3のものと基本的に類似である。

なお本図では露点分析計（m）を設けているが、ガス変成装置からの生成ガスの露点が安定している場合はなくてもよい。

## 6-2-4　メタノール分解ガス雰囲気炉の可視化と実際

次にメタノール分解ガス形の雰囲気炉の可視化について**図 6-5**を用いて説明する。

図に記載したガス供給装置（B）は、メタノール流量調整バルブ（x）および流量計（x-1）を介して液体で供給されるメタノールなどの液体のアルコール類を予熱しガス化する予熱装置（l）と、予熱装置からのガスを下式により熱分解するガス分解装置（f）と、分解装置からの変成ガスの成分を測定し熱処理炉に供給する各分析計の一部を有する。

$$CH_3OH = CO + 2H_2 \qquad (6\text{-}9)$$

この熱処理装置は、図 6-4 による熱処理装置と同様に、熱処理炉の雰囲気ガスは CO 分圧が高く $CO_2$ 分圧が低いため、還元性で浸炭性の強い雰囲気で被処理材料が熱処理され脱炭を防ぐ光輝熱処理が可能で、かつ浸炭処理を効率的に行うことができるという特徴がある。反面 CO 分圧が高くスーティングを起

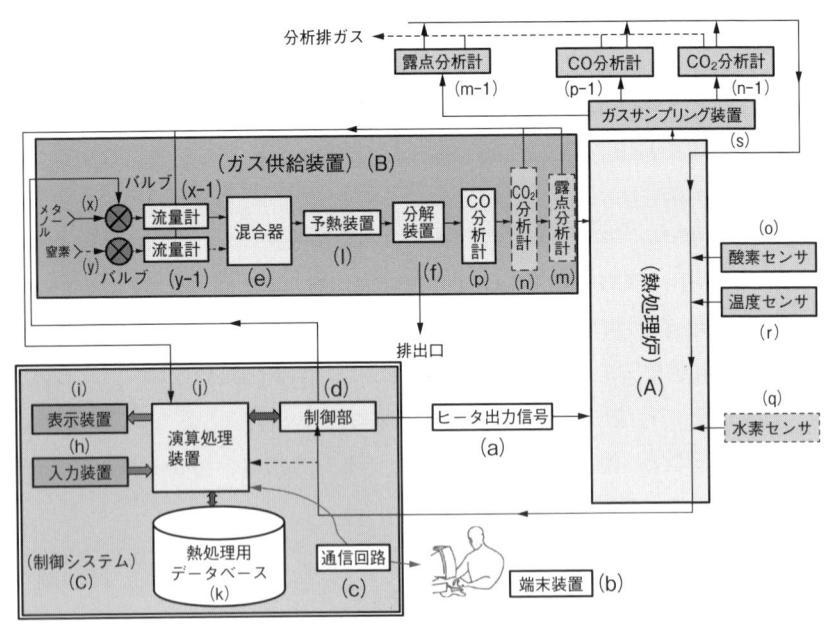

図 6-5　メタノール分解ガス雰囲気炉の見える化

第6章 雰囲気の見える化と雰囲気管理

こしやすいという欠点もあり、中性ガスの窒素で希釈され使用される場合も多い。

図6-5における演算処理装置の構成および$\Delta G^o$の算出方法は、前述のものと基本的に類似である。

## 6-2-5 水素雰囲気炉の可視化と実際

今まで述べてきた雰囲気炉はすべてカーボン（C）を含む変成型もしくはアルコール類の分解型の雰囲気炉であったが、ここでは単純ガスである水素雰囲気炉について**図6-6**を用いて説明する。

図のガス供給装置（**B**）は、水素流量調整バルブ（**z**）および流量計（**z-1**）を介して供給される水素ガスと、窒素流量調整バルブ（**y**）および流量計（**y-1**）を介して供給される窒素ガスとを混合する混合器（**e**）と、混合器からの

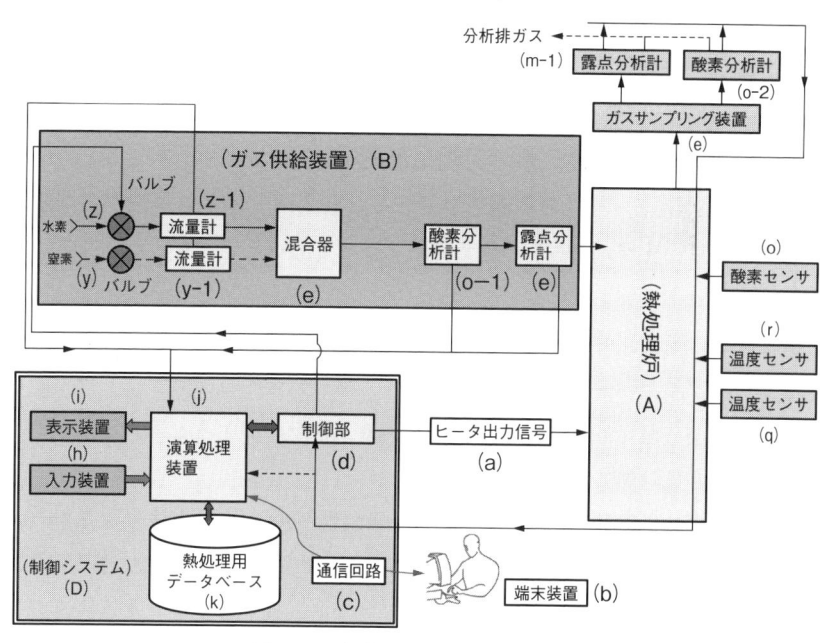

図6-6 水素雰囲気炉の見える化

ガスの酸素、露点などを測定し熱処理炉に雰囲気ガスとして供給する。

窒素ガスは液体タンクなどからの液体窒素をガス化して流量調整バルブに供給する方法の場合は、露点は比較的安定していて露点分析計を設けなくてもよいが、熱処理炉外で空気から窒素を生成する場合は前述した方法よりも露点が安定しておらず露点分析計を設けたほうがよい。

図 6-6 における熱処理装置において、水素分圧は流量調整バルブのみで制御でき簡単かつ高精度で制御できる。

また熱処理炉内に $CO$、$CO_2$ が存在しないので、金属表面と雰囲気ガスとの化学反応が単純であり、光輝処理など所定の熱処理を実現するための制御を簡素にできるという特徴がある。当然ながら、$CO$ 分圧と $CO_2$ 分圧は検出しないので、各分析計は設けなくともよい。

図 6-6 における演算処理装置構成および $\Delta G^o$ の算出方法は、前述のものと基本的に類似であるが、図 6-2 に示す $CO/CO_2$ 分圧比演算部は削除される。したがって $\Delta G^o$ の算出方法は、上記に述べた式 6-1、または式 6-8 を用いて算出する。

## 6-2-6 窒素ベース雰囲気炉の可視化と実際

**図 6-7** は、窒素ベースの雰囲気炉である。窒素ベースとは中性ガスの窒素雰囲気中に還元性ガスを添加し酸素分圧を下げて光輝熱処理をする雰囲気炉である。

窒素のみの場合、酸素分圧は工業炉的には 5ppm 程度が限界で、この酸素分圧だと、ほとんどの金属が酸化していまい光輝熱処理の雰囲気としては不向きである。しかし還元性ガスである炭化水素系ガスを添加すると酸素分圧を下げることができ光輝熱処理が可能となる。

図に示すガス供給装置 (**B**) は、窒素流量調整バルブ (**y**) および流量計 (**y-1**) を経て供給される窒素ガスの酸素分圧または露点を測定し熱処理炉中にキャリアガスとして供給する。またキャリアガスと独立して炭化水素流量調整バルブおよび流量計 (**k-1**) を経て熱処理炉 1 に炭化水素ガスを直接供給する。

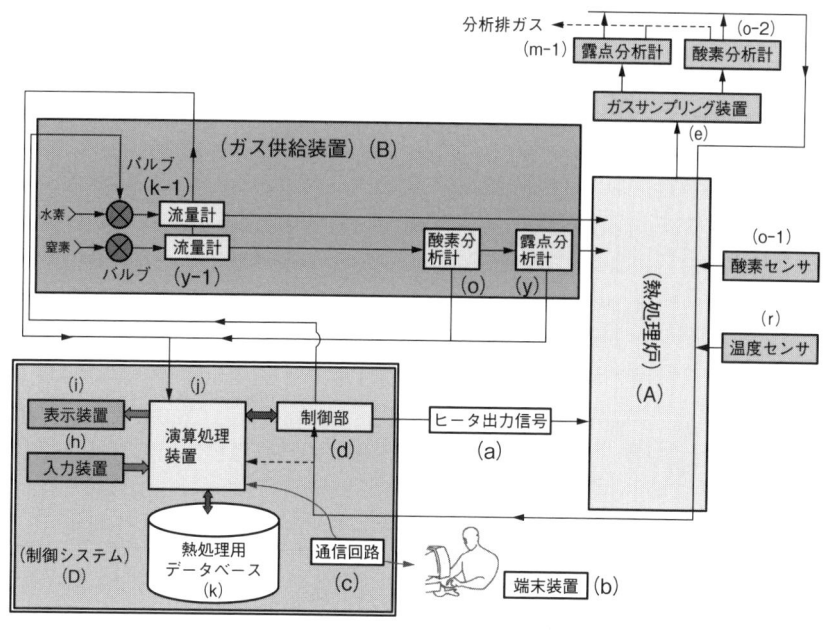

第 6 章　雰囲気の見える化と雰囲気管理

図 6-7　窒素ベース雰囲気炉の見える化

露点分析計は窒素ガスの露点が安定している場合はなくてもよい。

　この熱処理装置において、プロパン、ブタンなどの炭化水素ガスは熱処理炉中で酸素または水分と直接反応し CO や $CO_2$ などになり炉内の酸素分圧を下げる。

　この雰囲気熱処理装置においては、ガス変成炉を用いず炭化水素ガスを直接熱処理炉に供給して雰囲気ガスを熱処理炉自体で生成する構成であり、構成が極めてシンプルである。また、被処理材料が脱炭せず、光輝熱処理に適している。反面、炭化水素ガスとの接触時間の短いメッシュベルト式連続炉では、煤が発生しやすいという欠点もある。

　本炉の構成および $\Delta G^o$ の算出方法は、上記に述べた図 6-6 と同様であり、CO 分圧と $CO_2$ 分圧はほとんど検出しないので、それぞれの分析計を設けなくともよい。

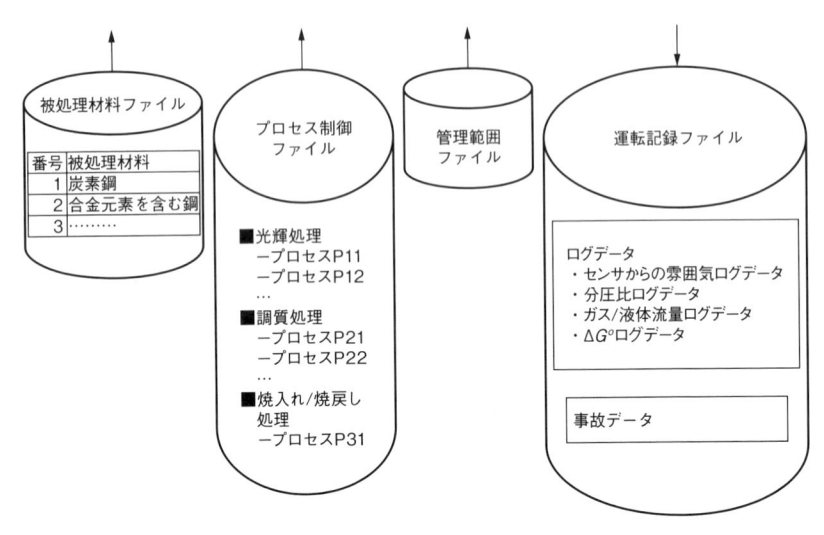

図6-8 熱処理用データベース

## 6-2-7 雰囲気炉可視化のためのデータベースと制御部

次に図6-1〜6-7に記載の熱処理用データベース(k)について詳細に説明する。熱処理用データベースは**図6-8**に示すように、被処理材料ファイル、プロセス制御ファイル、管理範囲ファイルおよび運転記録ファイルを備えている。

被処理材料は、熱処理炉で熱処理を受ける被処理材料が番号とともにあらかじめテーブル形式またはライブラリとして登録されており、被処理材料としては炭素鋼、合金元素を含む鋼など多様な材料が登録されている。

プロセス制御ファイルは、被処理材料ごとに、光輝処理、調質処理、焼入れ・焼戻し処理などの具体的なプロセス(熱処理)名と対応するプロセス条件とをテーブル形式またはライブラリとして記憶している。

プロセス条件は、各初期値としての熱処理炉の温度、CO分圧、$CO_2$分圧、$H_2$分圧、$H_2O$分圧、$O_2$分圧、$CO/CO_2$分圧比演算部での演算結果、$H_2/H_2O$分圧比演算部での演算結果、$\Delta G^o$演算部での演算結果、流量計各流量計からの炭化水素流量、空気流量、水素流量、窒素流量などのガスの流量とメタノール流量などの液体流量、被処理材料の搬送速度およびこれらのパラメータの時

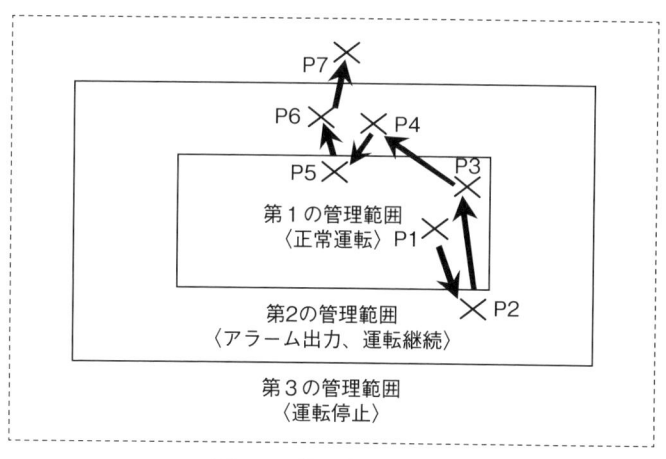

第6章　雰囲気の見える化と雰囲気管理

図 6-9　管理範囲説明図

間制御であるプロセスシーケンスなどが記憶されている。

　演算処理装置は入力装置からの指示に基づいて、テーブルまたはライブラリとして保存されている被処理材料ファイルおよびプロセス制御ファイルから指定されたテーブルまたはライブラリを熱処理用データベースから読込んで表示装置に表示する。

　オペレータは表示された内容を確認し、表示された熱処理条件でよければこの条件で熱処理を開始する。したがって熱処理を変更する場合は上記の手順により簡易に行うことができ光輝処理、調質処理、焼入れ・焼戻し処理などの光輝熱処理を迅速かつ柔軟に進めることができる。

　管理範囲ファイルは**図 6-9**に示すように、正常運転の範囲を示す第1の管理範囲と、この管理範囲の外側に設定され、正常運転から外れているものの注意が必要な運転領域である第2の管理範囲と、さらに第2の管理範囲の外側に設定され、熱処理炉の運転を停止する第3の管理範囲とから構成される。図で管理範囲の横軸は温度であり、縦軸は $\Delta G^o$ である。また図 6-9 において管理範囲は矩形としているが、必ずしも矩形である必要はなく、多角形、長円など任意の形状であってもよい。

また図6-9においては第1の管理範囲の外側に隣接して第2の管理範囲が設けられ、第2の管理範囲の外側に隣接して第3の管理範囲が設けられているが、必ずしも隣接している必要はなく、各管理範囲間に緩衝領域を設けるようにしてもよい。

運転記録ファイルには、各センサからの熱処理炉の温度、CO分圧、$CO_2$分圧、$H_2$分圧、$H_2O$分圧、$O_2$分圧、$CO/CO_2$分圧比、$H_2/H_2O$分圧比、各流量計を流れるガスまたは液体の流量、被処理材料の搬送速度および$\Delta G^o$などがそれぞれリアルタイムで記録されるログデータファイルと、図6-9に示す第2の管理範囲および第3の管理範囲での上記ログデータファイルを含む事故データファイルとを有する。

次に図6-2に戻って制御部 (d) について説明する。制御部はセンサI/Fを経て温度センサから入力する温度Tを入力し、また入力装置で指定された熱処理用データベース (k) に記憶されたプロセス情報から指定の温度$T_0$を読みとって、$\Delta T$ ($=T-T_0$) が0、すなわち温度Tが温度$T_0$に一致するようにヒータに流す電流を制御する。

また制御部は$\Delta G^o$（標準ギブスエネルギ）演算部からの$\Delta G^o$と管理範囲R1の情報を用い、$\Delta G^o$で示される状態が管理範囲の中心に一致するように、流量調整バルブを制御して各種ガス流量とメタノールなどの液体流量を制御する。管理範囲R1は近似的直線L1の下側に設定され被処理材料が還元される領域にある。

同時に管理範囲R1は近似的直線L2の下側に設定され、カーボン（C）も還元領域にあり被処理材料の表面に存在する炭素が酸化されて脱炭する不具合は生じない。

エリンガム図で$\Delta G^o$の上方になるほど熱処理炉内部は酸化性雰囲気ガスになり、逆にエリンガム図の下方になるほど還元性雰囲気ガスとなる。図6-1、図6-3、図6-4に示す流量調整バルブを制御して炭化水素ガスの流量を大きくすると、還元性ガスであるCOおよび$H_2$が増大しエリンガム図上の状態P1は下方にシフトする。

第6章 雰囲気の見える化と雰囲気管理

逆に炭化水素ガスの流量を小さくすると、酸化性ガスである $CO_2$ が増大する一方、還元性ガスである CO および $H_2$ ガスが減少しエリンガム図上の状態 P1 は上方にシフトする。

また過大に炭化水素ガスの流量を大きくすると、炭化水素ガスの不完全燃焼の程度が増大するため煤が発生したり、被処理材料に浸炭が生じる恐れがある。このため、管理範囲に下方の制限を設け、炭化水素ガスの流量が一定値以上大きくならないように制御する。

また、図 6-5 の流量調整バルブ調整しメタノール流量を大きくした場合は、式 6-8 からわかるように CO、$H_2$ の還元性ガスの分圧が高くなるので、エリンガム図上では下方にシフトする。

さらに図 6-6 の流量調整バルブを調整し水素流量を大きくした場合も水素は還元性ガスなので、メタノールの場合と同様である。

また制御部は状態監視＆異常処理部（s）からの情報を基に、炉の運転に異常が発生した場合、熱処理炉に被処理材料を搬送する搬送機構を停止するなどして熱処理装置の運転を停止する。

また異常が発生した場合、制御部は異常信号を表示データ生成部（r）に出力し、これを受けて表示データ生成部は表示装置に表示される状態 P1 を点滅表示またはアラーム音を鳴らすなどのアラーム処理を実行する。

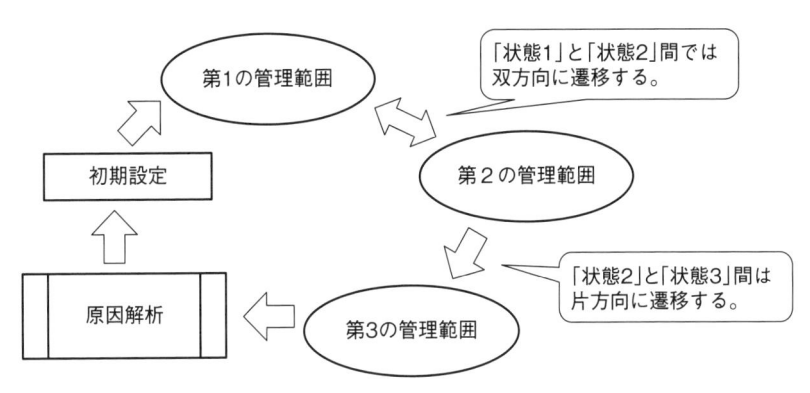

図 6-10　管理範囲を状態が移行する際の動作を説明する図

```
┌─────────────────────────────────────┐
│ 被処理材料、熱処理プロセスを入力装置を介して選択する。│ ～ S1
└─────────────────────────────────────┘
              ↓
┌─────────────────────────────────────┐
│ 演算処理装置が熱処理用データベースからプロセス条件・エリンガ │
│ ム図情報を読み込み、制御部と表示装置に送信する。      │ ～ S2
└─────────────────────────────────────┘
         ↓           ↓
┌──────────────┐ ～S31  ┌──────────────┐ ～S32
│制御部は受け取ったプロセス条件に│      │              │
│基づき、エリンガム図に示された管│      │表示装置は指定されたエリンガム図情│
│理範囲の中央に対応する初期条件で│      │報と管理範囲を表示する。     │
│のプロセス条件でヒーターとガス流│      │              │
│量の制御を開始する。      │      │              │
└──────────────┘      └──────────────┘
              ↓
┌─────────────────────────────────────┐
│ 各種センサはセンサ情報を制御部を介して、         │
│ または直接に演算処理装置に送信する。           │ ～ S4
└─────────────────────────────────────┘
              ↓
┌─────────────────────────────────────┐
│ 演算処理装置は、センサ情報から温度、各演算部でO₂分圧、 │
│ CO/CO₂分圧比、H₂/H₂O分圧比、ΔGなどを算出し、    │
│ 熱処理炉の運転状態を表示装置のエリンガム図上に表示する。│ ～ S5
│ 同時にセンサ情報、演算情報、制御情報をサンプリングし、 │
│ ログ情報としてデータベースに記録する。          │
└─────────────────────────────────────┘
              ↓
           ╱ S6 ╲
          ╱熱処理炉の運転状態が、╲         NO
         ╱エリンガム図の第1の管理範囲に╲──────→
         ╲入っているか？      ╱
          ╲            ╱
           ╲YES        ╱        S8
              ↓              ┌──────────────┐
         ┌──────┐          │警告信号(アラーム音、表示装置に│
         │運転継続│ ～ S7       │アラーム表示)を出力。     │
         └──────┘          │・アラーム情報を端末装置に送信。│
                           └──────────────┘
                                  ↓
    ┌──────────┐         ┌──────────┐
    │マニュアル運転モード│ ～ S9   │自動運転モード│ ～ S10
    └──────────┘         └──────────┘
                                  ↓
                          ╱ S11 ╲
          NO           ╱熱処理炉の運転状態が、╲
      ←──────── ╱エリンガム図の第2の管理範囲に╲
                     ╲入っているか？      ╱
                      ╲            ╱
                       ╲YES        ╱
         ┌──────┐                ┌──────┐
         │運転停止│ ～ S13            │運転継続│ ～ S12
         └──────┘                └──────┘
```

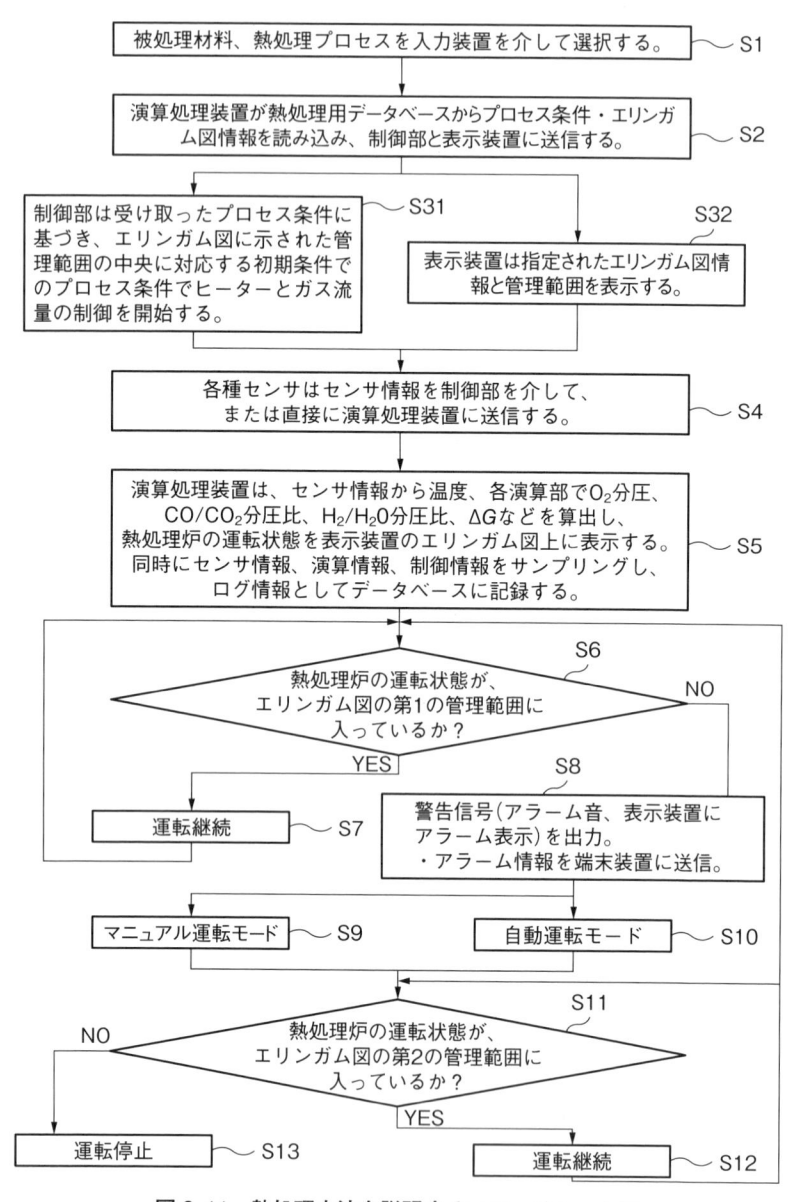

図 6-11　熱処理方法を説明するフローチャート図

第6章　雰囲気の見える化と雰囲気管理

(A)

管理パラメータ($\Delta G°$)

管理範囲

P1′

アラーム出力
・アラーム音
・ブリンキングなど

t1　時間

(B)

管理パラメータ(温度)

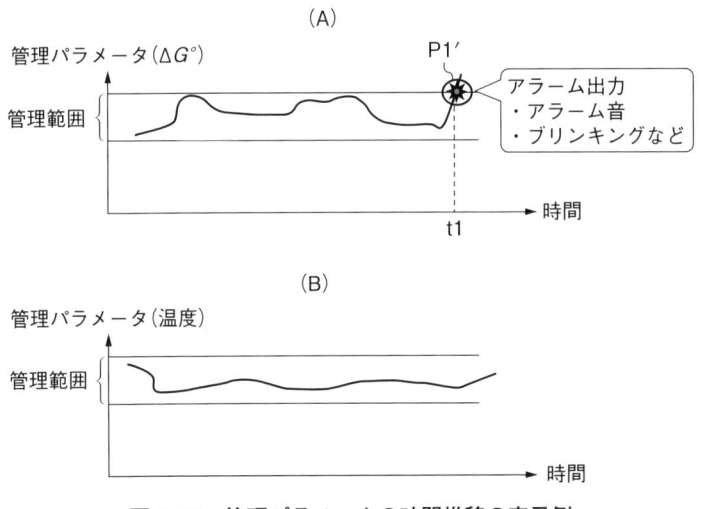

管理範囲

時間

図6-12　管理パラメータの時間推移の表示例

次に図6-11に示すフローチャート、および図6-1～図6-10並びに図6-12を参照して本熱処理方法および熱処理装置について説明する。

ステップS1で入力装置を用いて表示装置に表示されるメニューから、これから熱処理を行う被処理材料と熱処理プロセスを選択する。たとえば、被処理材料として炭素鋼を、熱処理プロセスとして光輝処理の中からプロセスを選択する。

次にステップS2で、演算処理装置が熱処理用データベースからプロセス条件、エリンガム図情報、管理範囲を読込み、これらの情報を制御部と表示装置に出力する。

制御部はステップS31で、受け取ったプロセス条件に基づきエリンガム図に示された管理範囲の中央に温度と$\Delta G°$が位置するように、ヒータと各流量調整バルブを制御して各種ガス流量とメタノールなどの液体流量の制御を開始する。これと同時に表示装置はステップS32でエリンガム図情報と管理範囲を表示する。

次にステップS4で各種センサが検知したセンサ情報は制御部を経由して、

または直接に演算処理装置に出力する。

　演算処理装置は、各演算部 (n)、(o)、(p)、(q) で算出した $O_2$ 分圧、$CO/CO_2$ 分圧比、$H_2/H_2O$ 分圧比を参照して式 6-1、式 6-4、式 6-7、あるいはこれらの式の演算値で算出した $\Delta G^o$ を管理範囲、図 6-2 に示す近似的直線 L1、L2 とともに表示装置のエリンガム図上に表示するための表示データとして生成する。

　またこれと同時に温度センサ、酸素センサ、流量計などからのセンサ情報、酸素分圧演算部での演算結果の $O_2$ 分圧、$CO/CO_2$ 分圧比演算部での演算結果の $CO/CO_2$ 分圧比、$H_2/H_2O$ 分圧比演算部での演算結果の $H_2/H_2O$ 分圧比、$\Delta G^o$（標準ギブスエネルギ）演算部での演算結果の $\Delta G^o$ などの演算情報、ヒータに対する駆動電流、流量調整バルブに対する流量制御情報などの制御情報をそれぞれリアルタイムでログデータファイルとして記録する。

　次にステップ S6 において状態監視＆異常処理部は、熱処理炉の運転状態がエリンガム図の管理範囲に入っているか否かを判断し、運転状態がエリンガム図の管理範囲に入っている場合は制御部に対して継続運転するように指示し、制御部はステップ S7 で図示しない被処理材料の搬送機構、ヒータおよび流量調整バルブに対して継続運転をするための制御情報を出力する。

　一方、運転状態がエリンガム図の管理範囲に入っていない場合、状態監視＆異常処理部は表示データ生成部に対して、表示装置上の状態 P1 を点滅表示、またはアラーム音を鳴らすなどのアラーム処理を実行するよう指示する。同時に、そのアラーム情報は通信回線を介して熱処理炉から離れた端末装置にリアルタイムで送信する。

　これにより状態 P1 が第 1 の管理範囲を外れた場合、生産管理技術者などの PC に緊急メールなどが通知されるので、生産管理技術者は熱処理用データベースの事故データファイルに迅速にアクセスすることができる。生産管理技術者は事故解析ツールを用いて事故データファイルのデータを解析して事故の原因を突き止め、生産現場に対して対応のための指示を行う。

　次にステップ S6 において熱処理炉の運転状態が第 1 のエリンガム図の管理

範囲に入っていない場合の処理について、図 6-9 および図 6-10 を参照して詳細に説明する。

　状態が正常運転の範囲を示す第 1 の管理範囲から第 2 の管理範囲に推移すると、ステップ S8 で状態監視＆異常処理部は表示データ生成部に対して、アラーム処理を実行するように指示する。これと同時に、アラーム情報は通信回線を介して端末装置にリアルタイムで送信する。

　制御部は、状態が第 1 の管理範囲から第 2 の管理範囲に推移すると状態を第 1 の管理範囲に戻すようにリアルタイムでフィードバック制御を行う。

　図 6-10 に示すように、第 1 の管理範囲と第 2 の管理範囲間では双方向に推移可能である。第 2 の管理範囲の運転モードとしては、ステップ S10 に示す制御部がすべての制御を自動的に行う自動運転モードと、ステップ S9 に示すようにオペレータまたは技術者がマニュアルで制御部に指示を与えて熱処理装置を運転するマニュアル運転モードとがある。自動運転モードを選択するか、マニュアル運転モードを選択するかは入力装置から演算処理装置に選択指示を出してモードの切り替えを行う。

　自動運転モード、マニュアル運転モードのいずれの場合も、状態が第 3 の管理範囲に入った場合（ステップ S11 で NO の場合）は不良品を出さないようにするためにステップ S13 に示すように熱処理炉の運転を停止する。

　具体的には被処理材料を搬送するコンベアまたはローラの搬送動作を停止し、熱処理炉に新たな被処理材料が投入されないようにする。図 6-10 に示すように状態が第 3 の管理範囲に入った場合は、第 2 の管理範囲に復帰することは困難であり、事故の原因を究明し初期設定から熱処理装置の再起動を行うことが一般的な方法である。

　またステップ S11 で熱処理炉の運転状態が、エリンガム図の第 2 の管理範囲に入っていると判定された場合はステップ S11 で運転継続し、ステップ S6 またはステップ S11 で運転状態がどの管理範囲に入っているかを継続的に監視する。

　上記に説明したことを具体的に説明すると、図 6-9 において第 1 の管理範囲

内の状態 P1 が第 2 の管理範囲内の状態 P2 に遷移した場合を考える。

状態 P2 は状態 P1 よりもエリンガム図で $\Delta G^o$ が低い。すなわち雰囲気ガスの還元性が高いことを表している。そこで制御部は雰囲気ガスの酸化性を高めるために炭化水素ガスなどの還元性ガスの流量を小さくするように制御する。これにより状態 P2 はふたたび第 1 の管理範囲に入って状態 P3 となったが、ほどなく第 2 の管理範囲に入り状態 P4 に遷移する。このような状態遷移を繰り返し、第 2 の管理範囲の状態 P6 が第 3 の管理範囲の状態 P7 に遷移した場合、第 3 の管理範囲の状態から第 2 の管理範囲の状態に遷移することは通常困難であり、状態 P7 に遷移した時点で熱処理炉の運転を停止する。

以上説明したように管理範囲を第1の管理範囲ないし第3の管理範囲に分け、範囲ごとに制御方法を適切化することにより、不良ロットの発生率を低減するとともに、運転停止期間の短縮を図っている。これにより、量産性に優れた熱処理装置を提供できる。

図 6-9 は横軸を温度、縦軸を $\Delta G^o$ として 2 次元の管理範囲を示しているが、図 6-12 中の（A）および（B）はこの二つのパラメータを二つのチャートに分離して示したものである。

図 6-12（A）は横軸を時間に、縦軸を $\Delta G^o$ にとったときの状態変化を表しており、時刻 t1 までは $\Delta G^o$ は管理範囲に入っているが時刻 t1 で管理範囲の上限を超えている。これを受けて表示データ生成部は表示装置上の状態 P1′ に対してブリンキング（点滅）表示、またはアラーム音を鳴らすたびにアラーム処理を実行する。図 6-12（A）では管理パラメータとして $\Delta G^o$ の場合について説明したが、残留酸素分圧を管理パラメータとし、この残留酸素分圧が管理上限値を超すとアラーム処理を実行するようにしてもよい。

**図 6-13** は表示装置の同一画面または複数画面に図 6-13 の（A）に示すエリンガム図における状態、（B）に示す管理パラメータの時間遷移、（C）に示すセンサからのセンサ情報およびこれらの演算値並びにガスの制御情報などを表示したものである。

図 6-13 の（A）は現時点での状態をエリンガム図の観点から 2 次元的に把

(A)

(B)

(C)

| | |
|---|---|
| 温度 | |
| $O_2$分圧 | |
| CO分圧 | |
| $CO_2$分圧 | |
| $H_2$分圧 | |
| $H_2O$分圧 | |
| $CO/CO_2$分圧比 | |
| $H_2/H_2O$分圧比 | |
| $\Delta G°$ | |
| 炭化水素流量 | |

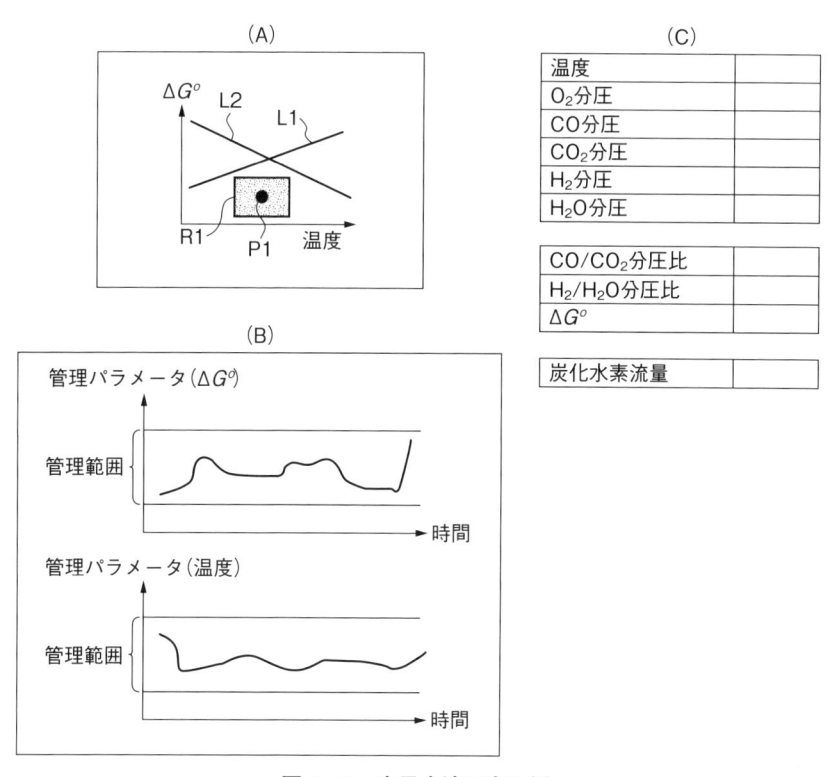

図6-13 表示方法の表示例

握するのに有効であり、(B) は時間とともに管理パラメータがどのように変化しているのかを把握するのに有効である。一方、(C) は (A) または (B) に示す状態の管理パラメータを詳細に表示している。

　本熱処理方法および熱処理装置は、図6-8に示す管理範囲ファイルの管理範囲を用いて制御する。そのことについて**図6-14**を参照して、この管理範囲の決定方法について説明する。

　ステップS21で炭素鋼、合金元素を含む鋼など様々な被処理材料から管理範囲を決めるために評価を行う被処理材料を選択し、ステップS22で選択した被処理材料に適合したプロセス、たとえば光輝処理のプロセスP1などを選

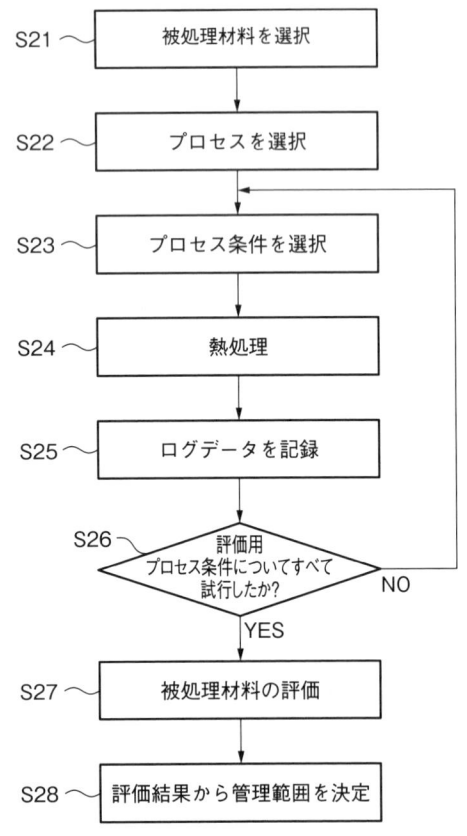

```
S21 ── 被処理材料を選択
         │
S22 ── プロセスを選択
         │
         ▼ ◄─────────────┐
S23 ── プロセス条件を選択    │
         │                │
S24 ── 熱処理              │
         │                │
S25 ── ログデータを記録     │
         │                │
S26 ── 評価用              │
       プロセス条件についてすべて ── NO ──┘
       試行したか?
         │
         YES
         │
S27 ── 被処理材料の評価
         │
S28 ── 評価結果から管理範囲を決定
```

**図 6-14 管理方法を決めるための方法を説明するフローチャート**

択する。

次にステップ S23 で、選択したプロセスの既定プロセス条件を中心にして、評価のための複数の評価用プロセス条件を作成する。そして、この評価用プロセス条件の中から一つのプロセス条件を選択し、ステップ S24 で図 6-1～図 6-7 に示す熱処理装置と図 6-11 に示す熱処理方法を用いて被処理材料を熱処理する。

次にステップ S25 で、熱処理炉の温度、$O_2$ 分圧、$CO$ 分圧、$CO_2$ 分圧、$H_2$ 分圧、$H_2O$ 分圧、$CO/CO_2$ 分圧比、$H_2/H_2O$ 分圧比、流量計からの炭化水素流

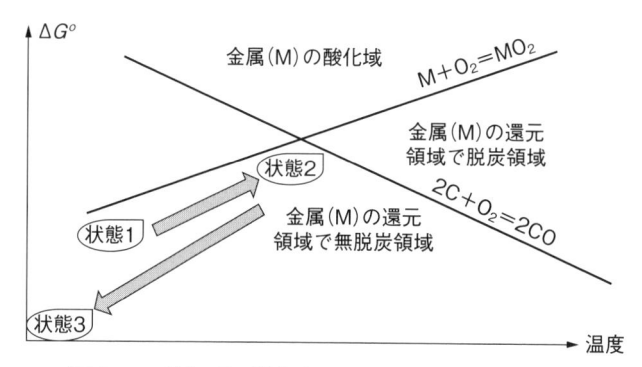

第6章 雰囲気の見える化と雰囲気管理

図6-15 熱処理に対応するエリンガム図上での状態

量、空気流量、水素流量、窒素流量などのガス流量とメタノール流量などの液体流量、$\Delta G^o$ などをそれぞれ評価用ログデータとしてログデータファイルに記録する。

ステップS26で、評価用プロセス条件についてすべて試行したか否かを判断し、試行していない場合はS23で試行していない評価用プロセス条件を選択し、ステップS24、ステップS25の処理を繰り返しすべての評価用プロセス条件について熱処理を繰り返す。

ステップS27で、評価用プロセスで熱処理した個々の被処理材料の評価、具体的には被処理材料の色、表面硬度、脱炭および浸炭の有無とその程度などについて評価する。そしてこの評価結果からステップS28で目標とする仕様を満足する管理範囲を決定する。

次に本熱処理方法の他の実施例について、**図6-15**を参照して説明する。図6-15で被処理材料は異なる温度履歴を受けて、状態1→状態2→状態3と順次状態が遷移していくことを示している。たとえば状態1の熱処理としては予熱ゾーンでの熱処理を、状態2の熱処理としては加熱ゾーンでの熱処理を、状態3の熱処理としては冷却ゾーンでの熱処理をそれぞれ表す。

被処理材料がベルトコンベアまたはローラなどの搬送機構によって連続炉の中を移動し、ゾーンごとに異なる温度、異なる雰囲気ガスで熱処理される。

入力装置から被処理材料のロット番号を指定すると、そのロット番号の被処理材料がどのゾーンにあり、エリンガム図のどの状態にあるのかをゾーンの位置やプロセス条件とともに、表示装置に瞬時に表示することができる。また、冷却ゾーンにあるロットについては、その前に熱処理された加熱ゾーンにおけるエリンガム図を遡って表示することができる。

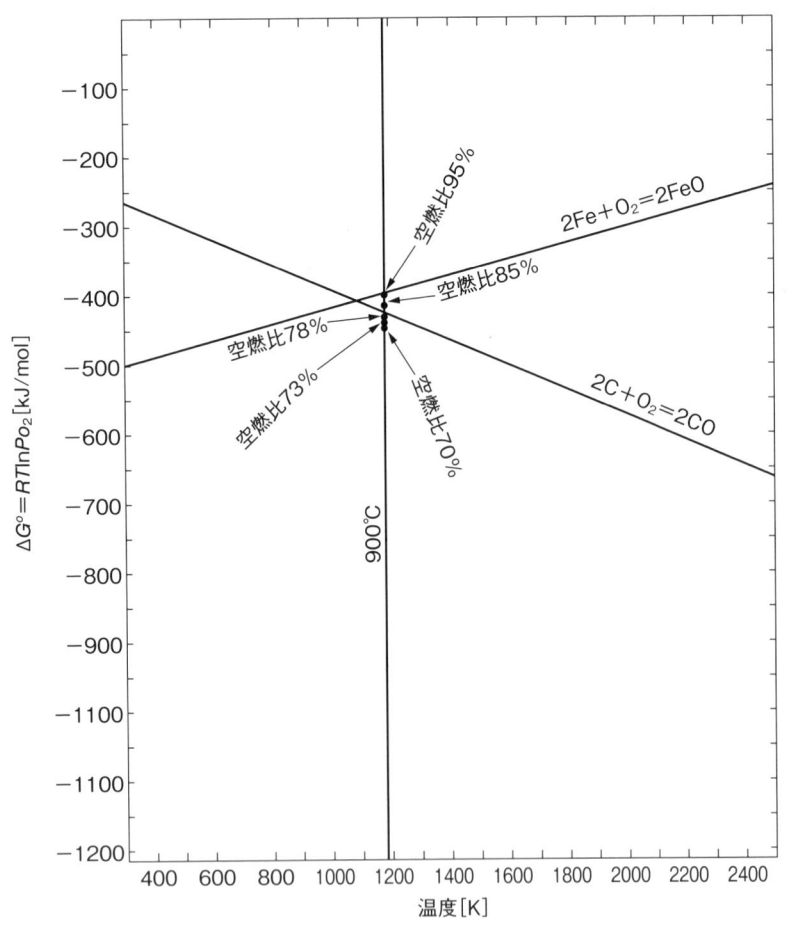

図6-16　実験データをエリンガム図上に示した説明図

## 6-2-8 実験例

**図 6-16** に熱処理温度 940 ℃で、空気と燃料との比である空気比を変えて実験したときのエリンガム図を示す。左方の縦軸は $\Delta G^o$ 軸を表し、横軸は絶対温度を表す。

$2Fe+O_2=2FeO$ で示した直線の上方は鉄が酸化する領域、直線の下方は鉄が還元する領域を表す。また $2C+O_2=2CO$ で示した直線の上方は炭素が酸化され、この直線の下方は炭素が還元する領域すなわち脱炭しない領域を表す。

**図 6-17** は図 6-16 の拡大図でありエリンガム図上の状態 A～E と、この状態に対応する空気比、および $CO/CO_2$ 分圧比を合わせて表している。被処理材料が還元し（酸化せず）、脱炭もしない領域は状態 A、B であることがわかる。**表 6-1** に、空気比を変えて熱処理した被処理材料に対しての評価結果を示す。この表からわかるように空気比 70 %のとき、すなわち $CO/CO_2=8/0.1=80$ のとき、表面硬度および表面色とも最もよい条件であることがわかる。また状態 A と状態 B との間に管理範囲の上限を設定すればよいことがわかる。

|  | A | B | C | D | E |
|---|---|---|---|---|---|
| 空気比 | 70% | 73% | 78% | 85% | 95% |
| $CO/CO_2$ | 8.3/0.105 | 7.2/0.103 | 5.44/0.101 | 2.335/0.09 | 1.1/0.11 |
|  | 79.05 | 69.90 | 53.86 | 25.94 | 10.00 |
| $\Delta G^o$ | −447 | −445 | −439 | −425 | −407 |

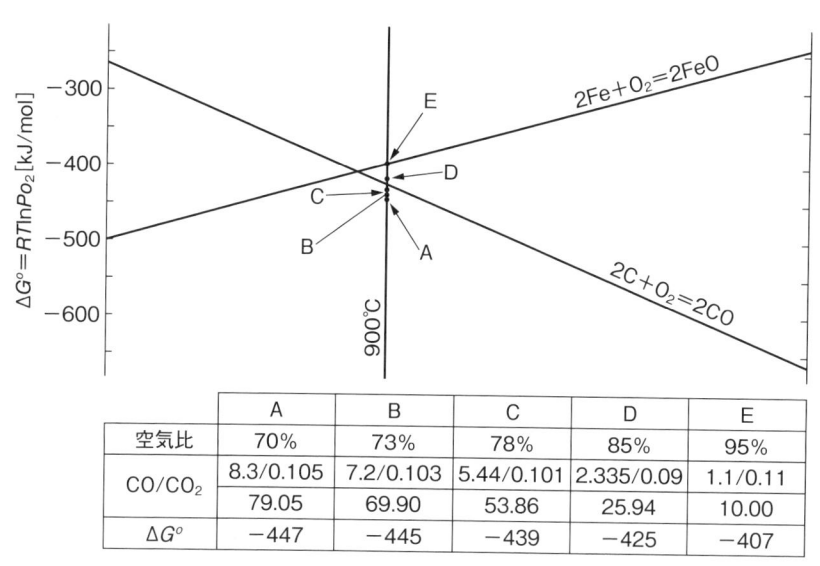

**図 6-17 図 6-16 の拡大図および熱処理条件**

表 6-1　図 6-17 の拡大図および熱処理条件の詳細と評価結果

|  | A | B | C | D | E |
|---|---|---|---|---|---|
| 空気比 | 70 % | 73 % | 78 % | 85 % | 95 % |
| $CO/CO_2$ | 8.3/0.105 | 7.2/0.103 | 5.44/0.101 | 2.335/0.09 | 1.1/0.11 |
| $\Delta G°$ | −447 | −445 | −439 | −425 | −407 |
| 色 | ○ | ○ | ○ | △ | × |
| 全脱炭層 | ○ | ○ | ○ | × | × |

　上記に具体的に説明したように、図 6-14 のフローに基づき種々の被処理材料およびプロセスに対して好適な管理範囲を決定し、管理範囲ファイルにライブラリとして記録する。本熱処理装置はこのライブラリを用いて、柔軟な熱処理が可能な熱処理装置を提供することができる。

　なお上記の説明において、炭化水素ガス、水素ガス、窒素ガスなどの各種ガスは、ガス供給装置の外部に設けられた図示していないタンクなどのガス供給源からガス供給装置に供給される。

## 6-3　雰囲気可視化炉の実際（その 2）

　ここでは、第 4 章の 4-3-1 項で述べた中性ガスのみで炉内を還元雰囲気にできるオキシノン®炉雰囲気の見える化について述べる。

　本炉による熱処理方法および熱処理装置、並びに熱処理システムは、表示装置上にエリンガム図と管理範囲、および熱処理炉の運転状態とを表示することができ、熱処理炉の運転状態をエリンガム図の観点からリアルタイムで監視することができる。

　また熱処理炉の状態がエリンガム図上に設定した管理範囲内に入っているか否か、また管理範囲に入っている場合は管理範囲境界とのマージンを 2 次元的に把握することが可能である。さらに管理範囲を正常運転範囲、この範囲の外側に設定したアラーム出力・運転継続範囲、さらにこの範囲の外側に設定した

運転停止範囲に分け範囲ごとに制御方法を適正化し、不良ロットの発生率を低減するとともに、運転停止期間の短縮を図っている。これにより、量産性に優れた熱処理装置を提供できる。

　さらに本熱処理方法および熱処理装置、並びに熱処理システムは、運転状態に関するセンサ信号、エリンガム図上における系の状態推移などをログデータとして記録しているので不良解析などが容易である。また、致命的な停止状態に至る前にアラーム情報を関係者に報知でき、いち早く正常な運転状況へ復帰することができ、被処理材料、処理プロセスに関するデータがライブラリとしてデータベースに格納されており、これらのライブラリを選択することにより、被処理材料、処理プロセスが変更されたとしても迅速に熱処理炉の運転を切り替えることができる。このため、多品種・少量生産にも本炉は適用可能である。

　以上は、6-2項で述べた一般的な雰囲気熱処理炉と基本的には同じである。

　ところが、従来炉においては、

　①炭化水素ガスなどの還元性ガス中のCO濃度を大きくして還元性を高めた場合、熱処理炉内で煤が発生し炭素で熱処理炉を汚染し、被処理材料に浸炭が発生する恐れがある。

　②カーボンポテンシャル（CP）が温度により変化するため光輝処理、焼なましなどの熱処理の場合、浸炭・脱炭を生じないように雰囲気制御を行うことが困難である。

　などの欠点を有していた。

　一方、本熱処理方法および熱処理装置、並びに熱処理システムにおいては従来炉と比較して次のような特徴を有している。

　①水素ガスを用いないので熱処理中に爆発を生じる危険性がなく、極めて安全に熱処理炉を運転することができる。

　②炭化水素ガスなどの還元性ガスをいっさい用いないので煤が発生する可能性は全くなく、熱処理炉へは中性ガスまたは不活性ガスを供給するだけなので被処理材料の浸炭・脱炭は生じない。

③中性ガスまたは不活性ガスの供給源から供給されるガス流量を流量調整バルブにより調整するので雰囲気ガスの制御を極めて簡素化することができる。

④また銅など還元しやすい被処理材料を熱処理する場合、熱処理炉の状態がエリンガム図上に設定した管理範囲内に入るようにして、熱処理炉に供給する中性ガスまたは不活性ガスの流量を還元し難い被処理材料に比して大幅に小さくすることができ、これらのガスの費用を削減することができる。

⑤熱処理炉内の酸素分圧を極低圧（$10^{-15}$Pa 以下）に保持できるので、極めて難還元性の金属酸化物を熱乖離させ、金属を無酸化状態で熱処理することができる。

⑥熱処理炉内の気圧をほぼ1気圧に保って熱処理を行うので、従来の真空炉を用いた熱処理炉に比べて被処理材料からの蒸発を大幅に低減することができる。

⑦炭化水素ガスを燃焼して変成ガスを発生させるガス変成装置は不要なので装置全体を小型化することが可能であり、ガス変成装置に供給する電力が不要となり装置全体の電力を大幅に削減することができる。

## 6-3-1　オキシノン炉可視化のための熱処理システムと制御部

図6-18は本炉の熱処理装置、並びに熱処理システムの概略構成を示すブロック図であり、熱処理炉に搬入された被処理材料に対して、ヒータにより所定の温度に設定された高温下の窒素ガスなどの中性ガス、アルゴンガス、ヘリウムガスなどの不活性ガス中で光輝処理、調質処理、焼入れ・焼戻し処理、ろう付、焼結などの熱処理が行われる。また、**(B)** は熱処理炉に中性ガスまたは不活性ガスを供給するガス供給装置、**(D)** は各種センサからの信号を受けて熱処理炉の温度などとガス供給装置などを制御する制御システム、**(b)** は制御システムと通信回線を介して情報を相互に入出力する端末装置である。

熱処理炉は各種センサ、具体的には温度を測定する温度センサ、残留酸素分圧を測定する酸素センサなどを有している。

また熱処理炉内の雰囲気ガスの一部をガスサンプリング装置で取り込み、取

第6章 雰囲気の見える化と雰囲気管理

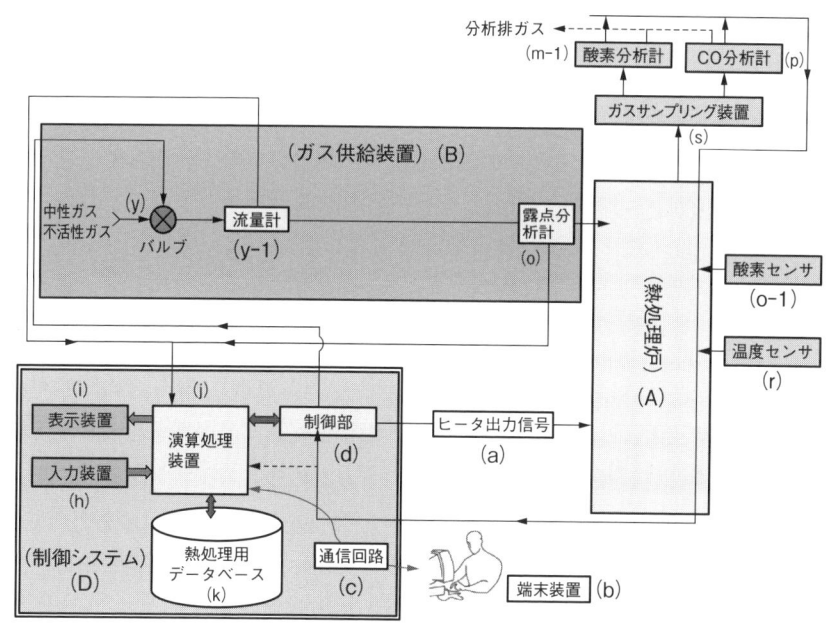

図 6-18 オキシノン炉雰囲気の見える化

り込んだ雰囲気ガスから熱処理炉内部の一酸化炭素分圧を測定する CO 分析計および $O_2$ 分析計などを有している。それぞれ分析済みの雰囲気ガスは分析排ガスとして排出する。ここで主となる分析計は CO 分析計である。

また、温度センサは必須のセンサであるが、他のセンサおよび分析計に関してはすべて備えている必要はない。すなわち、熱処理炉中雰囲気の標準ギブスエネルギ $\Delta G^o$ を算出するための測定方法として、(1) CO 分析計を用いる方法、(2) $O_2$ センサを用いる方法、(3) (1) の方法と (2) の方法を組み合わせる方法があるが、これら (1)〜(3) の方法に合わせて必要なセンサを設ければよい。ただし $O_2$ センサは使用温度が 700 ℃ から 1 000 ℃ であり、それ以外の温度では使用できないので注意を必要とする。

またガス供給装置は、制御部の制御信号により中性ガスまたは不活性ガスの流量を制御する流量調整バルブと、流量調整された中性ガスまたは不活性ガス

を測定する流量計と、熱処理炉に供給するガスの酸素分圧を測定する出力ガス分析計を有する。

なお出力ガス分析計は、ガス供給装置に異常が発生し正常な管理範囲から逸脱した場合などを検出するために設けられる。出力ガスセンサからの信号は制御部または演算処理装置により $O_2$ などが管理範囲内に入っているか否かが判定され、管理範囲内に入っていると判定された場合、窒素ガスなどの中性ガス、アルゴンガス、ヘリウムガスなどの不活性ガスがガス供給装置から熱処理炉に供給される。

また制御システムは、熱処理炉の運転状態、具体的にはエリンガム図における状態を表す点とエリンガム図上に設定した管理範囲などの情報を表示する表示装置と、演算処理装置に入力情報を出力するための入力装置とを有する。さらに、熱処理炉内に設置された各種センサと熱処理炉の外部に設けられたCO分析計とからの信号と、熱処理用データベースに格納された情報とを用いて演算処理し、流量調整バルブなどを制御するための制御信号を制御部に出力する演算処理装置と、演算処理装置からの制御信号を受けてヒータ、流量調整バルブなどの制御を行う制御部と、被処理材料の材料情報、熱処理に関するプロセス情報、管理範囲に関する情報、熱処理装置の運転に関するログ情報および事故データなどを記憶管理する熱処理用データベースとを有する。

また温度センサ、酸素センサ、CO分析計などの各種センサと制御部または演算処理装置とは専用のセンサバス、汎用バス、または無線LANなどの通信回線で接続されており、制御部または演算処理装置は各種センサと通信回線が正常に動作しているか否かをリアルタイムで監視するとともに、各種センサからの信号の検波、サンプリング、A/D変換、波形等価、オフセット補正、ノイズ訂正などの処理を行う。

次に**図6-19**を参照して、熱処理炉で被処理材料として表面が酸化された鉄（Fe）を光輝処理する場合について説明する。

図6-19（a）は、熱処理炉内のグラファイトインナーマッフルで取り囲まれた加熱処理室に表面が酸化された鉄をC/Cコンポジット製のメッシュベルト

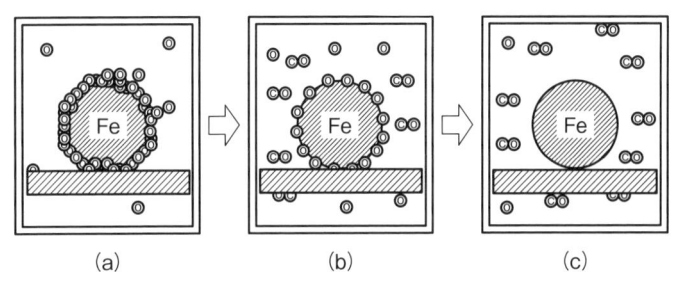

第 6 章　雰囲気の見える化と雰囲気管理

図 6-19　還元反応の説明図

上にセラミックなどのセッター材（図示せず）とともに載置し、雰囲気ガスとして窒素ガスなどの中性ガス、アルゴンガス、ヘリウムガスなどの不活性ガスを流した状態を表している。

　雰囲気ガス中に含まれる微量の残留酸素は図 6-19（b）に示すように、グラファイトインナーマッフルなどの炉内構造物のグラファイトと反応して一酸化炭素（CO）となり、キャリアガスを兼ねる雰囲気ガスとともに熱処理炉の外部に放出される。このため雰囲気ガス中の酸素分圧は低下し、平衡酸素分圧理論によれば金属酸化物を構成する酸素は金属酸化状態を維持できず雰囲気中に放散される。この生成した CO ガスは雰囲気ガスとともに炉外に排出され、金属酸化物表面近くの酸素分圧が上昇することはなく、$10^{-15}$Pa 以下の極めて低い酸素分圧の状態が継続的に保持される。

　この反応がさらに進行すると図 6-19（c）に示すように鉄表面の酸素はすべて炭素（C）と反応して一酸化炭素（CO）となり、雰囲気ガスとともに熱処理炉の外部に放出される。この結果、鉄表面の酸化物は完全に熱乖離して光輝処理がなされる。

## 6-3-2　オキシノン炉可視化のための演算処理装置の構成と動作

　次に図 6-18 および図 6-20 を参照して演算処理装置の構成と動作について説明する。

　演算処理装置は、各種センサからの信号を受けるセンサ I/F と、これを介

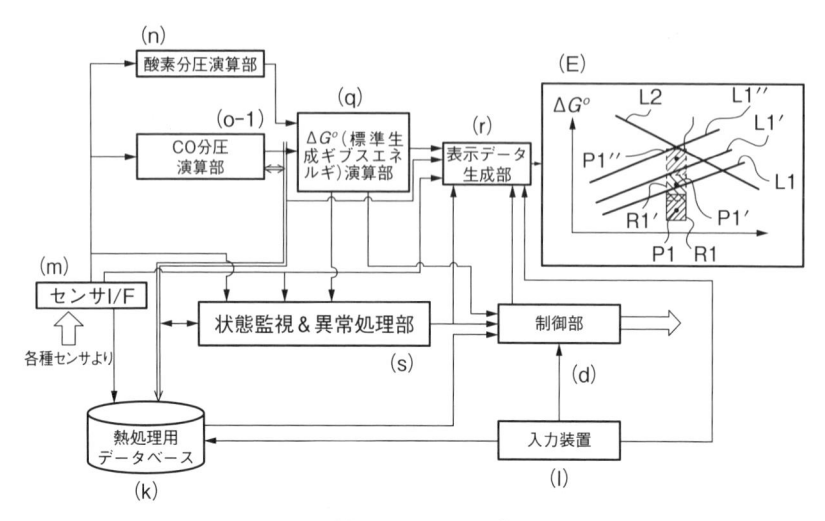

図 6-20 制御システムのブロック図

して入力する酸素センサからの信号を参照して熱処理炉内の酸素分圧を算出する酸素分圧演算部と，CO 分析計から入力する信号を参照し一酸化炭素分圧（CO 分圧）を算出する CO 分圧演算部とを有する。

$\Delta G^o$（標準ギブスエネルギ）演算部は，酸素分圧演算部，CO 分圧演算部でそれぞれ算出された算出結果を参照して運転中の熱処理炉雰囲気の $\Delta G^o$（酸素ポテンシャル）を算出し，算出結果を表示データ生成部，制御部，状態監視＆異常処理部に出力する。

$\Delta G^o$ の算出方法は幾つかあるが，以下に代表的な計算方法を示す。

$$\Delta G^o = RT \ln P_{O_2} \tag{6-10}$$

［CO–$O_2$ 間反応］

$$2C + O_2 = 2CO \tag{6-11}$$

$$\Delta G^o(6\text{-}11) = -221\,000 + 176.6T \quad [\text{J} \cdot \text{mol}^{-1}] \tag{6-12}$$

$$\Delta G^o = RT \ln P_{O_2} = \Delta G^o(6\text{-}11) - 2RT \ln P_{CO} \tag{6-13}$$

ここで $R$ は気体定数，$T$ は絶対温度，$P_{O_2}$ は酸素分圧（$O_2$ 分圧），$P_{CO}$ は一酸化炭素分圧（CO 分圧）である。

## 第6章　雰囲気の見える化と雰囲気管理

　上記の式において、式6-10を用いて酸素分圧 $P_{O_2}$ から $\Delta G^o$ を算出することができる。また式6-11は炭素（C）と酸素（$O_2$）間の反応を表し、式6-12はこの反応系における $\Delta G^o$（標準生成ギブスエネルギ）が絶対温度 $[T]$ の一次関数で算出されることを示している。また式6-12から、一酸化炭素分圧（CO分圧）を用いて $RT \ln P_{O_2}$ が算出でき、したがって、酸素分圧 $P(O_2)$ と $\Delta G^o$ とを求めることができる。

　次に $\Delta G^o$ を算出するために必要なセンサおよび分析計について説明する。(1)式について着目すると $\Delta G^o$ を算出するためには絶対温度 $T$ と、酸素分圧 $P(O_2)$ を検知すればよいので、温度センサと酸素センサとを設ければよい。

　また、CO-$O_2$ 間反応間反応に着目し、式6-13を用いて $\Delta G^o$（標準ギブスエネルギ）を算出する方法においては一酸化炭素分圧（CO分圧）を検知すればよいので、センサとしてはCO分析計を設ければよい。

　ここで、問題になるのが酸素センサと一酸化炭素分析計であるが、現時点では、使用温度範囲および精度を比較すると、著者は赤外線一酸化炭素分析計を推奨する。

　図6-20に戻って説明を続けると表示データ生成部（r）は、$\Delta G^o$（標準ギブスエネルギ）演算部（q）から出力された $\Delta G^o$ と、センサI/F（m）を介して温度センサから入力する温度情報と、入力装置（l）により指定された被処理材料に対応するエリンガム図、および被処理材料に対応するエリンガム図上の管理範囲の情報などを用いて、表示装置に表示させるための表示データを生成する。炭素鋼、合金元素を含む鋼、ニッケル（Ni）、クロム（Cr）、チタン（Ti）、シリコン（Si）、銅（Cu）などの各種金属および合金の被処理材料に対応する複数のエリンガム図、およびこれらのエリンガム図と対応する管理範囲の情報は、熱処理用データベース（k）に蓄積されており、新規の被処理材料並びに管理範囲の情報は定期的、または非定期的に更新される。

　表示装置は表示データ生成部（r）から出力された表示データを、横軸に温度、縦軸に $\Delta G^o$ とし、被処理材料の各温度における標準ギブスエネルギを近似的な直線L1、L1′、L1″、$2C+O_2=2CO$ の反応における標準ギブスエネル

ギを近似的な直線 L2 として表示する。ここでたとえば近似直線 L1 はチタン（Ti）および酸化チタン（$TiO_2$）の標準生成ギブスエネルギを、近似直線 L1′ は鉄（Fe）および酸化鉄（$Fe_2O_3$）の標準生成ギブスエネルギを、近似直線 L1″ は銅（Cu）および酸化銅（$Cu_2O$）の標準生成ギブスエネルギをそれぞれ表す。

金属により標準ギブスエネルギ（酸素ポテンシャル）はそれぞれ異なり、$\Delta G^o$ 軸の下方になるほど熱乖離しにくいという性質がある。たとえば従来の熱処理炉において酸素分圧が $10^{-1}$Pa、炉内温度が 1 200 ℃ では高純度の中性ガスまたは不活性ガスを用いても酸化銅（$Cu_2O$）が銅に熱乖離する程度で、銅よりも標準生成ギブスエネルギが低いチタン（Ti）はいうまでもなく、鉄（Fe）も全く熱乖離しない。

そこで従来は酸素分圧を低減する方法としては真空法が一般的に用いられ、雰囲気炉においては水素や一酸化炭素などの還元性ガスを含む雰囲気ガスが用いられてきた。しかしながら、これらの方法は前に説明した不具合を生じる可能性が高い。これに対して、本熱処理炉は中性ガスまたは不活性ガスのみの常圧雰囲気で、酸素分圧を $10^{-15}$Pa 以下に下げることが可能である。たとえば炉内酸素分圧が $10^{-19}$Pa、炉内温度が 1 300 ℃ の場合、酸化鉄、酸化チタンは熱乖離により還元する。

### 6-3-3　オキシノン炉の雰囲気管理

オキシノン炉での雰囲気管理は各金属の近似的な直線 L1、L1′、L1″ に応じて管理範囲 R1、R1′、R1″ と、$\Delta G^o$（標準生成ギブスエネルギ）演算部 (q) で算出された熱処理炉における状態 P1、P1′、P1″ とを同時にエリンガム図上に表示する。管理範囲 R1、R1′、R1″ は近似的な直線 L1、L1′、L1″ の下側に、かつ直線 L1、L1′、L1″ に近接して設定される。たとえば被処理材料がチタンの場合、管理範囲 R1 が熱処理用データベース (k) から読み出され、$\Delta G^o$ 演算部 (q) で算出された熱処理炉における状態 P1 とともにエリンガム図上に表示する。他の金属の場合も同様に、それぞれの金属に合わせて設定さ

れた管理範囲とエリンガム図での状態点とを表示する。

状態 P1、P1′、P1″ は各種センサからのサンプリング時間、たとえば 1 秒ごとに表示画面上で更新される。なお、表示装置（E）に表示する情報として管理範囲 R1、R1′、R1″ と状態 P1、P1′、P1″ は必須であるが、量産向けの熱処理装置としては近似的直線 L1、L1′、L1″ と近似的直線 L2 は必ずしも必須の情報ではない。また更新期間については任意に設定できるようにしてもよい。

図 6-18 に示す熱処理装置のオペレータは表示装置（i）に表示されたエリンガム図から、現在運転中の熱処理炉の状態を二次元的に把握することができる。すなわち、状態 P1 が管理範囲 R1 内に入っていれば光輝処理、調質処理、焼入れ・焼戻し処理、ろう付、焼結などの熱処理が正常に処理されていると判断し継続運転を行う。

一方、状態 P1 が管理範囲 R1 を外れた場合は、熱処理炉で何らかの異常が発生していることをリアルタイムで認識することが可能であり、最悪の場合、熱処理装置の運転を停止することにより不良品が大量に発生するのを未然に防止することができる。

状態監視＆異常処理部（s）は、熱処理炉の温度、$O_2$ 分圧、CO 分圧、$\Delta G^0$ などをリアルタイムで監視するとともに、熱処理用データベースから被処理材料に対応する管理範囲 R1 などを読込み、上記のパラメータが規定の管理範囲を逸脱した場合は異常信号を制御部（d）に出力する。

以上説明したように本熱処理方法および熱処理装置、並びに熱処理システムは、量産上極めて安定した運転を行うことが可能であり、経済的にも効率よく運転することができる。すなわち、雰囲気ガスとして中性ガスまたは不活性ガスを用いて熱処理を行うので被処理材料との複雑な化学反応は生じず、シンプルな化学反応により熱処理が行われるため、炭化水素ガスなどを用いる方法に比して熱処理が安定して進行する。

また図 6-19 に示す還元反応の場合、$\Delta G^0$（標準生成ギブスエネルギ）の時間変化をモニタすることにより、$\Delta G^0$ が一定値に収束した場合、被処理材料

表面の酸素が完全に除去され還元反応が完了したと判断できる。これにより、必要最小の熱処理時間で熱処理を完了することができるので効率的な運転が可能であり、熱処理のためのエネルギ効率も改善することができる。なお上記において、$\Delta G^o$ の時間変化から演算処理装置が還元反応の完了時刻をあらかじめ推定することが可能であり、この推定時刻と各センサからの情報から $\Delta G^o$ が一定値となった時刻とが一致した時刻を還元反応の完了時刻とするようにしてもよい。

（1） バッチ炉での雰囲気管理

次に図 6-19 および図 6-21 を参照して熱処理がバッチ処理で行われる場合であって、演算処理装置が $\Delta G^o$ の時間変化から還元反応の完了時刻を算出する方法について説明する。

図 6-19 において、被処理材料がグラファイトインナーマッフル内に搬送された後、開閉可能に設けられた扉により熱処理炉がガス供給開放口を除いて閉鎖され、前述したように時間を追って図 6-19 (a)→(b)→(c) の順に被処理材料の還元処理が実行される。

図 6-21 は温度と $\Delta G^o$ の時間変化を説明する図であり、扉開放後の状態 ST1 から時間とともに状態 ST2、ST3、ST4 のように進行し、状態 ST5 で安定するように制御が行われる。具体的に説明すると、熱処理炉の雰囲気ガスの温度

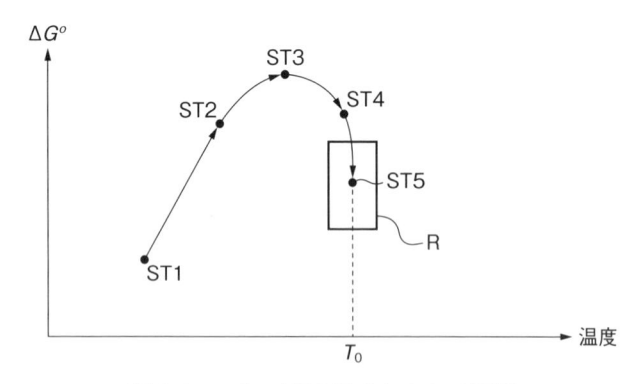

図 6-21 バッチ炉の温度と $\Delta G^o$ の関係

は、図 6-21 に示すように状態 ST1 の温度（$T1$）から状態 ST2 の温度（$T2$）まで急激に上昇し、その後も状態 ST3 の温度（$T3$）、状態 ST4 の温度（$T4$）に至るまで比較的緩やかに上昇を続ける。熱処理炉の温度は $T_o$ に設定されており、最終的に炉内温度はこの設定温度に収束する。

一方 $\Delta G^o$ は、図 6-21 に示すように、状態 ST1 の標準生成ギブスエネルギ $\Delta G^o$（1）から状態 ST2 の標準ギブスエネルギ $\Delta G^o$（2）まで急激に上昇する。これは状態 ST1 から状態 ST2 に至るまでは被処理材料表面の酸素が急速に放出され、酸素分圧が一時的に増大するためである。放出された酸素は式 6-10 により炭素と結合し一酸化炭素（CO）となって炉外に排出されるため、$\Delta G^o$ は状態 ST3 以降減少し、最終的に状態 ST5 の標準ギブスエネルギ $\Delta G^o$（5）の値で安定する。

したがって $\Delta G^o$ の時間変化から演算処理装置が還元反応の完了時刻を演算することが可能であるが、一例として次のような方法を用いる。$\Delta G^o$ の連続する時系列データから、$\delta(n) = \Delta G^o(n) - \Delta G^o(n-1)$ を算出する。ここで、$\Delta G^o(n)$、$\Delta G^o(n-1)$ はそれぞれ時刻 n、時刻 n−1 における $\Delta G^o$ の値である。

$\delta(n)$ は最初正の大きな値をとるが、状態 ST2 から状態 ST3 に至る間は相対的に緩やかに減少し、状態 ST3 以降は状態 ST4 に至るまで負の値をとる。状態 ST4 から状態 ST5 まで $\delta(n)$ は負の値となるが次第に 0 に近づき、状態 ST5 で 0 に均衡し安定する。この関係は雰囲気ガスまたは被処理材料の様々な要因で変動しても変わらないため、$\Delta G^o$ が 0 となる還元反応の完了時刻を種々の近似計算手法を用いて容易に算出することができる。

このように計算した時刻通りに被処理材料の還元処理が終了すれば、正常の熱処理がなされたとして判定されるが、算出した完了時刻の範囲を逸脱した場合は何らかの異常が発生したと推定され表示装置（E）に音声または文字などによるアラームが出力される。

また熱処理途中において $\Delta G^o$ の時間変化または上記の $\delta(n)$ が各時間ごとに設定された管理範囲を超えた場合において、その後の時間ごとに設定された管理範囲に入るように雰囲気ガスの流速を制御するようにしてもよい。

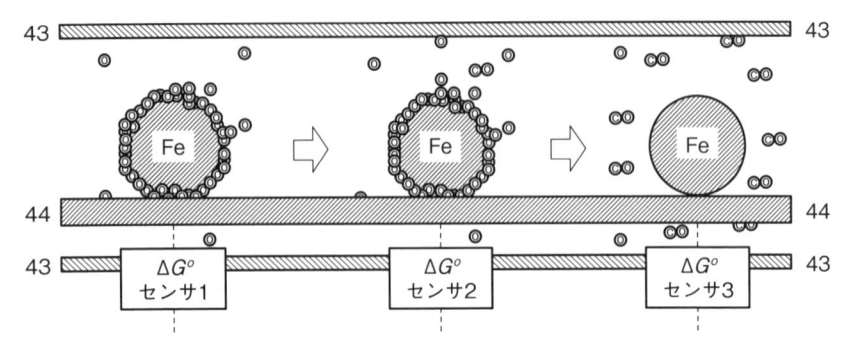

図 6-22　連続炉長手方向の還元模式図

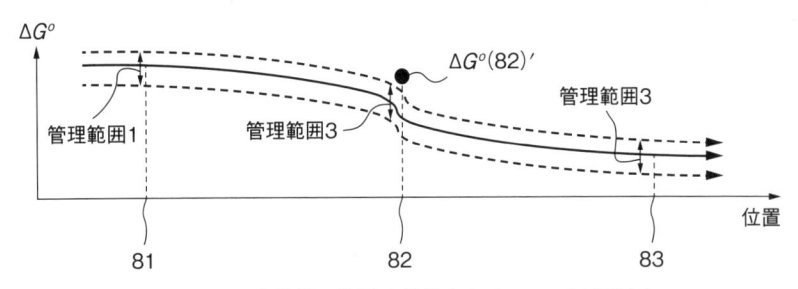

図 6-23　連続炉の位置を横軸とした $\Delta G^o$ の変化図

（2）　連続炉での雰囲気管理

次に図 6-22 および図 6-23 を参照して熱処理が連続処理で行われる場合であって、演算処理装置が $\Delta G^o$ の時間変化から還元反応の完了時刻を算出する方法について説明する。

図 6-22 は本熱処理装置を連続炉に適用したときの熱処理炉の長手方向の模式的断面図である。図において、被処理材料はグラファイトインナーマッフル内のメッシュベルト上にセラミックなどのセッター材（図示せず）とともに載置され、メッシュベルトとともに左端から右方に移動する。熱処理炉の長手方向に沿った図 6-23 に示す複数の位置 81、82、83 には各位置における $\Delta G^o$ を測定するためのセンサ $\Delta G^o$ センサ 1、$\Delta G^o$ センサ 2、$\Delta G^o$ センサ 3 がそれぞれ

設けられる。各 $\Delta G^o$ センサは、具体的には図 6-18 に示す酸素センサまたは CO 分析計などを用いるが、これらを位置によって使い分けてもよい。

　図 6-23 は位置 81、82、83 を含む連続熱処理炉の位置を横軸とした $\Delta G^o$ の変化を示す図であり、位置 81 は加熱処理室の入り口近くの位置に相当する。このため、被処理材料の表面の酸素が急速に放出され、酸素分圧が増大し $\Delta G^o$ センサ 1 により検出される $\Delta G^o$ は高い値となる。位置 82 において被処理材料表面からの酸素放出は位置 81 の酸素放出よりも緩やかとなるため、位置 82 における $\Delta G^o$ は位置 81 の $\Delta G^o$ よりも減少する。さらに位置 83 まで被処理材料が移動すると、被処理材料表面からの酸素放出は大幅に低下するため、位置 83 における $\Delta G^o$ はさらに低下する。

　このように加熱処理室の $\Delta G^o$ は連続的に変化するが、各 $\Delta G^o$ センサ 1、$\Delta G^o$ センサ 2、$\Delta G^o$ センサ 3 は各位置における $\Delta G^o$ 相当の信号を図 6-18 の制御システムに出力する。

　図 6-20 に示す状態監視＆異常処理部は、管理範囲内に入っているか否かをリアルタイムで監視する。位置 81、82、83 における各 $\Delta G^o$ が図 6-23 の管理範囲 1〜管理範囲 3 に入っていれば正常な熱処理が進行していると判断される。一方たとえば、位置 82 における $\Delta G^o(82)$ が管理範囲を外れて上昇し、$\Delta G^o(82)'$ となったとする。この原因については、被処理材料の酸化皮膜が想定よりも厚いため位置 82 までの還元処理が充分でなかったこと、位置 82 における標準ギブスエネルギが $\Delta G^o(82)'$ に上昇した時点で雰囲気ガス中の残留酸素分圧が上昇したことなど、様々な要因が考えられるが、何らかの原因により異常が発生していることが熱処理の早い段階でリアルタイムに検知することができる。

　上記に説明した異常が発生した場合、制御システムは $\Delta G^o$ が最終的に管理範囲 3 内に入るように、メッシュベルトの搬送速度を遅くするか、雰囲気ガスの流速を上げるか、またはこれらの二つの処理を同時に実行するかの制御を行う。メッシュベルトの搬送速度を遅くする方法は、被処理材料の還元処理を時間をかけて行う方法であり、雰囲気ガスの流速を上げる方法は雰囲気ガス中の残留酸素分圧を低下させて、還元処理速度を上げる方法である。これらの方法

により、熱処理の異常を早期に検出しメッシュベルトの搬送速度または雰囲気ガスの流速を制御し、熱処理を安定して行うことで不良の発生率を改善することができる。

### 6-3-4 オキシノン炉可視化のためのデータベース

次に図6-18および図6-20に記載の熱処理用データベースについて説明する。熱処理用データベースは図6-8に示すように、被処理材料ファイルと、プロセス制御ファイルと、管理範囲ファイルと、運転記録ファイルとを有する。被処理材料ファイルは、熱処理炉で熱処理を受ける被処理材料が番号とともにあらかじめテーブル形式またはライブラリとして登録されており、被処理材料としては炭素鋼、合金元素を含む鋼、ニッケル（Ni）、クロム（Cr）、チタン（Ti）、シリコン（Si）、銅（Cu）などの各種金属および合金など多様な材料が登録されている。

プロセス制御ファイルは、被処理材料ごとに光輝処理、調質処理、焼入れ・焼戻し処理、ろう付、焼結などの具体的なプロセス名と対応するプロセス条件とをテーブル形式またはライブラリとして記憶している。プロセス条件は、各初期値としての熱処理炉の温度、CO分圧、$O_2$分圧、$\Delta G^o$（酸素ポテンシャル）演算部の演算結果、流量計における中性ガスまたは不活性ガスの流量、被処理材料の搬送速度およびこれらのパラメータの時間制御やプロセスシーケンスなどが記憶されている。

管理範囲ファイルおよび運転記録ファイルについては、従来炉と同様であるので省略する。

### 6-3-5 オキシノン炉可視化のための制御部

次に図6-20に戻って制御部（d）について説明すると、制御部はセンサI/Fを介して温度センサから入力する温度 $T$ を入力し、また入力装置で指定された熱処理用データベースに記憶されたプロセス情報から指定の温度 $T_0$ を読みとって、$\Delta T(=T-T_0)$ が0、すなわち温度 $T$ が温度 $T_0$ に一致するようにヒー

タに流す電流を制御する。

また制御部は $\Delta G^o$（標準ギブスエネルギ）演算部からの $\Delta G^o$ と管理範囲 R1 の情報を用い、$\Delta G^o$ で示される状態が管理範囲の中心に一致するように、流量調整バルブを制御してガス流量を制御する。

管理範囲 R1、R1′、R1″ はそれぞれ近似的直線 L1、L1′、L1″ の下側に設定され被処理材料が還元される領域にある。同時に管理範囲 R1、R1′、R1″ は近似的直線 L2 の下側に設定され、これらの管理範囲 R1、R1′、R1″ に雰囲気ガスが制御されている限り炭素（C）も還元領域にあり被処理材料の表面に存在する炭素が酸化されて脱炭する不具合は生じない。

エリンガム図で $\Delta G^o$ の上方になるほど熱処理炉内部は酸化性雰囲気ガスになり、逆にエリンガム図の下方になるほど還元性雰囲気ガスとなる。図 6-18 の流量調整バルブを制御して熱処理炉に供給する中性ガスまたは不活性ガスの流量を制御すると、図 6-19（a）、（b）、（c）で生成された一酸化炭素 CO が熱処理炉の炉外に排出される量が変化し、加熱処理室内の一酸化炭素 CO 分圧は変化する。したがって熱処理炉に供給する中性ガスまたは不活性ガスの流量を制御すると、エリンガム図上の状態 P1、P1′、P1″ は上方または下方にシフトするが、炭化水素ガスを過大に流した場合に煤が発生し被処理材料に浸炭が生じるような不具合は生じない。同様に、熱処理炉の雰囲気ガスは中性ガスまたは不活性ガスであり、被処理材料の表面が酸化性ガスである雰囲気ガスと反応し脱炭する恐れも生じない。

上記において制御部が $\Delta G^o$ で示される状態が管理範囲の中心に一致するように、流量調整バルブを制御してガス流量を制御する場合について説明したが、メッシュベルトの搬送速度を制御して $\Delta G^o$ で示される状態が管理範囲の中心に一致するように制御してもよい。すなわち、メッシュベルトの搬送速度を遅くすると還元時間が長くなり、還元処理時間を長く必要とする被処理材料に対しても充分還元することが可能であり、逆に還元処理時間が短くても還元可能な被処理材料に対してはメッシュベルトの搬送速度を速くして、炉の熱処理効率を向上することができる。

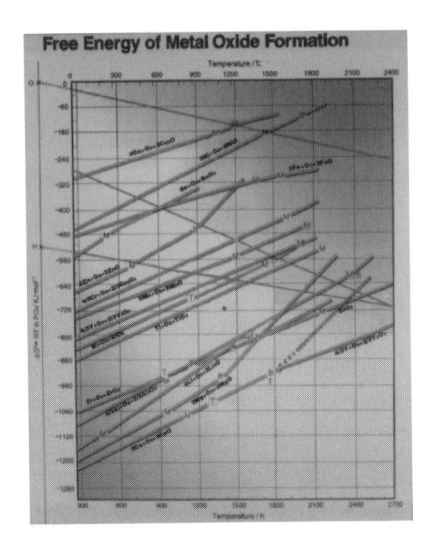

写真 6-1　制御パネル　　　　　　　写真 6-2　制御パネルの拡大図

　また制御部は状態監視＆異常処理部からの情報を基に、炉の運転に大きな異常が発生した場合、熱処理炉に被処理材料を搬送する搬送機構を停止するなどして熱処理装置の運転を停止する。

　また大きな異常が発生した場合、制御部は異常信号を表示データ生成部に出力し、これを受けて表示データ生成部は表示装置に表示される状態P1、P1′、P1″をブリンキング表示、またはアラーム音を鳴らすなどのアラーム処理を実行する。

　その他、フローチャートおよび雰囲気管理方法は前述の従来型炉とほぼ同一である。

　最後に稼働中のパネルを**写真 6-1** に、拡大写真を**写真 6-2** に示す。これらから現在の処理温度は 1 200 ℃で、この雰囲気では、チタンより上に位置する金属はすべて光輝熱処理ができることがわかる。

### 別表1　$C+O_2=CO_2$ 反応の熱力学データ

| | | 係数 | $\Delta H^0$ [kJmol$^{-1}$] | 係数 | $\Delta S^0$ [JK$^{-1}$mol$^{-1}$] |
|---|---|---|---|---|---|
| 生成系 | $CO_2$ | | -393.5 | | 214 |
| | | 1 | -393.5 | 1 | 214 |
| 反応系 | $O_2$ | | 0 | | 205 |
| | | 1 | 0 | 1 | 205 |
| | C | | 0 | | 5.7 |
| | | 1 | 0 | 1 | 5.7 |
| 生成系－反応系 | | kJmol$^{-1}$ | -393.5 | | 0.0033 |
| | | Jmol$^{-1}$ | -393 500 | | 3.3 |

∴　$\Delta G^a = -393\,500 - 3.3T$ [Jmol$^{-1}$]

| 温度（℃） | $K$（平衡定数） | $\Delta G^o$ [Jmol$^{-1}$] |
|---|---|---|
| 500 | $5.80 \times 10^{26}$ | -396 051 |
| 600 | $5.22 \times 10^{23}$ | -396 381 |
| 700 | $1.99 \times 10^{21}$ | -396 711 |
| 800 | $2.13 \times 10^{19}$ | -397 041 |
| 900 | $4.96 \times 10^{17}$ | -397 371 |
| 1 000 | $2.09 \times 10^{16}$ | -397 701 |
| 1 100 | $1.39 \times 10^{15}$ | -398 031 |

### 別表2　$C+1/2O_2=CO$ 反応の熱力学データ

| | | 係数 | $\Delta H^0$ [kJmol$^{-1}$] | 係数 | $\Delta S^0$ [JK$^{-1}$mol$^{-1}$] |
|---|---|---|---|---|---|
| 生成系 | CO | | -110.5 | | 198 |
| | | 1 | -110.5 | 1 | 198 |
| 反応系 | $O_2$ | | 0 | | 205 |
| | | 0.5 | 0 | 0.5 | 102.5 |
| | C | | 0 | | 5.7 |
| | | 1 | 0 | 1 | 5.7 |
| 生成系－反応系 | | kJmol$^{-1}$ | -110.5 | | 0.0898 |
| | | Jmol$^{-1}$ | -110 500 | | 89.8 |

∴　$\Delta G^a = -110\,500 - 89.8T$ [Jmol$^{-1}$]

| 温度（℃） | $K$（平衡定数） | $\Delta G^o$ [Jmol$^{-1}$] |
|---|---|---|
| 500 | $1.44 \times 10^{12}$ | -179 915 |
| 600 | $2.01 \times 10^{11}$ | -188 895 |
| 700 | $4.20 \times 10^{10}$ | -197 875 |
| 800 | $1.18 \times 10^{10}$ | -206 855 |
| 900 | $4.09 \times 10^{9}$ | -215 835 |
| 1 000 | $1.68 \times 10^{9}$ | -224 815 |
| 1 100 | $7.85 \times 10^{8}$ | -233 795 |

### 別表3　$2C+O_2=2CO$ 反応の熱力学データ

| | | 係数 | $\Delta H^0$ [kJmol$^{-1}$] | 係数 | $\Delta S^0$ [JK$^{-1}$mol$^{-1}$] |
|---|---|---|---|---|---|
| 生成系 | CO | | -110.5 | | 198 |
| | | 2 | -221 | 2 | 396 |
| 反応系 | $O_2$ | | 0 | | 205 |
| | | 1 | 0 | 1 | 205 |
| | C | | 0 | | 5.7 |
| | | 2 | 0 | 2 | 11.4 |
| 生成系－反応系 | | kJmol$^{-1}$ | -221 | | 0.1796 |
| | | Jmol$^{-1}$ | -221 000 | | 179.6 |

∴　$\Delta G^a = -221\,000 - 179.6T$ [Jmol$^{-1}$]

| 温度（℃） | $K$（平衡定数） | $\Delta G^o$ [Jmol$^{-1}$] |
|---|---|---|
| 500 | $2.07 \times 10^{24}$ | -359 831 |
| 600 | $4.03 \times 10^{22}$ | -377 791 |
| 700 | $1.76 \times 10^{21}$ | -395 751 |
| 800 | $1.38 \times 10^{20}$ | -413 711 |
| 900 | $1.67 \times 10^{19}$ | -431 671 |
| 1 000 | $2.82 \times 10^{18}$ | -449 631 |
| 1 100 | $6.16 \times 10^{17}$ | -467 591 |

### 別表4　$C+CO_2=2CO$ 反応の熱力学データ

| | | 係数 | $\Delta H^0$ [kJmol$^{-1}$] | 係数 | $\Delta S^0$ [JK$^{-1}$mol$^{-1}$] |
|---|---|---|---|---|---|
| 生成系 | 2CO | | 110.5 | | 198 |
| | | 2 | -221 | 2 | 396 |
| 反応系 | $CO_2$ | | -393.5 | | 214 |
| | | 1 | -393.5 | 2 | 214 |
| | C | | 0 | | 5.7 |
| | | 1 | 0 | 1 | 5.7 |
| 生成系－反応系 | | kJmol$^{-1}$ | 172.5 | | 0.1763 |
| | | Jmol$^{-1}$ | 172 500 | | 176.3 |

∴　$\Delta G^a = 172\,500 - 176.3T$ [Jmol$^{-1}$]

| 温度（℃） | $K$（平衡定数） | $\Delta G^o$ [Jmol$^{-1}$] |
|---|---|---|
| 500 | $3.57 \times 10^{-3}$ | 36 220 |
| 600 | $7.72 \times 10^{-2}$ | 18 590 |
| 700 | $8.88 \times 10^{-1}$ | 960 |
| 800 | 6.48 | -16 670 |
| 900 | $3.37 \times 10^{1}$ | -34 300 |
| 1 000 | $1.35 \times 10^{2}$ | -51 930 |
| 1 100 | $4.43 \times 10^{2}$ | -69 560 |

## 別表5 C+2H₂=CH₄ 反応の熱力学データ

| | | 係数 | $\Delta H^0$ [kJmol$^{-1}$] | 係数 | $\Delta S^0$ [JK$^{-1}$mol$^{-1}$] |
|---|---|---|---|---|---|
| 生成系 | CH₄ | | -74.4 | | 186 |
| | | 1 | -74.4 | 1 | 186 |
| 反応系 | 2H₂ | | 0 | | 131 |
| | | 2 | 0 | 2 | 262 |
| | C | | 0 | | 5.7 |
| | | 1 | 0 | 1 | 5.7 |
| 生成系-反応系 | | kJmol$^{-1}$ | -74.4 | | -0.0817 |
| | | Jmol$^{-1}$ | -74 400 | | -81.7 |

∴ $\Delta G^0 = -74\,400 + 81.7T$ [Jmol$^{-1}$]

| 温度（℃） | $K$（平衡定数） | $\Delta G^0$ [Jmol$^{-1}$] |
|---|---|---|
| 500 | 5.75 | -11 246 |
| 600 | 1.53 | -3 076 |
| 700 | 5.33×10$^{-1}$ | 5 094 |
| 800 | 2.26×10$^{-1}$ | 13 264 |
| 900 | 1.11×10$^{-1}$ | 21 434 |
| 1 000 | 6.10×10$^{-2}$ | 29 604 |
| 1 100 | 3.65×10$^{-2}$ | 37 274 |

## 別表6 C+H₂O=CO+H₂ 反応の熱力学データ

| | | 係数 | $\Delta H^0$ [kJmol$^{-1}$] | 係数 | $\Delta S^0$ [JK$^{-1}$mol$^{-1}$] |
|---|---|---|---|---|---|
| 生成系 | CO | | -110.5 | | 198 |
| | | 1 | -110.5 | 1 | 198 |
| | H₂ | | 0 | | 131 |
| | | 1 | 0 | 1 | 131 |
| 反応系 | C | | 0 | | 5.7 |
| | | 1 | 0 | 1 | 5.7 |
| | H₂O(g) | | -241.8 | | 189 |
| | | 1 | -241.8 | 1 | 189 |
| 生成系-反応系 | | kJmol$^{-1}$ | 131.3 | | 0.1343 |
| | | Jmol$^{-1}$ | 131 300 | | 134.3 |

∴ $\Delta G^0 = 131\,300 - 134.3T$ [Jmol$^{-1}$]

| 温度（℃） | $K$（平衡定数） | $\Delta G^0$ [Jmol$^{-1}$] |
|---|---|---|
| 500 | 1.39×10$^{-2}$ | 27 486 |
| 600 | 1.44×10$^{-1}$ | 14 052 |
| 700 | 9.26×10$^{-1}$ | 626 |
| 800 | 4.20 | -12 804 |
| 900 | 1.47×10$^{1}$ | -26 234 |
| 1 000 | 4.24×10$^{1}$ | -39 664 |
| 1 100 | 1.05×10$^{2}$ | -53 094 |

## 別表7 CO+1/2O₂=CO₂ 反応の熱力学データ

| | | 係数 | $\Delta H^0$ [kJmol$^{-1}$] | 係数 | $\Delta S^0$ [JK$^{-1}$mol$^{-1}$] |
|---|---|---|---|---|---|
| 生成系 | CO₂ | | -393.5 | | 214 |
| | | 1 | -393.5 | 1 | 214 |
| 反応系 | CO | | -110.5 | | 198 |
| | | 1 | -110.5 | 1 | 198 |
| | O₂ | | 0 | | 205 |
| | | 0.5 | 0 | 0.5 | 102.5 |
| 生成系-反応系 | | kJmol$^{-1}$ | -283 | | -0.0865 |
| | | Jmol$^{-1}$ | -283 000 | | -86.5 |

∴ $\Delta G^0 = -283\,000 + 86.5T$ [Jmol$^{-1}$]

| 温度（℃） | $K$（平衡定数） | $\Delta G^0$ [Jmol$^{-1}$] |
|---|---|---|
| 500 | 4.03×10$^{14}$ | -216 136 |
| 600 | 2.60×10$^{12}$ | -207 486 |
| 700 | 4.73×10$^{10}$ | -198 836 |
| 800 | 1.81×10$^{9}$ | -190 186 |
| 900 | 1.21×10$^{8}$ | -181 536 |
| 1 000 | 1.24×10$^{7}$ | -172 886 |
| 1 100 | 1.77×10$^{6}$ | -164 236 |

## 別表8 2CO+O₂=2CO₂ 反応の熱力学データ

| | | 係数 | $\Delta H^0$ [kJmol$^{-1}$] | 係数 | $\Delta S^0$ [JK$^{-1}$mol$^{-1}$] |
|---|---|---|---|---|---|
| 生成系 | CO₂ | | -393.5 | | 214 |
| | | 2 | -787 | 2 | 428 |
| 反応系 | CO | | -110.5 | | 198 |
| | | 2 | -221 | 2 | 396 |
| | O₂ | | 0 | | 205 |
| | | 1 | 0 | 1 | 205 |
| 生成系-反応系 | | kJmol$^{-1}$ | -566 | | -0.173 |
| | | Jmol$^{-1}$ | -566 000 | | -173 |

∴ $\Delta G^0 = -566\,000 + 173T$ [Jmol$^{-1}$]

| 温度（℃） | $K$（平衡定数） | $\Delta G^0$ [Jmol$^{-1}$] |
|---|---|---|
| 500 | 1.63×10$^{29}$ | -432 271 |
| 600 | 6.76×10$^{24}$ | -414 971 |
| 700 | 2.24×10$^{21}$ | -397 671 |
| 800 | 3.29×10$^{18}$ | -380 371 |
| 900 | 1.47×10$^{16}$ | -363 071 |
| 1 000 | 1.54×10$^{14}$ | -345 771 |
| 1 100 | 3.14×10$^{12}$ | -328 471 |

### 別表9　CO+H$_2$O=CO$_2$+H$_2$ 反応の熱力学データ

| | | 係数 | $\Delta H^0$ [kJmol$^{-1}$] | 係数 | $\Delta S^0$ [JK$^{-1}$mol$^{-1}$] |
|---|---|---|---|---|---|
| 生成系 | CO$_2$ | | -393.5 | | 214 |
| | | 1 | -393.5 | 1 | 214 |
| | H$_2$ | | 0 | | 131 |
| | | 1 | 0 | 1 | 131 |
| 反応系 | CO | | -110.5 | | 198 |
| | | 1 | -110.5 | 1 | 198 |
| | H$_2$O(g) | | -241.8 | | 189 |
| | | 1 | -241.8 | 1 | 189 |
| 生成系-反応系 | kJmol$^{-1}$ | | -41.2 | | -0.042 |
| | Jmol$^{-1}$ | | -41 200 | | -42 |

∴ $\Delta G^0 = -41\,200 + 42T$ [Jmol$^{-1}$]

| 温度（℃） | $K$（平衡定数） | $\Delta G^0$ [Jmol$^{-1}$] |
|---|---|---|
| 500 | 3.89 | -8 734 |
| 600 | 1.87 | -4 534 |
| 700 | 1.04 | -334 |
| 800 | 6.48×10$^{-1}$ | 3 866 |
| 900 | 4.37×10$^{-1}$ | 8 066 |
| 1 000 | 3.14×10$^{-1}$ | 12 266 |
| 1 100 | 2.36×10$^{-1}$ | 16 466 |

### 別表10　CO$_2$+H$_2$=CO+H$_2$O 反応の熱力学データ

| | | 係数 | $\Delta H^0$ [kJmol$^{-1}$] | 係数 | $\Delta S^0$ [JK$^{-1}$mol$^{-1}$] |
|---|---|---|---|---|---|
| 生成系 | CO | | -110.5 | | 198 |
| | | 1 | -110.5 | 1 | 198 |
| | H$_2$O(g) | | -241.8 | | 189 |
| | | 1 | -241.8 | 1 | 189 |
| 反応系 | CO$_2$ | | -393.5 | | 214 |
| | | 1 | -393.5 | 1 | 214 |
| | H$_2$ | | 0 | | 131 |
| | | 1 | 0 | 1 | 131 |
| 生成系-反応系 | kJmol$^{-1}$ | | 41.2 | | 0.042 |
| | Jmol$^{-1}$ | | 41 200 | | 42 |

∴ $\Delta G^0 = 41\,200 - 42T$ [Jmol$^{-1}$]

| 温度（℃） | $K$（平衡定数） | $\Delta G^0$ [Jmol$^{-1}$] |
|---|---|---|
| 500 | 2.57×10$^{-1}$ | 8 734 |
| 600 | 5.35×10$^{-1}$ | 4 534 |
| 700 | 9.60×10$^{-1}$ | 334 |
| 800 | 1.54 | -3 866 |
| 900 | 2.29 | -8 066 |
| 1 000 | 3.19 | -12 266 |
| 1 100 | 4.23 | -16 466 |

### 別表11　H$_2$+1/2O$_2$=H$_2$O 反応の熱力学データ

| | | 係数 | $\Delta H^0$ [kJmol$^{-1}$] | 係数 | $\Delta S^0$ [JK$^{-1}$mol$^{-1}$] |
|---|---|---|---|---|---|
| 生成系 | H$_2$O(g) | | -241.8 | | 189 |
| | | 1 | -241.8 | 1 | 189 |
| 反応系 | H$_2$ | | 0 | | 131 |
| | | 1 | 0 | 1 | 131 |
| | O$_2$ | | 0 | | 205 |
| | | 0.5 | 0 | 0.5 | 102.5 |
| 生成系-反応系 | kJmol$^{-1}$ | | -241.8 | | -0.0445 |
| | Jmol$^{-1}$ | | -241 800 | | -44.5 |

∴ $\Delta G^0 = -241\,800 + 44.5T$ [Jmol$^{-1}$]

| 温度（℃） | $K$（平衡定数） | $\Delta G^0$ [Jmol$^{-1}$] |
|---|---|---|
| 500 | 1.04×10$^{14}$ | -207 402 |
| 600 | 1.39×10$^{12}$ | -202 952 |
| 700 | 4.54×10$^{10}$ | -198 502 |
| 800 | 2.80×10$^{9}$ | -194 052 |
| 900 | 2.78×10$^{8}$ | -189 602 |
| 1 000 | 3.96×10$^{7}$ | -185 152 |
| 1 100 | 7.50×10$^{6}$ | -180 702 |

### 別表12　2H$_2$+O$_2$=2H$_2$O 反応の熱力学データ

| | | 係数 | $\Delta H^0$ [kJmol$^{-1}$] | 係数 | $\Delta S^0$ [JK$^{-1}$mol$^{-1}$] |
|---|---|---|---|---|---|
| 生成系 | H$_2$O(g) | | -241.8 | | 189 |
| | | 2 | -483.6 | 2 | 378 |
| 反応系 | H$_2$ | | 0 | | 131 |
| | | 2 | 0 | 2 | 262 |
| | O$_2$ | | 0 | | 205 |
| | | 1 | 0 | 1 | 205 |
| 生成系-反応系 | kJmol$^{-1}$ | | -483.6 | | -0.089 |
| | Jmol$^{-1}$ | | -483 600 | | -89 |

∴ $\Delta G^0 = -483\,600 + 89T$ [Jmol$^{-1}$]

| 温度（℃） | $K$（平衡定数） | $\Delta G^0$ [Jmol$^{-1}$] |
|---|---|---|
| 500 | 1.07×10$^{28}$ | -414 803 |
| 600 | 1.94×10$^{24}$ | -405 903 |
| 700 | 2.06×10$^{21}$ | -397 003 |
| 800 | 7.83×10$^{18}$ | -388 103 |
| 900 | 7.71×10$^{16}$ | -379 203 |
| 1 000 | 1.57×10$^{15}$ | -370 303 |
| 1 100 | 5.62×10$^{13}$ | -361 403 |

### 別表 13　$CH_4 + 2O_2 = CO_2 + 2H_2O\,(g)$ 反応の熱力学データ

| | | 係数 | $\Delta H^0$ [kJmol$^{-1}$] | 係数 | $\Delta S^0$ [JK$^{-1}$mol$^{-1}$] |
|---|---|---|---|---|---|
| 生成系 | $CO_2$ | 1 | -393.5<br>-393.5 | 1 | 214<br>214 |
|  | $H_2O(g)$ | 2 | -241.8<br>-483.6 | 2 | 189<br>378 |
| 反応系 | $CH_4$ | 1 | -74.4<br>-74.4 | 1 | 186<br>186 |
|  | $O_2$ | 2 | 0<br>0 | 2 | 205<br>410 |
| 生成系−反応系 | kJmol$^{-1}$ |  | -802.7 |  | -0.004 |
|  | Jmol$^{-1}$ |  | -802 700 |  | -4 |

∴　$\Delta G^0 = -802\,700 + 4T$ [Jmol$^{-1}$]

| 温度 (℃) | $K$ (平衡定数) | $\Delta G^0$ [Jmol$^{-1}$] |
|---|---|---|
| 500 | $1.08 \times 10^{54}$ | -799 608 |
| 600 | $6.62 \times 10^{47}$ | -799 208 |
| 700 | $7.67 \times 10^{42}$ | -798 808 |
| 800 | $7.39 \times 10^{38}$ | -798 408 |
| 900 | $3.45 \times 10^{35}$ | -798 008 |
| 1 000 | $5.36 \times 10^{32}$ | -797 608 |
| 1 100 | $2.14 \times 10^{30}$ | -797 208 |

### 別表 14　$CH_4 + 2O_2 = CO_2 + 2H_2O\,(l)$ 反応の熱力学データ

| | | 係数 | $\Delta H^0$ [kJmol$^{-1}$] | 係数 | $\Delta S^0$ [JK$^{-1}$mol$^{-1}$] |
|---|---|---|---|---|---|
| 生成系 | $CO_2$ | 1 | -393.5<br>-393.5 | 1 | 214<br>214 |
|  | $H_2O(l)$ | 2 | -285.8<br>-571.6 | 2 | 70<br>140 |
| 反応系 | $CH_4$ | 1 | -74.4<br>-74.4 | 1 | 186<br>186 |
|  | $O_2$ | 2 | 0<br>0 | 2 | 205<br>410 |
| 生成系−反応系 | kJmol$^{-1}$ |  | -890.7 |  | -0.242 |
|  | Jmol$^{-1}$ |  | -890 700 |  | -242 |

∴　$\Delta G^0 = -890\,700 + 242T$ [Jmol$^{-1}$]

| 温度 (℃) | $K$ (平衡定数) | $\Delta G^0$ [Jmol$^{-1}$] |
|---|---|---|
| 500 | $3.54 \times 10^{47}$ | -703 634 |
| 600 | $4.51 \times 10^{40}$ | -679 434 |
| 700 | $1.50 \times 10^{35}$ | -655 234 |
| 800 | $5.25 \times 10^{30}$ | -631 034 |
| 900 | $1.06 \times 10^{27}$ | -606 834 |
| 1 000 | $8.09 \times 10^{23}$ | -582 634 |
| 1 100 | $1.76 \times 10^{21}$ | -558 434 |

### 別表 15　$C_3H_8 + 5O_2 = 3CO_2 + 4H_2O\,(g)$ 反応の熱力学データ

| | | 係数 | $\Delta H^0$ [kJmol$^{-1}$] | 係数 | $\Delta S^0$ [JK$^{-1}$mol$^{-1}$] |
|---|---|---|---|---|---|
| 生成系 | $CO_2$ | 3 | -393.5<br>-1 180.5 | 3 | 214<br>642 |
|  | $H_2O(g)$ | 4 | -241.8<br>-967.2 | 4 | 189<br>756 |
| 反応系 | $C_3H_8$ | 1 | -104.7<br>-104.7 | 1 | 270<br>270 |
|  | $O_2$ | 5 | 0<br>0 | 5 | 205<br>1 025 |
| 生成系−反応系 | kJmol$^{-1}$ |  | -2 043 |  | 0.103 |
|  | Jmol$^{-1}$ |  | -2 043 000 |  | 103 |

∴　$\Delta G^0 = -2\,043\,000 - 103T$ [Jmol$^{-1}$]

| 温度 (℃) | $K$ (平衡定数) | $\Delta G^0$ [Jmol$^{-1}$] |
|---|---|---|
| 500 | $2.75 \times 10^{143}$ | -2 122 619 |
| 600 | $4.21 \times 10^{127}$ | -2 132 919 |
| 700 | $1.15 \times 10^{115}$ | -2 143 219 |
| 800 | $6.90 \times 10^{104}$ | -2 153 519 |
| 900 | $2.29 \times 10^{96}$ | -2 163 819 |
| 1 000 | $1.63 \times 10^{89}$ | -2 174 119 |
| 1 100 | $1.28 \times 10^{83}$ | -2 184 419 |

### 別表 16　$C_3H_8 + 5O_2 = 3CO_2 + 4H_2O\,(l)$ 反応の熱力学データ

| | | 係数 | $\Delta H^0$ [kJmol$^{-1}$] | 係数 | $\Delta S^0$ [JK$^{-1}$mol$^{-1}$] |
|---|---|---|---|---|---|
| 生成系 | $CO_2$ | 3 | -393.5<br>-1 180.5 | 3 | 214<br>642 |
|  | $H_2O(l)$ | 4 | -285.8<br>-1 143.2 | 4 | 70<br>280 |
| 反応系 | $C_3H_8$ | 1 | -104.7<br>-104.7 | 1 | 270<br>270 |
|  | $O_2$ | 5 | 0<br>0 | 5 | 205<br>1 025 |
| 生成系−反応系 | kJmol$^{-1}$ |  | -2 219 |  | -0.373 |
|  | Jmol$^{-1}$ |  | -2 219 000 |  | -373 |

∴　$\Delta G^0 = -2\,219\,000 + 373T$ [Jmol$^{-1}$]

| 温度 (℃) | $K$ (平衡定数) | $\Delta G^0$ [Jmol$^{-1}$] |
|---|---|---|
| 500 | $2.94 \times 10^{130}$ | -1 930 671 |
| 600 | $1.95 \times 10^{113}$ | -1 893 371 |
| 700 | $4.42 \times 10^{99}$ | -1 856 071 |
| 800 | $3.49 \times 10^{88}$ | -1 818 771 |
| 900 | $2.15 \times 10^{79}$ | -1 781 471 |
| 1 000 | $3.72 \times 10^{71}$ | -1 744 171 |
| 1 100 | $8.69 \times 10^{64}$ | -1 706 871 |

## 別表17　$C_4H_{10}+13/2O_2=4CO_2+5H_2O(g)$ 反応の熱力学データ

| | | 係数 | $\Delta H^0$ [kJmol$^{-1}$] | 係数 | $\Delta S^0$ [JK$^{-1}$mol$^{-1}$] |
|---|---|---|---|---|---|
| 生成系 | $CO_2$ | 4 | -393.5<br>-1 574 | 4 | 214<br>856 |
| | $H_2O(g)$ | 5 | -241.8<br>-1 209 | 5 | 189<br>945 |
| 反応系 | $C_4H_{10}$ | 1 | -125.6<br>-125.6 | 1 | 310<br>310 |
| | $O_2$ | 6.5 | 0<br>0 | 6.5 | 205<br>1 332.5 |
| 生成系－反応系 | | kJmol$^{-1}$ | -2 657.4 | | 0.1585 |
| | | Jmol$^{-1}$ | -2 657 400 | | 158.5 |

∴　$\Delta G^o = -2\,657\,400-158.5T$　[Jmol$^{-1}$]

| 温度（℃） | $K$（平衡定数） | $\Delta G^o$ [Jmol$^{-1}$] |
|---|---|---|
| 500 | $7.19\times 10^{187}$ | -2 779 921 |
| 600 | $1.94\times 10^{167}$ | -2 795 771 |
| 700 | $8.81\times 10^{150}$ | -2 811 621 |
| 800 | $4.46\times 10^{137}$ | -2 827 471 |
| 900 | $4.17\times 10^{126}$ | -2 843 321 |
| 1 000 | $2.11\times 10^{117}$ | -2 859 171 |
| 1 100 | $2.41\times 10^{109}$ | -2 875 021 |

## 別表18　$C_4H_{10}+13/2O_2=4CO_2+5H_2O(l)$ 反応の熱力学データ

| | | 係数 | $\Delta H^0$ [kJmol$^{-1}$] | 係数 | $\Delta S^0$ [JK$^{-1}$mol$^{-1}$] |
|---|---|---|---|---|---|
| 生成系 | $CO_2$ | 4 | -393.5<br>-1 574 | 4 | 214<br>856 |
| | $H_2O(l)$ | 5 | -285.8<br>-1 429 | 5 | 70<br>350 |
| 反応系 | $C_4H_{10}$ | 1 | -125.6<br>-125.6 | 1 | 310<br>310 |
| | $O_2$ | 6.5 | 0<br>0 | 6.5 | 205<br>1 332.5 |
| 生成系－反応系 | | kJmol$^{-1}$ | -2 877.4 | | -0.4365 |
| | | Jmol$^{-1}$ | -2 877 400 | | -436.5 |

∴　$\Delta G^o = -2\,877\,400+436.5T$　[Jmol$^{-1}$]

| 温度（℃） | $K$（平衡定数） | $\Delta G^o$ [Jmol$^{-1}$] |
|---|---|---|
| 500 | $4.40\times 10^{171}$ | -2 539 986 |
| 600 | $2.34\times 10^{149}$ | -2 496 336 |
| 700 | $4.73\times 10^{131}$ | -2 452 686 |
| 800 | $1.90\times 10^{117}$ | -2 409 036 |
| 900 | $2.17\times 10^{105}$ | -2 365 386 |
| 1 000 | $1.86\times 10^{95}$ | -2 321 736 |
| 1 100 | $4.69\times 10^{86}$ | -2 278 086 |

## 別表19　$3/2Fe+O_2=1/2Fe_3O_4$ 反応の熱力学データ

| | | 係数 | $\Delta H^0$ [kJmol$^{-1}$] | 係数 | $\Delta S^0$ [JK$^{-1}$mol$^{-1}$] |
|---|---|---|---|---|---|
| 生成系 | $Fe_3O_4$ | 0.5 | -1 120.9<br>-560.45 | 0.5 | 145<br>72.5 |
| 反応系 | $O_2$ | 1 | 0<br>0 | 1 | 205<br>205 |
| | $Fe$ | 1.5 | 0<br>0 | 1.5 | 27.3<br>40.95 |
| 生成系－反応系 | | kJmol$^{-1}$ | -560.4 | | -0.1735 |
| | | Jmol$^{-1}$ | -560 400 | | -173.5 |

∴　$\Delta G^o = -560\,400+173.5T$　[Jmol$^{-1}$]

| 温度（℃） | $K$（平衡定数） | $\Delta G^o$ [Jmol$^{-1}$] | $P_{O_2}$ [atm] 酸素分圧 |
|---|---|---|---|
| 500 | $6.50\times 10^{28}$ | -426 373 | $1.54\times 10^{-29}$ |
| 600 | $2.98\times 10^{24}$ | -409 028 | $3.35\times 10^{-25}$ |
| 700 | $1.07\times 10^{21}$ | -391 683 | $9.38\times 10^{-22}$ |
| 800 | $1.67\times 10^{18}$ | -374 338 | $5.97\times 10^{-19}$ |
| 900 | $7.90\times 10^{15}$ | -356 993 | $1.27\times 10^{-16}$ |
| 1 000 | $8.65\times 10^{13}$ | -339 648 | $1.16\times 10^{-14}$ |
| 1 100 | $1.83\times 10^{12}$ | -322 303 | $5.47\times 10^{-13}$ |

## 別表20　$6FeO+O_2=2Fe_3O_4$ 反応の熱力学データ

| | | 係数 | $\Delta H^0$ [kJmol$^{-1}$] | 係数 | $\Delta S^0$ [JK$^{-1}$mol$^{-1}$] |
|---|---|---|---|---|---|
| 生成系 | $Fe_3O_4$ | 2 | -1 120.9<br>-2 241.8 | 2 | 145<br>290 |
| 反応系 | $O_2$ | 1 | 0<br>0 | 1 | 205<br>205 |
| | $FeO$ | 6 | -272<br>-1 632 | 6 | 60.8<br>364.8 |
| 生成系－反応系 | | kJmol$^{-1}$ | -609.8 | | -0.2798 |
| | | Jmol$^{-1}$ | -609 800 | | -279.8 |

∴　$\Delta G^o = -609\,800+279.8T$　[Jmol$^{-1}$]

| 温度（℃） | $K$（平衡定数） | $\Delta G^o$ [Jmol$^{-1}$] | $P_{O_2}$ [atm] 酸素分圧 |
|---|---|---|---|
| 500 | $3.91\times 10^{26}$ | -393 515 | $2.56\times 10^{-27}$ |
| 600 | $7.45\times 10^{21}$ | -365 535 | $1.34\times 10^{-22}$ |
| 700 | $1.32\times 10^{18}$ | -337 555 | $7.55\times 10^{-19}$ |
| 800 | $1.18\times 10^{15}$ | -309 575 | $8.49\times 10^{-16}$ |
| 900 | $3.47\times 10^{12}$ | -281 595 | $2.88\times 10^{-13}$ |
| 1 000 | $2.55\times 10^{10}$ | -253 615 | $3.92\times 10^{-11}$ |
| 1 100 | $3.84\times 10^{8}$ | -225 635 | $2.60\times 10^{-9}$ |

### 別表21　$4Fe_3O_4+O_2=6Fe_2O_3$ 反応の熱力学データ

| | | 係数 | $\Delta H^0$ [kJmol$^{-1}$] | 係数 | $\Delta S^0$ [JK$^{-1}$mol$^{-1}$] |
|---|---|---|---|---|---|
| 生成系 | Fe$_2$O$_3$ | 6 | -825.5<br>-4 953 | 6 | 87.4<br>524.4 |
| 反応系 | O$_2$ | 1 | 0<br>0 | 1 | 205<br>205 |
| | Fe$_3$O$_4$ | 4 | -1 120.9<br>-4 483.6 | 4 | 151<br>604 |
| 生成系-反応系 | | kJmol$^{-1}$ | -469.4 | | -0.2846 |
| | | Jmol$^{-1}$ | -469 400 | | -284.6 |

∴ $\Delta G^\circ =$ -469 400 + 284.6$T$ [Jmol$^{-1}$]

| 温度（℃） | $K$（平衡定数） | $\Delta G^\circ$ [Jmol$^{-1}$] | $P_{O_2}$ [atm] 酸素分圧 |
|---|---|---|---|
| 500 | 7.14×10$^{16}$ | -249 404 | 1.40×10$^{-17}$ |
| 600 | 1.66×10$^{13}$ | -220 944 | 6.02×10$^{-14}$ |
| 700 | 2.16×10$^{10}$ | -192 484 | 4.64×10$^{-11}$ |
| 800 | 9.66×10$^{7}$ | -164 024 | 1.03×10$^{-8}$ |
| 900 | 1.09×10$^{6}$ | -135 564 | 9.18×10$^{-7}$ |
| 1 000 | 2.48×10$^{4}$ | -107 104 | 4.03×10$^{-5}$ |
| 1 100 | 9.82×10$^{2}$ | -78 644 | 1.02×10$^{-3}$ |

### 別表22　$Si+O_2=SiO_2$ 反応の熱力学データ

| | | 係数 | $\Delta H^0$ [kJmol$^{-1}$] | 係数 | $\Delta S^0$ [JK$^{-1}$mol$^{-1}$] |
|---|---|---|---|---|---|
| 生成系 | SiO$_2$ | 1 | -908.3<br>-908.3 | 1 | 43.4<br>43.4 |
| 反応系 | O$_2$ | 1 | 0<br>0 | 1 | 205<br>205 |
| | Si | 1 | 0<br>0 | 1 | 18.8<br>18.8 |
| 生成系-反応系 | | kJmol$^{-1}$ | -908.3 | | -0.1804 |
| | | Jmol$^{-1}$ | -908 300 | | -180.4 |

∴ $\Delta G^\circ =$ -908 300 + 180.47$T$ [Jmol$^{-1}$]

| 温度（℃） | $K$（平衡定数） | $\Delta G^\circ$ [Jmol$^{-1}$] | $P_{O_2}$ [atm] 酸素分圧 |
|---|---|---|---|
| 500 | 9.04×10$^{51}$ | -768 851 | 1.11×10$^{-52}$ |
| 600 | 8.42×10$^{44}$ | -750 811 | 1.19×10$^{-45}$ |
| 700 | 2.19×10$^{39}$ | -732 771 | 4.58×10$^{-40}$ |
| 800 | 6.24×10$^{34}$ | -714 731 | 1.60×10$^{-35}$ |
| 900 | 1.06×10$^{31}$ | -696 691 | 9.43×10$^{-32}$ |
| 1 000 | 7.05×10$^{27}$ | -678 651 | 1.42×10$^{-28}$ |
| 1 100 | 1.36×10$^{25}$ | -660 611 | 7.36×10$^{-26}$ |

### 別表23　$2Nb+O_2=2/5Nb_2O_5$ 反応の熱力学データ

| | | 係数 | $\Delta H^0$ [kJmol$^{-1}$] | 係数 | $\Delta S^0$ [JK$^{-1}$mol$^{-1}$] |
|---|---|---|---|---|---|
| 生成系 | Nb$_2$O$_5$ | 0.4 | -1 900<br>-760 | 0.4 | 137.3<br>54.9 |
| 反応系 | O$_2$ | 1 | 0<br>0 | 1 | 205<br>205 |
| | Nb | 2 | 0<br>0 | 2 | 36.46<br>72.92 |
| 生成系-反応系 | | kJmol$^{-1}$ | -760 | | -0.223 |
| | | Jmol$^{-1}$ | -760 000 | | -223 |

∴ $\Delta G^\circ =$ -760 000 + 223$T$ [Jmol$^{-1}$]

| 温度（℃） | $K$（平衡定数） | $\Delta G^\circ$ [Jmol$^{-1}$] | $P_{O_2}$ [atm] 酸素分圧 |
|---|---|---|---|
| 500 | 5.12×10$^{39}$ | -587 621 | 1.95×10$^{-40}$ |
| 600 | 6.70×10$^{33}$ | -565 321 | 1.49×10$^{-34}$ |
| 700 | 1.42×10$^{29}$ | -543 021 | 7.04×10$^{-30}$ |
| 800 | 2.24×10$^{25}$ | -520 721 | 4.47×10$^{-26}$ |
| 900 | 1.57×10$^{22}$ | -498 421 | 6.37×10$^{-23}$ |
| 1 000 | 3.45×10$^{19}$ | -476 121 | 2.90×10$^{-20}$ |
| 1 100 | 1.84×10$^{17}$ | -453 821 | 5.42×10$^{-18}$ |

### 別表24　$Ti+O_2=TiO_2$ 反応の熱力学データ

| | | 係数 | $\Delta H^0$ [kJmol$^{-1}$] | 係数 | $\Delta S^0$ [JK$^{-1}$mol$^{-1}$] |
|---|---|---|---|---|---|
| 生成系 | TiO$_2$ | 1 | -943.5<br>-943.5 | 1 | 50.2<br>50.2 |
| 反応系 | O$_2$ | 1 | 0<br>0 | 1 | 205<br>205 |
| | Ti | 1 | 0<br>0 | 1 | 30.8<br>30.8 |
| 生成系-反応系 | | kJmol$^{-1}$ | -943.5 | | -0.1856 |
| | | Jmol$^{-1}$ | -943 500 | | -185.6 |

∴ $\Delta G^\circ =$ -943 500 + 185.6$T$ [Jmol$^{-1}$]

| 温度（℃） | $K$（平衡定数） | $\Delta G^\circ$ [Jmol$^{-1}$] | $P_{O_2}$ [atm] 酸素分圧 |
|---|---|---|---|
| 500 | 1.16×10$^{54}$ | -800 031 | 8.65×10$^{-55}$ |
| 600 | 5.75×10$^{46}$ | -781 471 | 1.74×10$^{-47}$ |
| 700 | 9.07×10$^{40}$ | -762 911 | 1.10×10$^{-41}$ |
| 800 | 1.73×10$^{36}$ | -744 351 | 5.79×10$^{-37}$ |
| 900 | 2.10×10$^{32}$ | -725 791 | 4.78×10$^{-33}$ |
| 1 000 | 1.05×10$^{29}$ | -707 231 | 9.54×10$^{-30}$ |
| 1 100 | 1.59×10$^{26}$ | -688 671 | 6.30×10$^{-27}$ |

# 参考文献

第1章　熱処理の基礎

(1-1)　大和久重雄：JISによる熱処理加工；日刊工業新聞社（1971）
(1-2)　大和久重雄：鋼・熱処理アラカルト；日刊工業新聞社（1978）
(1-3)　大和久重雄：JIS鉄鋼材料入門；大河出版（1978）
(1-4)　大和久重雄：金属熱処理用辞典；日刊工業新聞社（1985）
(1-5)　大和久重雄：熱処理10つのポイント；大河出版（1986）
(1-6)　大和久重雄：金型の熱処理ノート；日刊工業新聞社（1991）
(1-7)　大和久重雄：熱処理ノート；日刊工業新聞社（2008）
(1-8)　山本科学工具研究所：標準顕微鏡組織CD-ROM　第1類～第7類（1999）
(1-9)　山本科学工具研究所：標準顕微鏡組織第1類～第7類（1999）

第2章　雰囲気の基礎知識

(2-1)　太陽日酸㈱：手帳付録；資料（2014）
(2-2)　㈳日本工業炉協会：工業炉SIマニアル、SIマニアル作成委員会（平成6年）
(2-3)　向井楠宏：化学熱力学の使い方；共立出版（1992）
(2-4)　大谷正康：鉄冶金熱力学；日刊工業新聞社（昭和54年）
(2-5)　山口　喬：入門化学熱力学；培風館（昭和62年）
(2-6)　門田和雄、長谷川大和：熱工学がわかる；技術評論社（平成20年）
(2-7)　飽本一裕：今日から使える熱力学；講談社（2008）
(2-8)　齋藤勝裕：数学いらずの化学熱力学；化学同人（2010）
(2-9)　齋藤勝裕：基礎から学ぶ化学熱力学；ソフトバンククリエイティブ（2010）
(2-10)　香山滉一郎：化学熱力学；アグネ技術センター（2002）
(2-11)　O. KUBASCHEWSKI, C. B. ALCOCK：METALLURGICAL

THEMOCHEMISTRY, 5th Edition, International Series on Materials Science and Technology Volume 24, (1979)

(2-12) Lawrence S. Darken, Robert W. Gurry, : PHYSICAL CHEMISTRY OF METALS ; McGRAW-HILL BOOK COMPANY, (1953)

## 第3章 熱処理用雰囲気の種類と製造方法

(3-1) D. Sonntag : Important new Values of the Physical Constants of 1986, Vapor Pressure Formulations based on the ITS-90, and Psychrometer Formulae, Z. Meteorol. 70-5, (1990) 340-344

(3-2) 太陽日酸㈱　ホームページ

(3-3) 太陽日酸㈱提供写真

(3-4) 東京計装㈱　ホームページ

(3-5) 東京ガス㈱　ホームページ

(3-6) 日本工業炉協会：工業炉の基礎知識（改訂版）；（平成24年）P8

## 第4章 金属の酸化・還元

(4-1) M. W. Chase, Jr., C. A. Davies, J. R. Downey, Jr., D. J. Frurip, R. A. McDonald, and A. N. Syverud：JANAF Thermochemical Tables Third Edition PartⅠ, Ⅱ；Volume 14 / 1985, Supplement No. 1

(4-2) 日本金属学会：金属データブック改訂3版；丸善

(4-3) 日本化学会：科学便覧基礎編Ⅱ改訂4版；丸善

(4-4) 滝島延雄：工業加熱；日本工業炉協会、VOL. 34 NO2、P4、(1997)

(4-5) 関東冶金工業㈱：技術資料、OXYNON® FURNACE technical document

(4-6) 高橋　進、神田輝一：2600℃級超高温連続炉の実用新技術；Journal of Advanced Science, Vol. 14, No3, (2002)

(4-7) 神田輝一：雰囲気連続炉（オキシノン炉）の開発と実用新技術；Journal of Advanced Science, Vol. 16, No1, (2004)

(4-8) 神田輝一、橋本　巨：高温連続無酸化雰囲気炉の開発と接合新技術への応用；日本機械学会論文集、72巻、719号、C編

第5章　鋼の光輝熱処理
(5-1) 内藤武志；浸炭焼入れの実際、第2版：デジタルパブリッシングサービス
(5-2) パーカーSN㈱提供写真
(5-3) 関東冶金工業㈱技術資料：Brazing of Stainless Steel in the Oxynon Furnace,（2010）

その他の参考文献
● 河上益夫；金属材料工学［上］第6章、第7章；鳳山社（昭和37年）
● 内田荘祐：ガス熱処理；日刊工業新聞社（昭和36年）

---- 著者紹介 ----

## 神田　輝一（かんだ　きいち）

| | |
|---|---|
| 1948 年 | 埼玉県大宮市（現・さいたま市）に生まれる |
| 1973 年 3 月 | 東海大学大学院工学研究科修士課程終了 |
| 1973 年 4 月<br>～1988 年 12 月 | 共栄金属工業㈱に勤務<br>無公害液体浸炭法の確立、<br>鋳鉄の熱処理、一般熱処理に従事 |
| 1973 年 4 月<br>～現在 | 関東冶金工業㈱に勤務<br>熱処理、ろう付、焼結などの雰囲気の研究開発に従事 |
| 2008 年 3 月 | 東海大学より博士（工学）を授与される<br>現在　関東冶金工業株式会社　取締役技術開発室室長<br>（一社）日本熱処理技術協会監事<br>（一社）表面技術協会、表面技術とものづくり研究部会監事<br>Society of Advanced Science（SAS）理事<br>〈主な研究〉<br>超高温雰囲気炉によるセラミックス反応焼結の研究<br>常圧不活性雰囲気の研究<br>メタノールの分解雰囲気の研究<br>アルミろう付の研究 |

---

雰囲気熱処理の基礎と応用　　　　　　　　　　　NDC 566.3

2014 年 5 月 26 日　初版 1 刷発行　　　　　定価はカバーに表示してあります。

　　　　　　　　　　Ⓒ著　者　神田　輝一
　　　　　　　　　　発行者　井水　治博
　　　　　　　　　　発行所　日刊工業新聞社
　　　　　　　　　　　　　　〒103-8548　東京都中央区日本橋小網町 14-1
　　　　　　　　　　　　　　電　話　書籍編集部　03-5644-7490
　　　　　　　　　　　　　　　　　　販売・管理部　03-5644-7410
　　　　　　　　　　　　　　FAX　　　　　　　　03-5644-7400
　　　　　　　　　　　　　　振替口座　00190-2-186076
　　　　　　　　　　　　　　URL　http://pub.nikkan.co.jp/
　　　　　　　　　　　　　　e-mail　info@media.nikkan.co.jp
　　　　　　　　　　　　　印刷・製本——美研プリンティング（株）

落丁・乱丁本はお取り替えいたします。　　　　　　　　　　　2014 Printed in Japan
ISBN 978-4-526-07259-8　C3057

Ⓡ〈日本複写権センター委託出版物〉
本書の無断複写は、著作権法上の例外を除き、禁じられています。